淀粉和制糖行业
排污许可管理：
申请·核发·执行·监管

孙晓峰　薛鹏丽　温慧娜　主编

化学工业出版社

·北京·

内容简介

本书是以淀粉和制糖行业污染防治为背景，对近年来我国淀粉和制糖行业排污许可及相关环境保护工作的经验总结，系统讲述了淀粉和制糖行业发展概况、生产工艺及产排污情况、排污许可证核发情况、排污许可证核发要点及常见问题、排污许可证后监管、污染防治可行技术及排污许可和其他环境管理制度的衔接等内容，旨在为我国淀粉和制糖企业排污许可证核发、证后监管和其他环境管理工作提供技术支撑和参考依据。

本书具有较强的技术性和参考价值，可供国家和地方生态环境管理人员、淀粉和制糖生产企业环境管理人员参考，也可供高等院校环境科学与工程、生态工程及相关专业师生参阅。

图书在版编目（CIP）数据

淀粉和制糖行业排污许可管理 ：申请·核发·执行·监管 / 孙晓峰，薛鹏丽，温慧娜主编． -- 北京 ：化学工业出版社，2025. 3. -- ISBN 978-7-122-47208-3

Ⅰ．X792

中国国家版本馆 CIP 数据核字第 2025LP2887 号

责任编辑：卢萌萌　刘兴春　　　　　文字编辑：王丽娜
责任校对：张茜越　　　　　　　　　装帧设计：王晓宇

出版发行：化学工业出版社
　　　　　（北京市东城区青年湖南街 13 号　邮政编码 100011）
印　　装：北京天宇星印刷厂
787mm×1092mm　1/16　印张 17¾　字数 393 千字
2025 年 9 月北京第 1 版第 1 次印刷

购书咨询：010-64518888　　　　　售后服务：010-64518899
网　　址：http://www.cip.com.cn
凡购买本书，如有缺损质量问题，本社销售中心负责调换。

定　　价：138.00 元　　　　　　　　版权所有　违者必究

《淀粉和制糖行业排污许可管理：申请·核发·执行·监管》编委会

主　　　编：孙晓峰　薛鹏丽　温慧娜

副　主　编：王海燕　闫润生　岳　冰

其他参编人员（按姓氏笔画排序）：

宁　可　乔晶晶　吴萌萌　张　钊　陈　达

周庆锋　郝　汉　侯春艳　钱　堃　徐玉翠

高　山　高　瑞　常翰源　董万洋　穆　真

前　言

2016年，国务院提出了我国将建成以排污许可制为核心的固定污染源环境管理制度，到2020年年底全国基本完成固定污染源的排污许可证核发工作。

根据《排污许可证申请与核发技术规范　农副食品加工工业—淀粉工业》（HJ 860.2—2018）、《排污许可证申请与核发技术规范　农副食品加工工业—制糖工业》（HJ 860.1—2017）等技术规范要求，淀粉和制糖企业积极开展排污许可证申报工作。

截至2022年年底，共有1165家淀粉及淀粉制造企业核发了排污许可证，其中玉米淀粉企业920家、马铃薯淀粉企业188家、甘薯淀粉企业19家、木薯淀粉企业35家、小麦淀粉企业3家。共有497家制糖企业核发了排污许可证，其中甜菜制糖企业30家、甘蔗制糖企业200家，其余267家企业主要为成品制糖企业。

为做好排污许可制度解读，便于淀粉和制糖工业排污单位管理人员、技术人员和许可证核发机关审核管理人员理解排污许可改革精神，掌握淀粉和制糖工业排污许可证申请与核发的技术要求，同时便于排污单位、地方生态环境主管部门开展依证排污、依证监管、现场检查等工作，特组织编写本书。

本书从淀粉和制糖行业发展概况、生产工艺及产排污情况、排污许可证核发情况、排污许可证核发要点及常见问题、排污许可证后监管、污染防治可行技术及排污许可和其他环境管理制度的衔接等方面介绍了淀粉和制糖行业的排污许可证核发现状及管理技术要求，全书努力使读者全方位掌握淀粉和制糖行业排污许可管理知识，在实际工作中推动我国淀粉和制糖行业健康、绿色、可持续发展，可用于国家和地方生态环境管理部门对淀粉和制糖企业的排污许可管理，可供淀粉和制糖生产企业环境管理人员参考使用，也可供高等院校环境科学与工程、生态工程及相关专业师生参阅。

本书由北京市科学技术研究院资源环境研究所、中国环境科学研究院、中国淀粉工业协会、北京中轻科林环境技术有限公司、内蒙古华欧淀粉工业股份有限公司、生态环境部黄河流域生态环境监督管理局生态环境监测与科学研究中心相关技术和管理人员共同完成。本书由孙晓峰、薛鹏丽、温慧娜担任主编，王海燕、闫润生、岳冰担任副主编，全书编写分工如下：第1章、附录由孙晓峰、薛鹏丽、王海燕、周庆锋、高瑞、高山负责；第2章由孙晓峰、薛鹏丽、王海燕、周庆锋、高瑞、侯春艳负责；第3章由孙晓峰、薛鹏丽、岳冰、宁可、吴萌萌、陈达负责；第4章由孙晓峰、薛鹏丽、岳冰、吴萌萌、侯春艳、乔晶晶、郝汉负责；第5章由孙晓峰、王海燕、闫润生、张钊、钱堃、徐玉翠负责；第6章由孙晓峰、薛鹏丽、闫润生、高山、侯春艳、常翰源、穆真负责；第7章由孙晓峰、岳冰、常翰源、穆真、董万洋负责。全书最后由孙晓峰、薛鹏丽统稿并定稿。

在本书编写、出版过程中，淀粉、制糖行业内生产企业、设备制造企业、环保企业等单位，为本书提供了大量数据、图片和资料，在此一并表示诚挚的谢意。本书的出版得到了化学工业出版社的高度重视和支持，责任编辑和其他相关工作人员为此书的出版付出了辛勤的劳动，在此表示衷心的感谢。

　　限于编者水平和编写时间，书中不足和疏漏在所难免，敬请读者批评指正。

编者

2024年4月

目 录

第 7 章

排污许可和其他环境管理制度的衔接 ················· 222

附录 ················· 227

附录 1

淀粉和制糖行业排污许可管理部分参考政策及标准 ················· 227

第 1 章
淀粉和制糖行业发展概况

1.1 淀粉行业发展概况

1.1.1 发展现状

1.1.1.1 行业概况

淀粉工业是以玉米、薯类、小麦等农产品为原料生产淀粉或淀粉深加工产品（淀粉糖、葡萄糖、淀粉衍生物等）的工业。

改革开放以来，我国淀粉及其制品工业迅速发展。1989 年我国淀粉产量为 111.7 万吨，2021 年淀粉产量已达到 4024 万吨。2010～2021 年我国主要含淀粉农产品生产淀粉的统计数据如表 1-1 所列，2010～2021 年我国主要含淀粉农产品生产淀粉占比情况如表 1-2 所列。根据表 1-1 和表 1-2 可知，我国淀粉生产的主要原料为玉米，2021 年玉米淀粉产量占全行业总产量的 97.4%；其次是薯类，薯类淀粉中以马铃薯淀粉和木薯淀粉为主。

表 1-1 2010～2021 年我国主要含淀粉农产品生产淀粉的统计数据　　单位：万吨

项目	2010	2011	2012	2013	2014	2015	2016	2017	2018	2019	2020	2021
玉米淀粉	1902	2082	2211	2196	2006	2051	2259	2595	2815	3097	3233	3918
马铃薯淀粉	23	58	38	35	43	42	33	54	59	45	66	65
木薯淀粉	35	90	68	47	49	38	36	33	26	17	26	21
其他	5	5	4	4	4	10	8	6	57	31	64	20
总计	1965	2235	2232	2282	2102	2141	2336	2688	2957	3190	3389	4024

表 1-2 2010～2021 年我国主要含淀粉农产品生产淀粉占比情况　　单位：%

项目	2010	2011	2012	2013	2014	2015	2016	2017	2018	2019	2020	2021
玉米淀粉	96.8	93.2	95.1	96.2	95.4	95.8	96.7	96.5	95.2	97.1	95.4	97.4

项目	2010	2011	2012	2013	2014	2015	2016	2017	2018	2019	2020	2021
马铃薯淀粉	1.2	2.6	1.7	1.5	2.0	2.0	1.4	2.0	2.0	1.4	1.9	1.6
木薯淀粉	1.8	4.0	3.0	2.1	2.3	1.8	1.5	1.2	0.9	0.5	0.8	0.5
其他	0.3	0.2	0.2	0.2	0.2	0.5	0.3	0.2	1.9	1.0	1.9	0.5

1.1.1.2 玉米淀粉及深加工行业现状

（1）玉米淀粉生产情况

玉米是世界公认的黄金作物，我国玉米资源丰富，产量居世界第二位。玉米的使用遍及各行各业，特别是经过深加工形成的终端产物，可以大幅提升玉米的附加值。玉米中淀粉含量高，是生产淀粉、酒精、燃料等产品的原材料。2021 年玉米淀粉产量达 3918 万吨，同比增长 21.2%；需求量达 2793 万吨，同比增长 9.27%。2012～2021 年，我国玉米淀粉产量变化情况如图 1-1 所示。

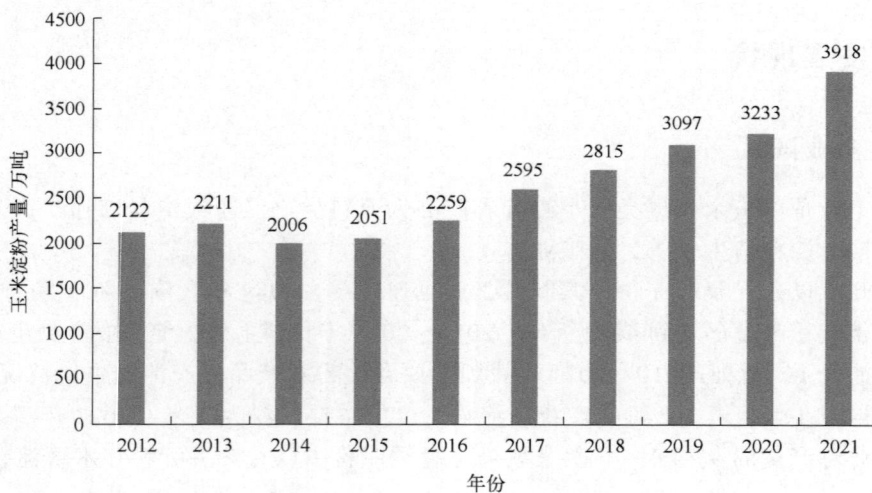

图 1-1　2012～2021 年我国玉米淀粉产量变化情况

玉米淀粉用途广泛，是食品、化工、医药等行业的重要原料，可进一步加工生产淀粉糖、变性淀粉、味精、有机酸及化工醇等产品。其中，淀粉糖是玉米淀粉最主要的消费去向，2021 年约占玉米淀粉消费总量的 54%，其后依次是造纸约占 11%、食品加工约占 10%、医药约占 8%，啤酒、化工和变性淀粉各占 5% 左右。

从空间分布情况看，我国玉米淀粉产能集中度相对较高。从区域分布来看，华北黄淮、东北、西北是玉米淀粉产能最集中的区域，这些区域也是我国玉米的主产区，原料供应充裕，成本低廉，且可以充分发挥深加工企业"潮粮生产"的特点。

从省份分布来看，2019 年山东、吉林、河北、黑龙江及宁夏 5 省（自治区）玉米淀粉产量合计占全国总产量的 86.59%。山东是我国玉米淀粉第一生产大省，约占全国玉米淀粉总产量的 47.43%。2019 年我国玉米淀粉产量空间分布情况如图 1-2 所示。

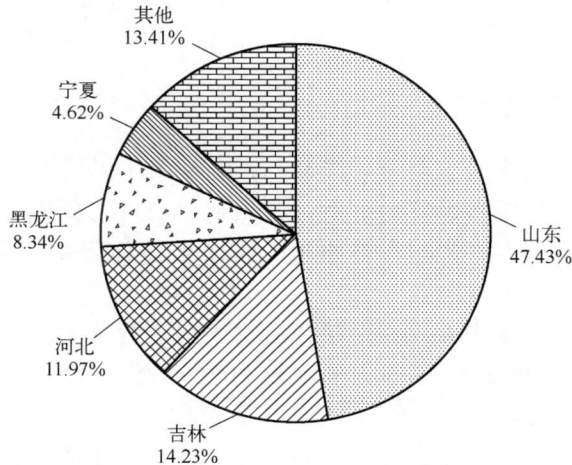

图 1-2 **2019 年我国玉米淀粉产量空间分布情况**

从生产规模及企业数量看，2010～2017 年我国年产玉米淀粉 100 万吨以上的企业数量和年产 30 万吨以上的企业数量并未呈现明显变化的趋势，而年产 40 万吨以上的企业数量明显增加，从 2010 年的 8 家增加到 2017 年的 13 家。2010～2017 年玉米淀粉生产规模及企业数量变化情况如表 1-3 所列。

表 1-3 **2010～2017 年玉米淀粉生产规模及企业数量变化情况**

年份	100 万吨以上		40 万吨以上		30 万吨以上		30 万吨以下		累积	
	企业数/家	产量占比/%	企业数/家	产量占比/%	企业数/家	产量占比/%	企业数/家	产量占比/%	企业数/家	占总产量/%
2010	5	39	8	25	4	7	—	—	17	71
2011	5	40	9	27	5	8	—	—	19	75
2012	4	36	12	35	5	8	—	—	21	79
2013	6	49	9	25	2	3	—	—	17	77
2014	5	46	9	25	5	8	—	—	19	81
2015	4	40	12	37	5	8	—	—	21	85
2016	4	38	14	41	5	8	—	—	23	87
2017	8	51	13	30	3	4	30	—	54	85

2017 年，年产 10 万吨以上玉米淀粉的企业有 37 家，产量合计达到 2214 万吨，约占当年全国玉米淀粉总产量的 98%。其中，前 10 家企业的生产集中度约为 59.7%，部分深加工企业建立了相对完善的深加工产品链条，具有较高的市场份额。未来集团化、规模化是玉米淀粉加工业发展的趋势，小企业的生存空间将逐渐萎缩。

2017 年，玉米淀粉年产量 100 万吨以上的企业有 8 家，产量占比约 51%。其中诸城兴贸玉米开发有限公司是产量最高的企业，总产量达 314 万吨，市场占有率为 13.9%；

西王集团有限公司、中粮生物化学（安徽）股份有限公司和山东寿光巨能金玉米开发有限公司的总产量分别为 196 万吨、195 万吨和 148 万吨，市场占有率依次为 8.8%、8.7% 和 6.5%。

（2）淀粉糖生产情况

淀粉糖作为玉米淀粉主要生产应用产品，其需求占玉米淀粉总需求的 1/2 以上。目前，国内淀粉糖主要应用于食品饮料行业。其中饮料消费主要集中在果糖，是行业主要增长动力来源；麦芽糖浆消费集中在啤酒和医药行业；麦芽糊精消费则在冷饮、调味品行业占比较大。

从淀粉糖产量变化情况来看，在全国公共卫生事件背景下，淀粉糖产量整体逆势上升。2021 年我国淀粉糖产量为 1665 万吨，较 2020 年增长 6.6%。其中液体淀粉糖是主要增长动力，产量为 1129 万吨，占比 67.8%，较 2020 年增长超 10%。

我国淀粉糖产品种类较为丰富，就淀粉糖品种结构占比情况而言，液体淀粉糖以果葡糖浆、麦芽糖浆和葡萄糖浆为主，固体淀粉糖以结晶葡萄糖、麦芽糊精为主。目前，国内液体淀粉糖是淀粉糖产业重要的增长来源，2021 年 F55 果葡糖浆、F42 果葡糖浆和麦芽糖浆产量分别为 452.04 万吨、64.61 万吨、293.50 万吨，分别同比增长 6.60%、减少 7.87%、略降 1.31%。结晶葡萄糖和麦芽糊精产量分别为 448.05 万吨和 88.13 万吨。

2021 年，淀粉糖各品种所占比重如图 1-3 所示。

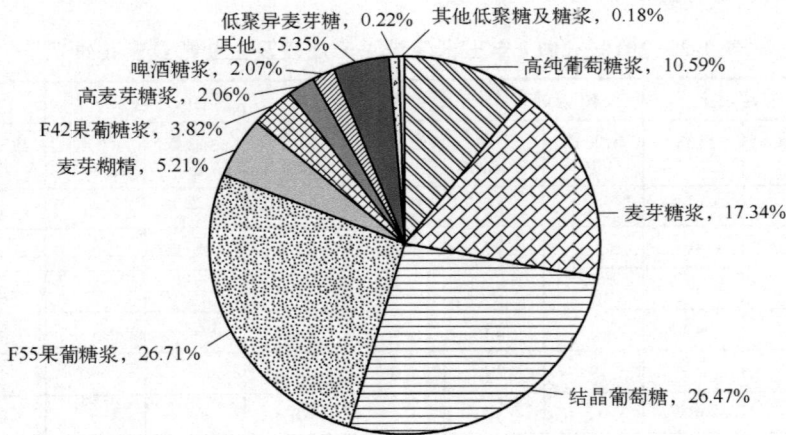

图 1-3　2021 年淀粉糖各品种占比

从淀粉糖产量地区分布情况看，山东省、广东省、河北省和吉林省淀粉糖产量位居国内前四，2021 年产量分别为 652.64 万吨、263.54 万吨、220.75 万吨和 100.11 万吨。

葡萄糖作为人体的基本供能物质和最基本的医药原料，其作用和用途十分广泛。尤其是随着广大人民生活水平的提高，葡萄糖作为蔗糖的替代用糖应用于食品行业，为葡萄糖的应用开拓了更广阔的领域。2010～2019 年我国结晶葡萄糖的产量在 250 万～450 万吨，2010～2019 年结晶葡萄糖产量如图 1-4 所示。

我国结晶葡萄糖生产主要分布在山东省、河北省、河南省和吉林省。其中，山东省是我国最大的结晶葡萄糖生产地区，2019 年产量达到 290.5 万吨，占总量的 64.46%。

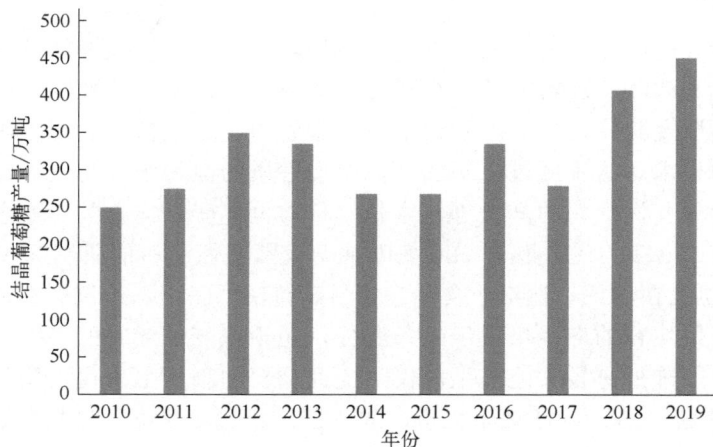

图 1-4　2010～2019 年结晶葡萄糖产量

2019 年结晶葡萄糖生产的主要地区分布如图 1-5 所示。

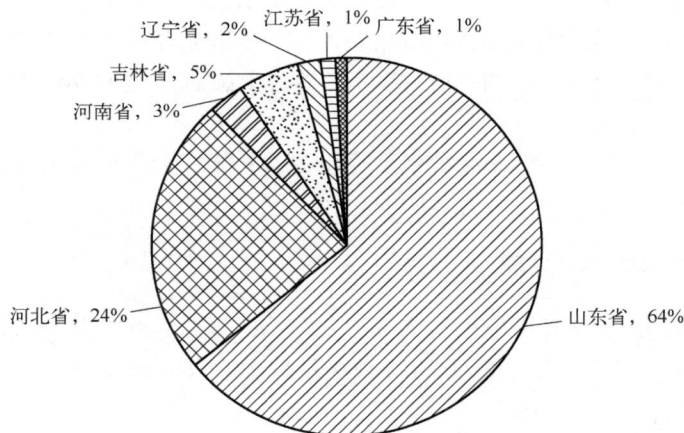

图 1-5　2019 年结晶葡萄糖生产的主要地区分布

　　除结晶葡萄糖之外，麦芽糊精和结晶果糖也属于玉米淀粉深加工产品。麦芽糊精是一种多糖类食品原料，是一种介于淀粉和淀粉糖之间的低转化产品。我国各地生产的麦芽糊精系列产品，均以玉米、大米等为直接原料，采用酶法工艺生产。麦芽糊精广泛应用在糖果、麦乳精、果茶、奶粉、冰淇淋、饮料、罐头及其他食品中，它是各类食品的填充料和增稠剂。

　　结晶果糖为单糖，是糖类中化学活性最高的糖，天然存在于蜂蜜，菊芋及菊苣等菊科植物中。果糖甜度高，有水果香味，热值低，在体内代谢比葡萄糖快，易被机体吸收利用，且不依赖胰岛素，对血糖影响小，适用于葡萄糖代谢异常及肝功能不全的患者补充能量。果糖在人体内能促进有益细菌如双歧杆菌类生长繁殖，抑制有害菌生长，改善人肠胃功能和代谢，降低血脂，是理想的甜味剂。

（3）变性淀粉生产情况

为改善淀粉性能，扩大其应用范围，利用物理法、化学法或酶法处理，在淀粉分子上引入新的官能团或改变淀粉分子大小和淀粉颗粒性质，从而改变淀粉的天然特性（如糊化温度、热黏度及其稳定性、冻融稳定性、凝胶力、成膜性、透明性等），使其更适合于一定应用的要求。这种经过二次加工，改变性质的淀粉统称为变性淀粉。

近年来，世界变性淀粉的产量迅速增长，目前世界变性淀粉的年产量已达到 800 多万吨，其中美国 300 多万吨，欧洲 200 多万吨。我国变性淀粉的研制起步较晚，始于 20 世纪 80 年代，现已在纺织、造纸、食品、饲料、铸造、医药、建筑、石油等多领域中得到应用。我国变性淀粉的应用仍属于新兴业务，无论在变性淀粉的种类、质量，还是应用范围方面，都与国外有较大的差别。仅从变性淀粉的种类上来说，国外已开发上市了2000 余种变性淀粉产品，包括氧化淀粉、酸变性淀粉、淀粉酯、淀粉醚、交联淀粉、阳离子淀粉、接枝淀粉、环糊精、白糊精、预凝胶化淀粉（预糊化淀粉）、双醛淀粉等。其中用玉米淀粉生产的变性淀粉已达到 200 多种，而中国内地以玉米淀粉为原材料生产的变性淀粉的品种只有 20 余种。

2019 年，我国变性淀粉产量约为 175.8 万吨，比 2018 年增加 9.91 万吨，同比增长5.98%。从产区来看，我国变性淀粉生产主要集中在山东省、广西壮族自治区、浙江省和广东省，这四个省（自治区）的变性淀粉产量占全国总产量的 74.79%，其中山东省占比约 36%。

从生产企业看，2019 年变性淀粉生产企业共 48 家，年产 2 万吨的企业达 24 家，产量合计占比 89.03%。

（4）玉米淀粉的市场情况

2018 年我国淀粉行业市场规模约为 878.92 亿元，同比 2017 年的 833.45 亿元增长了5.46%。2012～2018 年我国淀粉行业市场规模情况如图 1-6 所示。

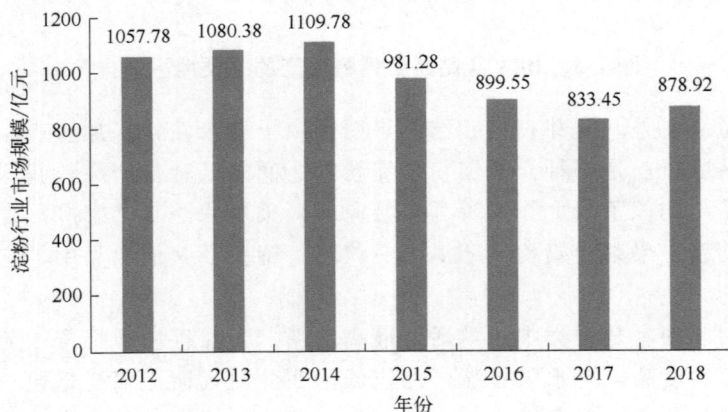

图 1-6　2012～2018 年我国淀粉行业市场规模情况

近年来，我国淀粉行业产量整体呈现增长态势，但淀粉均价持续走低，从 2014 年的 4.8 元/千克下降至 2018 年的 2.78 元/千克，下降幅度高达 42.08%。

从产品需求来看，我国淀粉产品需求量最大的依然是玉米淀粉，但近几年需求量占比逐渐降低。其次是木薯淀粉，木薯淀粉由于其优异的性能，市场需求强劲，但国内产品缺乏竞争优势，且价格相对较高，因此产品大量进口，较为稳定。

2021 年我国玉米淀粉产量达到 3918 万吨，进口量为 1.44 万吨，出口量达到 14.72 万吨。而 2021 年我国玉米淀粉需求量约为 2793 万吨。2015～2021 年我国玉米淀粉供需平衡走势如图 1-7 所示。

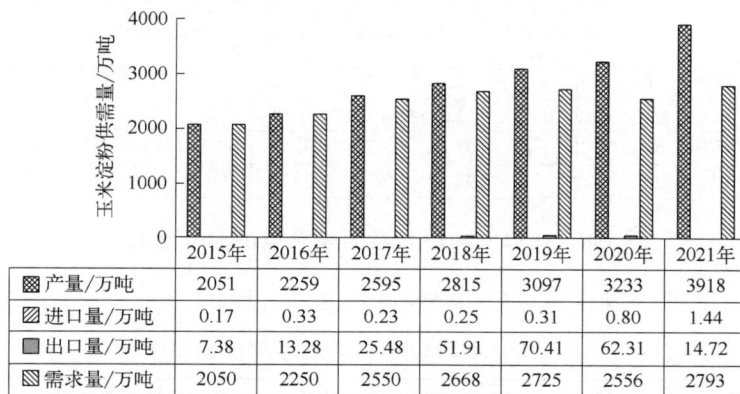

	2015年	2016年	2017年	2018年	2019年	2020年	2021年
产量/万吨	2051	2259	2595	2815	3097	3233	3918
进口量/万吨	0.17	0.33	0.23	0.25	0.31	0.80	1.44
出口量/万吨	7.38	13.28	25.48	51.91	70.41	62.31	14.72
需求量/万吨	2050	2250	2550	2668	2725	2556	2793

图 1-7 2015～2021 年我国玉米淀粉供需平衡走势

2009～2021 年我国玉米淀粉进出口情况如表 1-4 所列。

表 1-4 2009～2021 年我国玉米淀粉进出口情况

年份	进口金额/万美元	进口量/吨	出口金额/万美元	出口量/吨	进口均价/（美元/千克）	出口均价/（美元/千克）
2009	103.45	965.65	9238.67	289787.01	1.07	0.32
2010	870.02	11126.25	15318.12	366434.58	0.78	0.42
2011	382.38	42411.49	11314.72	226190.34	0.90	0.50
2012	84.68	854.22	5458.82	105636.06	0.99	0.52
2013	137.70	1531.90	5074.01	96992.66	0.90	0.52
2014	166.16	1688.41	3018.81	56444.22	0.98	0.53
2015	180.43	1746.27	3212.56	73811.52	1.03	0.44
2016	311.99	3276.93	4509.76	132778.26	0.95	0.34
2017	249.95	2303.21	7842.19	254827.80	1.09	0.31
2018	247.43	2525.92	18820.65	519148.87	0.98	0.36
2019	294.99	3050.31	24465.85	704110.33	0.97	0.35
2020	572.74	7974.72	21127.46	623094.77	0.72	0.34
2021	932.69	14439.40	7175.36	147249.78	0.65	0.49

2018 年我国麦芽糖产量达到 112.17 万吨，进口量为 2.2 万吨，出口量达到 46.63 万吨。据此计算，2018 年我国麦芽糖需求量达到了 67.74 万吨。2012～2018 年我国麦芽糖

供需平衡走势如图 1-8 所示。

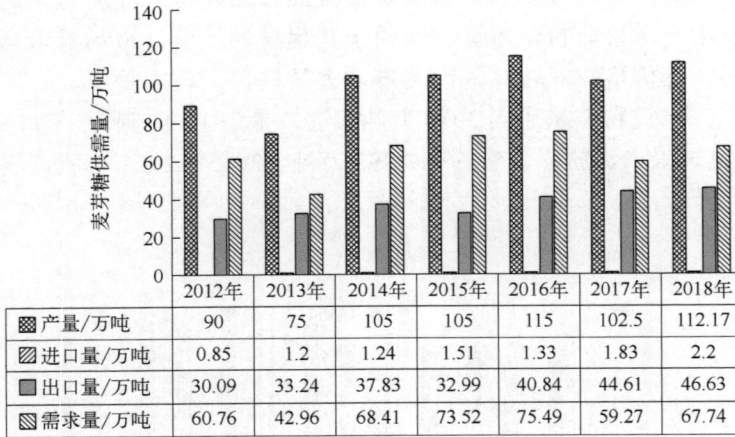

	2012年	2013年	2014年	2015年	2016年	2017年	2018年
产量/万吨	90	75	105	105	115	102.5	112.17
进口量/万吨	0.85	1.2	1.24	1.51	1.33	1.83	2.2
出口量/万吨	30.09	33.24	37.83	32.99	40.84	44.61	46.63
需求量/万吨	60.76	42.96	68.41	73.52	75.49	59.27	67.74

图 1-8　2012～2018 年我国麦芽糖供需平衡走势

2009～2018 年我国麦芽糖进出口情况如表 1-5 所列。

表 1-5　2009～2018 年我国麦芽糖进出口情况

年份	进口金额/万美元	进口量/吨	出口金额/万美元	出口量/吨	进口均价/（美元/千克）	出口均价/（美元/千克）
2009	1021.27	5733.95	11294.49	141888.66	1.78	0.80
2010	907.81	6304.14	17013.14	210563.38	1.44	0.81
2011	2064.16	9259.09	23454.41	293331.68	2.23	0.80
2012	2018.66	8475.12	20871.09	300936.30	2.38	0.69
2013	2570.58	11985.23	22675.90	332437.53	2.14	0.68
2014	2720.10	12400.78	26556.39	378270.93	2.19	0.70
2015	3086.69	15068.01	23641.53	329935.79	2.05	0.72
2016	2638.67	13273.51	26874.63	408439.78	1.99	0.66
2017	3213.77	18311.33	27985.60	446059.65	1.76	0.63
2018	3614.50	21957.95	31260.61	466286.32	1.65	0.67

2018 年我国变性淀粉产量达到 165.87 万吨，进口量为 42.04 万吨，出口量为 9.46 万吨。据此计算，2018 年我国变性淀粉需求量达到了 198.45 万吨。2009～2018 年我国变性淀粉进出口情况如表 1-6 所列。2012～2018 年我国变性淀粉供需平衡走势如图 1-9 所示。

表 1-6　2009～2018 年我国变性淀粉进出口情况

年份	进口金额/万美元	进口量/吨	出口金额/万美元	出口量/吨	进口均价/（美元/千克）	出口均价/（美元/千克）
2009	12303.75	160865.61	6183.68	117462.00	0.76	0.53
2010	19087.29	210374.43	6721.95	105423.25	0.91	0.64
2011	25505.63	238070.51	7896.40	105494.15	1.07	0.75

年份	进口金额 /万美元	进口量 /吨	出口金额 /万美元	出口量 /吨	进口均价 /（美元/千克）	出口均价 /（美元/千克）
2012	28017.67	287432.70	9180.35	110783.10	0.97	0.83
2013	31272.07	318744.43	10399.07	121309.58	0.98	0.86
2014	33063.22	335851.30	8355.29	95012.08	0.98	0.88
2015	32857.23	344399.95	6307.77	61427.17	0.95	1.03
2016	37557.42	364015.93	6892.98	55578.23	1.03	1.24
2017	33523.80	389509.85	7599.89	83989.16	0.86	0.90
2018	40070.05	420417.67	8085.74	94550.95	0.95	0.86

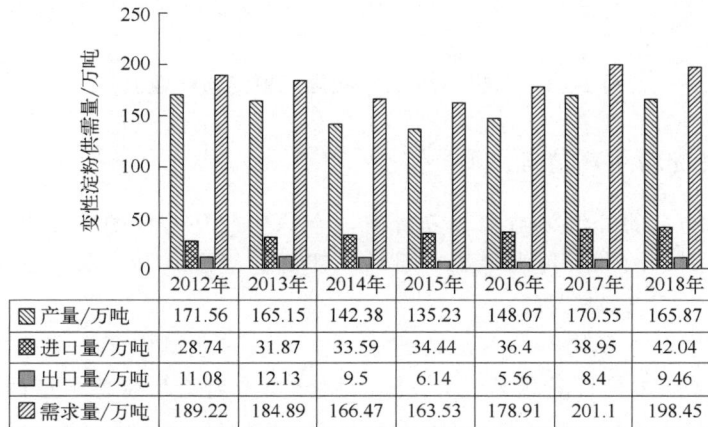

	2012年	2013年	2014年	2015年	2016年	2017年	2018年
产量/万吨	171.56	165.15	142.38	135.23	148.07	170.55	165.87
进口量/万吨	28.74	31.87	33.59	34.44	36.4	38.95	42.04
出口量/万吨	11.08	12.13	9.5	6.14	5.56	8.4	9.46
需求量/万吨	189.22	184.89	166.47	163.53	178.91	201.1	198.45

图 1-9　2012～2018 年我国变性淀粉供需平衡走势

1.1.1.3　薯类淀粉行业现状

（1）木薯淀粉生产情况

木薯是我国第二大热带种植植物，种植区主要集中在广西壮族自治区、广东省西部、云南省南部及海南省，其中以广西壮族自治区种植区为主，占总量的 65% 以上。木薯种植区与甘蔗种植区基本重合，由于耕地竞争关系和原料成本等，目前，我国木薯种植面积大幅缩减，导致木薯淀粉产量持续下降。

我国木薯淀粉供需极不平衡，需求量远大于产量。据中国淀粉工业协会统计数据，2021 年中国木薯淀粉产量为 21.18 万吨，同比减少 18.5%；需求量为 369.47 万吨，同比增长 22.5%。2015～2021 年，我国木薯淀粉产量变化如图 1-10 所示。

就区域分布而言，广西壮族自治区仍是木薯淀粉产量最大的地区。2021 年广西壮族自治区木薯淀粉产量为 17.3 万吨，占总产量的 82%，而云南、海南、广东等地的产量合计占比仅 18%。

我国是木薯淀粉净进口国，木薯淀粉也是我国贸易量最大的淀粉品种。据中国海关总署统计数据，2022 年 1～10 月，我国木薯淀粉累计进口 347.42 万吨，出口仅 734.7t。以进口金额计，我国木薯淀粉主要从泰国、越南等地进口，2021 年的进口额占比分别为 73.7%、17.2%。

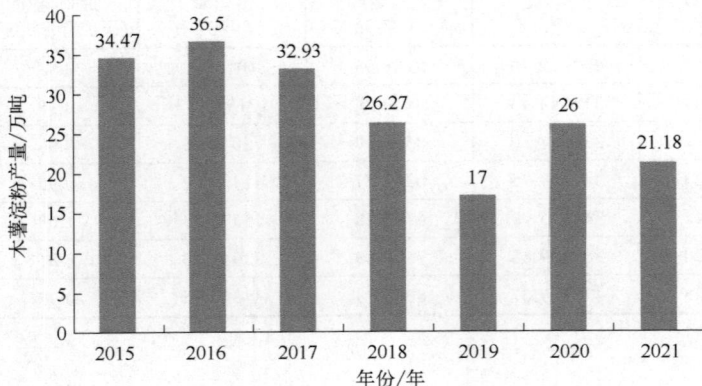

图 1-10　2015～2021 年我国木薯淀粉产量变化

（2）马铃薯淀粉生产情况

马铃薯具有一定的经济效益和营养价值，全球生产马铃薯的国家有 100 多个，主要分布在亚洲、非洲、欧洲及美洲等地。目前，我国已经成为马铃薯种植大国，马铃薯种植面积维持在 470 万公顷左右。

从区域结构上看，我国马铃薯淀粉产区基本形成三北单作区、中原间作区、南方冬作区、西南混作区四大马铃薯优势区，种植面积分别占全国马铃薯种植面积的 50%、8%、5% 和 37%。

由于人多粮少的国情以及工业发展水平的制约，我国马铃薯现代化加工产业从 20 世纪 90 年代初才开始发展，虽然起步较晚，但凭借占据世界第一位的资源优势和广阔的市场优势快速发展。近年来，我国马铃薯淀粉产量整体呈现增长态势。据相关数据显示，2016～2021 年我国马铃薯淀粉产量由 33 万吨增长至 69 万吨。2016～2021 年我国马铃薯淀粉产量变化如图 1-11 所示。

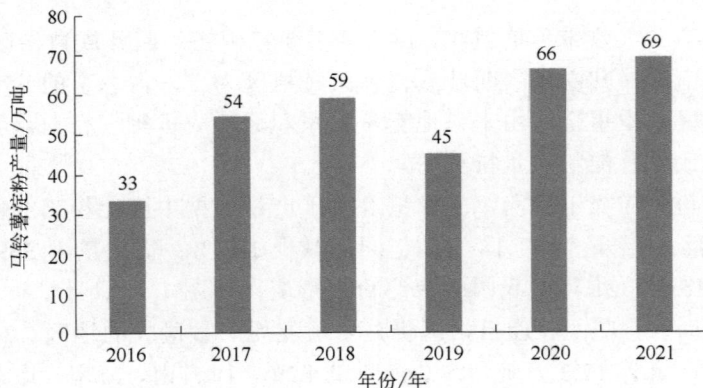

图 1-11　2016～2021 年我国马铃薯淀粉产量变化

从区域结构上看，我国马铃薯淀粉生产较为集中，其中西北、华北两大地区马铃薯淀粉产量占比分别为 44.4%、35.8%，总占比超 80%。

目前，我国马铃薯淀粉主要应用于食品行业，作为生产乳化剂、增稠剂、稳定剂、膨化剂、赋形剂等的重要原料，在膨化食品、方便食品、冷冻食品、汤类食品、水产品等食品中应用广泛，消费占比达 80%。

（3）薯类淀粉的市场情况

近年来，我国马铃薯淀粉总产量增长趋缓，不能满足强劲的市场需求，马铃薯淀粉高度依赖进口，贸易逆差较大。2021 年，我国马铃薯淀粉产量达到 69 万吨，进口量为 9.4 万吨，出口量为 0.11 万吨，贸易逆差为 9.29 万吨。2017～2021 年我国马铃薯淀粉供需平衡走势如图 1-12 所示。

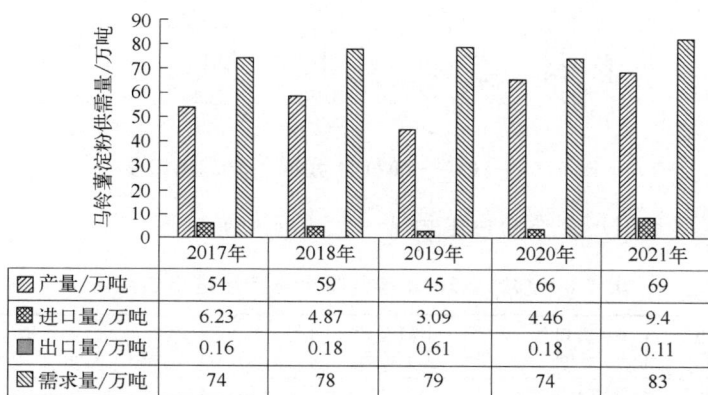

	2017年	2018年	2019年	2020年	2021年
产量/万吨	54	59	45	66	69
进口量/万吨	6.23	4.87	3.09	4.46	9.4
出口量/万吨	0.16	0.18	0.61	0.18	0.11
需求量/万吨	74	78	79	74	83

图 1-12　2017～2021 年我国马铃薯淀粉供需平衡走势

2009～2018 年我国马铃薯淀粉进出口情况如表 1-7 所列。

表 1-7　2009～2018 年我国马铃薯淀粉进出口情况

年份	进口金额/万美元	进口量/吨	出口金额/万美元	出口量/吨	进口均价/（美元/千克）	出口均价/（美元/千克）
2009	1630.43	35004.28	563.82	9649.39	0.47	0.58
2010	6455.64	142383.17	474.36	5844.22	0.45	0.81
2011	2051.79	23147.37	824.13	6046.80	0.89	1.36
2012	2889.41	37353.10	527.31	5229.55	0.77	1.01
2013	2905.08	36729.51	349.02	3568.09	0.79	0.98
2014	2632.86	30156.75	282.38	2555.24	0.87	1.11
2015	4626.78	65575.58	75.07	653.50	0.71	1.15
2016	3135.39	42080.67	65.56	590.85	0.75	1.11
2017	4785.07	62316.34	187.85	1649.22	0.77	1.14
2018	4105.03	48746.13	186.08	1777.85	0.84	1.05

1.1.1.4　小麦淀粉行业现状

小麦淀粉是一种重要的工业原料，广泛应用于食品、医药、化妆品等领域。随着人们对于健康饮食的关注度不断提高，高品质、低糖、低脂的小麦淀粉产品需求量也在逐渐增加。因此，未来小麦淀粉的应用领域将会更加广泛。

2018 年我国小麦淀粉产量达到 83.35 万吨，进口量为 0.12 万吨，出口量 0.35 万吨。据此计算，2018 年我国小麦淀粉需求量达到了 83.12 万吨。2017～2021 年我国小麦进出口量如图 1-13 所示。

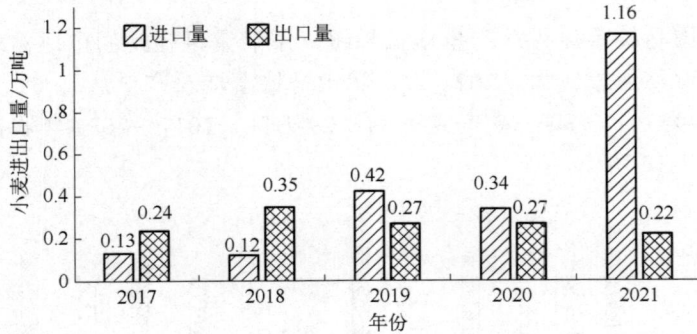

图 1-13　2017～2021 年我国小麦进出口量

2009～2018 年我国小麦淀粉进出口情况如表 1-8 所列。

表 1-8　2009～2018 年我国小麦淀粉进出口情况

年份	进口金额 /万美元	进口量 /吨	出口金额 /万美元	出口量 /吨	进口均价 /（美元/千克）	出口均价 /（美元/千克）
2009	85.35	1243.03	524.21	11978.57	0.69	0.44
2010	43.27	579.55	512.37	10794.83	0.75	0.47
2011	45.99	596.53	609.57	10671.32	0.77	0.57
2012	49.91	784.94	334.90	5789.26	0.64	0.58
2013	46.64	657.59	371.23	6082.79	0.71	0.61
2014	51.60	875.02	314.18	5130.28	0.59	0.61
2015	64.34	1058.56	207.07	3347.70	0.61	0.62
2016	53.18	876.26	154.94	2675.87	0.61	0.58
2017	72.17	1281.96	136.28	2411.84	0.56	0.57
2018	67.38	1195.88	184.30	3487.12	0.56	0.53

1.1.2　发展趋势

1.1.2.1　企业向规模化、集约化发展

以马铃薯淀粉企业为例，随着环保督察和环境保护标准的日趋严格，环保政策升级将迫使一些小规模企业退出市场，马铃薯淀粉行业的产业集中度会进一步提升，产业布局更趋于合理。淘汰低水平、高消耗、污染严重的企业，发展淀粉深加工大型骨干企业集团，提高产业集中度和核心竞争力，淀粉加工行业势必进入高科技、高产出、高效率的快速发展阶段。淀粉、酒精、变性淀粉加工业也会逐渐从以中小企业为主转变为以大

企业、大集团为主导的发展格局。各环节之间由合同、契约联系到合作协作、互相参股、统一经营的集团化、一体化关系，形成更紧密的产业化经营体系，以实现持久发展。规模化、集约化成为淀粉加工、深加工行业发展的重要趋势。

1.1.2.2　加工原料向专用化发展

随着市场和加工用途的细分化，淀粉加工、深加工越来越倾向于选择专用的原料品种，即在淀粉生产中采用适合的育种技术、栽培技术、防治病虫害技术等，确保向加工环节提供品种种类适合、品质良好、无公害、无农药等有害物质残留的优质原料，已经成为淀粉加工、深加工行业向农业生产领域延伸的趋势。在我国，已有淀粉加工企业建立专用的原料品种和相对稳定的原料供应基地，生产有机淀粉出口国外。我国还有可鲜食的食用淀粉品种，既丰富了人们的餐桌，也是一种安全、天然、优质的食用淀粉加工、深加工原料。不同原料品种可发挥专用化作用，从而带动整个淀粉产业链的健康、高效发展。

1.1.2.3　加工产品向多元化、系列化发展

淀粉加工产品包括淀粉、酒精、变性淀粉、淀粉糖等，是应用广泛的基础性材料，随着应用领域的拓展，其产品的需求也呈现多元化、系列化的发展趋势。目前，国外已开发上市的变性淀粉系列产品达 3000 余种，国内的淀粉和变性淀粉产品已经形成 26 个品种几十个系列，广泛应用于各行各业，包括食品添加剂、水产饲料、黏结剂、啤酒淀粉、生物医药、造纸、纺织等，加工产品会向更加多元化、系列化的方向发展。

1.1.2.4　玉米淀粉加工副产品综合利用逐步开展

在玉米湿法生产淀粉的过程中，不仅要关注70%的淀粉及转化产品，也应重视30%的副产品的回收和综合利用。玉米加工中除淀粉以外的副产品包括玉米皮、蛋白粉、胚芽等。玉米胚芽中的营养素如卵磷脂、胡萝卜素、谷胱甘肽、低聚糖等具有较大的应用价值；玉米麸质中的醇溶蛋白、谷蛋白等具有良好的应用前景；玉米皮可用于生产膳食纤维，它所含的丰富的木糖、阿拉伯糖属于功能性食品的基料；玉米浸泡液可转化为高生物学价值的饲料酵母蛋白粉。开展玉米加工副产品深层次利用的研究，可以提高玉米的综合利用效率并扩大增值空间，降低资源消耗，实现清洁生产，减少污染物排放量。

1.1.3　主要环境问题

1.1.3.1　污染物排放总量

淀粉行业是我国水污染物重点排放行业。通常来讲，玉米淀粉工业约 1.7t 原料得 1t 淀粉，薯类淀粉 6～8t 原料得 1t 淀粉，在生产过程中，清洗用水等需水量较大，废水排放量也大。废水属于含淀粉、蛋白质、糖类、脂肪等有机物的高浓度有机废水，如不能稳定达标排放，将造成水体缺氧，使水生动物窒息，给环境带来一定影响。

淀粉工业主要水污染物为化学需氧量（COD_{Cr}）、氨氮、总氮、总磷。据测算，2018 年全国淀粉废水排放量 1.3 亿立方米、COD_{Cr} 排放量达 2.9 万吨、氨氮排放量 0.11 万吨、

总氮排放量 0.55 万吨、总磷排放量 0.024 万吨,分别占农副食品加工业总排放量的 16.7%、18.9%、8.2%、6.3% 和 7.2%。

1.1.3.2 环保监管工作中发现的主要环境问题

近年来,国家高度关注淀粉行业环境保护工作,颁布实施了《淀粉工业水污染物排放标准》(GB 25461—2010)、《淀粉废水治理工程技术规范》(HJ 2043—2014)、《排污许可证申请与核发技术规范 农副食品加工工业—淀粉工业》(HJ 860.2—2018)、《污染源源强核算技术指南 农副食品加工工业—淀粉工业》(HJ 996.2—2018)等一系列环境保护标准,在各项标准的指导下,淀粉企业环境管理能力也得以加强,但部分淀粉企业仍存在环境违法行为。本书从部分地区生态环境管理部门等网站收集了部分淀粉企业环保问题及具体处理情况,共整理了 17 家企业 24 个环保问题。其中,环保审批手续不完善 9 个;废水处理设施不完善 4 个;废气处理设施不规范 4 个;固体废物处理处置不规范 2 个;环境监测制度和设施不完善 2 个;汁水还田不规范 1 个;违规使用小燃煤锅炉 1 个;噪声超标 1 个。部分淀粉企业典型环保问题及具体处理情况如表 1-9 所列。

表 1-9 部分淀粉企业典型环保问题及具体处理情况

序号	地区	存在问题	处理情况
1	内蒙古	未批先建、私自扩大淀粉产能、新增生产车间、加盖库房,导致噪声和空气污染	(1)责令该企业完成新增的玉米淀粉建设项目环境保护竣工验收,在未取得合规手续前不得生产。 (2)责令该企业对产生噪声源点加装隔声装置。同时,根据异味治理排放情况,结合季节气候、天气条件等因素,以味定产;若出现异味,立即采取限产措施。 (3)加强对该企业监管,派驻执法人员督促企业强化异味收集治理设施运行管理,确保稳定运行和达标排放。若发现企业有无故停用或不正常运行异味治理设施超标排放的环境违法行为,依法予以行政处罚或向公安机关移送。在不利气象条件及特殊情况下,采取责令限产、停产措施,避免异味扰民事件发生
2	江苏	废水超标排放	违反《中华人民共和国水污染防治法》第十条,依据《中华人民共和国水污染防治法》第八十三条,责令该公司立即改正违法行为,罚款人民币 35 万元
3	陕西	水质在线监控设备采样口设置不符合规范,无法测量水质;烟气在线监控无法正常使用	限期整改
4	甘肃	企业关停后继续生产,生产区域遗留有生产废水和薯渣,且将薯渣倾倒填埋在居民住所旁边的沟渠中,将生产废水排至该企业周边修建的废水贮存池内,填埋薯渣废弃沙坑底部的渗滤液流入河道	督促企业对贮存池内的生产废水和倾倒的薯渣进行清理整治,整改现场存在的生态环境问题,消除污染
5	内蒙古	排污许可证到期后未申请延续,擅自启动生产,该企业产生的废水暂存至污水处理站和废水沉淀池内,部分废水存在溢流现象	依据《排污许可管理条例》第三十三条第二款的规定,当地生态环境局依法作出行政处罚决定,责令该企业立即停产整治,罚款人民币 30 万元
6	黑龙江	年度自行监测方案内容信息不全。玉米深加工新建项目未执行"三同时"制度,锅炉脱硝设施未建成,项目未验收违法生产	限期整改

续表

序号	地区	存在问题	处理情况
7	广东	通过不正常运行污染防治设施的方式逃避监管，排放水污染物	依据《中华人民共和国水污染防治法》第八十三条的规定，罚款人民币 12 万元
8	浙江	未经管理部门备案登记，擅自进行淀粉糖分装储存；无配套废水处理设施，清洗水直接排入下水道	依据《中华人民共和国环境影响评价法》第三十一条第三款规定，责令完成备案，罚款人民币 1.2 万元
9	河南	面筋及淀粉项目未依法经审批部门审查批准，擅自建设并建成投产	（1）责令改正环境违法行为；（2）给予罚款 5 万元的行政处罚
10	山东	该企业厂区东南仓库内的玉米淀粉生产线无环保手续，无大气污染治理设施	该企业自愿拆除玉米淀粉生产设备，不再办理环保手续。该企业在规定时间内拆除全部生产设备，达到"两断三清"标准
11	云南	木薯皮及炉渣燃料堆放于河床岸坡，未按环评要求建设"三防"措施	（1）责令立即停止在河床的岸坡上堆放木薯皮及炉渣。（2）罚款人民币 2 万元
12	河南	筛选淀粉未在封闭独立的搅拌区域进行，未采取有效措施防治污染	依据《中华人民共和国大气污染防治法》第一百零八条的规定，罚款人民币 2 万元
13	河北	物料扬尘问题突出	限期整改
14	河南	无环保手续，无治污设施，生产废水直排，并违规使用小燃煤锅炉	责成企业整改，完善企业环保手续；将燃煤锅炉改为液化气锅炉；填埋外排水渠，建设配套污水处理站
15	河南	未办理环评手续	根据《中华人民共和国环境影响评价法》第三十一条的规定，罚款人民币 3000 元
16	宁夏	汁水还田形成积水，没有及时翻地，产生恶臭	责令停止违法行为，罚款人民币 10 万元
17	广西	转移危险废物，未按照规定办理危险废物转移联单	依据《中华人民共和国固体废物污染环境防治法》相关规定，罚款人民币 2 万元
18	江苏	1 台 25MW 汽轮机与 1 台 30MW 发电机需要配套建设的环境保护设施未经验收……无组织废气臭气浓度（无量纲）超标	根据《建设项目环境保护管理条例》和《中华人民共和国大气污染防治法》等规定，对"建设项目需要配套建设的环境保护设施未经验收，建设项目即投入生产"的环境违法行为，罚款人民币 30 万元；对"超过大气污染物排放标准排放大气污染物"的环境违法行为，罚款人民币 40 万元
19	黑龙江	在无环评审批手续的情况下违法生产，向河内排放未经处理的红色污水，河水被污染并散发臭味	当地生态环境执法部门责令该企业立即停止违法行为；罚款人民币 20.6 万元

淀粉企业应结合国家和地方环境保护管理要求，重点关注以下几方面。

（1）符合国家和地方产业政策要求

淀粉企业生产规模、技术装备、锅炉、电机、水泵等辅助、附属设施应符合国家和地方产业政策要求。例如《产业结构调整指导目录（2024 年本）》规定，淘汰年处理 15 万吨以下、总干物收率 97%以下的湿法玉米淀粉生产线（特种玉米淀粉生产线除外）；宁夏回族自治区规定淘汰关停设计产能 1 万吨以下的马铃薯淀粉生产企业。

（2）环保审批相关手续及文件齐全

企业环评批复、竣工环保验收、排污许可等手续和文件应齐全，并应确保生产规模、技术路线、生产装备、污染治理设施等内容与相关批复文件保持一致。

（3）建立完善污染防治及治理设施

企业应根据环评批复、排污许可证的要求建立完善的污染防治及治理设施，并确保各类设施有效运行。具体措施如下：

① 建设与企业生产规模配套的废水处理设施、事故应急池；建立完善的污水管网，实现雨污分流、污污分流、清污分流；各类废水宜分类收集、分质处理、循环利用。

② 采用汁水还田模式的企业，应参照《马铃薯淀粉工业有机肥水农田利用技术规范》（T/SIACN 01—2018）及相关地方标准的规定开展相关环境管理工作，测土施肥，以地定产。

③ 产生粉尘的生产工序应加强密闭，粉尘宜收集处理；粉状原料应储存于封闭料场（仓库）；物料输送应采取密闭输送方式。

④ 锅炉应配置有效的除尘、脱硫、脱硝设施。脱硝系统氨的装卸、贮存、输送、制备等各工序应密闭，并采取氨气泄漏检测措施。

⑤ 厂区道路应硬化，并采取清扫、洒水等措施保持清洁。未硬化的厂区应采取绿化等措施。

⑥ 生产工序、废水处理工序、汁水还田环节应有效防止恶臭污染。

⑦ 生产环节产生的玉米皮和渣、薯皮、薯渣、滤泥、淀粉渣、糖化废渣、母液等应尽可能进行综合利用。

⑧ 生产环节产生的废活性炭、废树脂、废石棉、厂内实验室固体废物以及其他固体废物，应进行分类管理、贮存。一般固体废物贮存执行《一般工业固体废物贮存和填埋污染控制标准》（GB 18599—2020），危险废物贮存执行《危险废物贮存污染控制标准》（GB 18597—2023）。危险废物应委托有资质的相关单位进行处理，并按规定严格执行危险废物转移联单制度。

（4）环保设施有效运行、记录完整

环保设施应与生产工艺设备同步运行。环保设施发生故障或检修时，对应的生产工艺设备应停止运行，待检修完毕后同步投入使用。企业应按照《排污单位环境管理台账及排污许可证执行报告技术规范 总则（试行）》（HJ 944—2018）等标准的要求，规范记录和保存环境管理台账。

企业应按照有关法律和《环境监测管理办法》及《排污单位自行监测技术指南 农副食品加工业》（HJ 986—2018）等规定，建立企业监测制度，制定监测方案，对污染物排放状况及其对周边环境质量的影响开展自行监测，保存原始监测记录，并公布监测结果。

1.1.4 环境保护要求

1.1.4.1 环境保护部门规章

部分淀粉工业的环境保护相关部门规章如表 1-10 所列。

表 1-10　部分淀粉工业环境保护相关部门规章

序号	文件名称	发文字号	具体内容
1	《产业结构调整指导目录（2024 年本）》	中华人民共和国国家发展和改革委员会令 第 7 号	鼓励类：粮油加工副产物（稻壳、米糠、麸皮、胚芽、饼粕等）综合利用关键技术开发应用；玉米胚芽油生产线。 限制类：年加工玉米 45 万吨以下、绝干收率在 98%以下玉米淀粉（蜡质玉米、高直链玉米等特种玉米年加工规模 1 万吨以下）。 淘汰类：年处理 15 万吨以下、总干物收率 97%以下的湿法玉米淀粉生产线（特种玉米淀粉生产线除外）
2	《建设项目环境影响评价分类管理名录（2021 年版）》	中华人民共和国生态环境部令 第 16 号	（1）环评报告书：含发酵工艺的淀粉、淀粉糖制造项目； （2）环评报告表：不含发酵工艺的淀粉、淀粉糖制造，淀粉制品制造，豆制品制造；以上均不含单独分装的
3	《固定污染源排污许可分类管理名录（2019 年版）》	中华人民共和国生态环境部令 第 11 号	（1）排污许可重点管理：年加工能力 15 万吨玉米或者 1.5 万吨薯类及以上的淀粉生产或者年产 1 万吨及以上的淀粉制品生产，有发酵工艺的淀粉制品生产； （2）排污许可简化管理：除重点管理以外的年加工能力 1.5 万吨及以上玉米、0.1 万吨及以上薯或豆类、4.5 万吨及以上小麦的淀粉生产，年产 0.1 万吨及以上的淀粉制品生产（不含有发酵工艺的淀粉制品生产）； （3）排污登记管理：其他
4	《关于印发淀粉等五个行业建设项目重大变动清单的通知》	环办环评函〔2019〕934 号	淀粉建设项目重大变动清单（试行）：适用于淀粉及淀粉制品制造业建设项目环境影响评价管理。部分规定如下： （1）淀粉或淀粉制品生产能力增加 30%及以上。 （2）项目重新选址；在原厂址附近调整（包括总平面布置变化）导致大气环境防护距离内新增环境敏感点。 （3）原料变更导致新增污染物项目或排放量增加。 （4）因辅料或产品改变新增工艺设备或变更生产工艺，并导致新增污染物项目或污染物排放量增加。 （5）因燃料变化，导致新增污染物项目或污染物排放量增加。 （6）废水、废气处理工艺或处理规模变化，导致新增污染物项目或污染物排放量增加（废气无组织排放改为有组织排放除外）。 （7）《排污许可证申请与核发技术规范　农副食品加工工业—淀粉工业》（HJ 860.2—2018）规定的主要排放口排气筒高度降低 10%及以上。 （8）新增废水排放口；废水排放去向改为农田灌溉，或由间接排放改为直接排放；直接排放口位置变化导致不利环境影响加重。 （9）固体废物种类或产生量增加且自行处置能力不足，或固体废物处置方式由外委改为自行处置，或自行处置方式变化，导致不利环境影响加重

1.1.4.2　环境保护标准

（1）国家和地方污染物排放标准

1）《淀粉工业水污染物排放标准》（GB 25461—2010）

《淀粉工业水污染物排放标准》（GB 25461—2010）于 2010 年 9 月 27 日发布，2010 年 10 月 1 日起实施。该标准规定了淀粉企业或生产设施水污染物排放限值、监测和监控要求，以及标准的实施与监督等相关规定。标准适用于现有淀粉企业或生产设施的水污染物排放管理；适用于对淀粉工业建设项目的环境影响评价、环境保护设施设计、竣工环境保护验收及其投产后的水污染物排放管理；适用于法律允许的污染物排放行为。该标准规定的水污染物排放控制要求适用于企业直接或间接向其法定边界外排放水污染物的行为。

该项标准中规定的新建企业水污染物排放浓度限值要求如表 1-11 所列。其中直接排放指直接进入江河、湖、库等水环境，直接进入海域，进入城市下水道（再入江河、湖、库），进入城市下水道（再入沿海海域），以及其他直接进入环境水体的排放方式；间接排放指进入城镇污水集中处理设施、进入工业废水集中处理设施，以及其他间接进入环境水体的排放方式。

表 1-11   《淀粉工业水污染物排放标准》（GB 25461—2010）新建企业水污染物排放浓度限值

单位：mg/L

序号	污染物项目		限值		污染物排放监控位置
			直接排放	间接排放	
1	pH 值（无量纲）		6～9	6～9	
2	悬浮物		30	70	
3	五日生化需氧量（BOD5）		20	70	
4	化学需氧量（CODCr）		100	300	企业废水总排放口
5	氨氮		15	35	
6	总氮		30	55	
7	总磷		1	5	
8	总氰化物（以木薯为原料）		0.5	0.5	
单位产品（淀粉）基准排水量/（m³/t）	以玉米、小麦为原料		3		排水量计量位置与污染物排放监控位置一致
	以薯类为原料		8		

根据环境保护工作的要求，在国土开发密度较高、环境承载能力开始减弱，或水环境容量较小、生态环境脆弱，容易发生严重水环境污染问题而需要采取特别保护措施的地区，应严格控制企业的污染排放行为。在上述地区的企业执行《淀粉工业水污染物排放标准》（GB 25461—2010）中规定的水污染物特别排放限值，如表 1-12 所列。执行水污染物特别排放限值的地域范围、时间，由国务院环境保护主管部门或省级人民政府规定。

表 1-12   《淀粉工业水污染物排放标准》（GB 25461—2010）水污染物特别排放限值

单位：mg/L

序号	污染物项目		限值		污染物排放监控位置
			直接排放	间接排放	
1	pH 值（无量纲）		6～9	6～9	
2	悬浮物		10	30	
3	五日生化需氧量（BOD5）		10	20	
4	化学需氧量（CODCr）		50	100	企业废水总排放口
5	氨氮		5	15	
6	总氮		10	30	
7	总磷		0.5	1.0	
8	总氰化物（以木薯为原料）		0.1	0.1	
单位产品（淀粉）基准排水量/（m³/t）	以玉米、小麦为原料		1		排水量计量位置与污染物排放监控位置一致
	以薯类为原料		4		

该标准推动了淀粉行业清洁生产技术的应用推广，促进了废水污染治理工艺的不断改进及成熟。该标准的实施取得了较为显著的环境效益及社会效益。但是随着淀粉工业生产工艺及生产类型的不断发展，产品类型逐渐多样化，产品质量也较之前有了明显的提升，《淀粉工业水污染物排放标准》（GB 25461—2010）在实施过程中逐渐显示出其不适应性。如单位产品基准排水量可根据产品种类进一步细化；玉米淀粉企业 CODCr 排放浓度限值可

进一步收严；淀粉废水可生化性好，排入公共污水处理系统时可商定排放限值等。详细内容参见《关于发布〈柠檬酸工业水污染物排放标准〉等三项国家污染物排放标准修改单的公告》（生态环境部公告 2024 年第 25 号）。

2）《农田灌溉水质标准》（GB 5084—2021）

《农田灌溉水质标准》（GB 5084—2021）于 2021 年 1 月 20 日发布，2021 年 7 月 1 日起实施。自 GB 5084—2021 实施之日起，《农田灌溉水质标准》（GB 5084—2005）、《灌溉水中氯苯、1,2-二氯苯、1,4-二氯苯、硝基苯限量》（GB 22573—2008）、《灌溉水中甲苯、二甲苯、异丙苯、苯酚和苯胺限量》（GB 22574—2008）废止。

该标准规定了农田灌溉水质要求、监测与分析方法和监督管理要求。该标准适用于以地表水、地下水作为农田灌溉水源的水质监督管理。城镇污水（工业废水和医疗污水除外）以及未综合利用的畜禽养殖废水、农产品加工废水和农村生活污水进入农田灌溉渠道，其下游最近的灌溉取水点的水质按该标准进行监督管理。

该标准规定的农田灌溉水质控制项目分为基本控制项目和选择控制项目。其中基本控制项目为必测项目，选择控制项目由地方生态环境主管部门会同农业农村、水利等主管部门根据农田灌溉用水类型和作物种类要求选择执行。农田灌溉水质基本控制项目限值如表 1-13 所列。

表 1-13　农田灌溉水质基本控制项目限值

序号	项目类别	作物种类		
		水田作物	旱地作物	蔬菜
1	pH 值	5.5～8.5		
2	水温/℃	≤35		
3	悬浮物/（mg/L）	≤80	≤100	≤60[①]，≤15[②]
4	五日生化需氧量（BOD$_5$）/（mg/L）	≤60	≤100	≤40[①]，≤15[②]
5	化学需氧量（COD$_{Cr}$）/（mg/L）	≤150	≤200	≤100[①]，≤60[②]
6	阴离子表面活性剂/（mg/L）	≤5	≤8	≤5
7	氯化物（以 Cl$^-$计）/（mg/L）	≤350		
8	硫化物（以 S^{2-}计）/（mg/L）	≤1		
9	全盐量/（mg/L）	≤1000（非盐碱土地区），≤2000（盐碱土地区）		
10	总铅/（mg/L）	≤0.2		
11	总镉/（mg/L）	≤0.01		
12	铬（六价）/（mg/L）	≤0.1		
13	总汞/（mg/L）	≤0.001		
14	总砷/（mg/L）	≤0.05	≤0.1	≤0.05
15	粪大肠菌群数/（MPN/L）	≤40000	≤40000	≤20000[①]，≤10000[②]
16	蛔虫卵数/（个/10L）	≤20		≤20[①]，≤10[②]

① 加工、烹调及去皮蔬菜。

② 生食类蔬菜、瓜类和草本水果。

为推动污染防治工作，部分地区制定了地方污染物排放标准，标准颁布的形式以综合性标准的形式为主，将淀粉行业企业水污染物排放控制包括在内。部分地区地方水污染物排放标准如表 1-14 所列。

单位：mg/L

表 1-14 部分地区地方水污染物排放标准

序号	标准名称		pH 值（无量纲）	悬浮物	BOD₅	COD$_{Cr}$	氨氮	总氮	总磷	总氰化物（以木薯为原料）	全盐量	单位产品基准排水量/（m³/t）
山东省												
1	《流域水污染物综合排放标准 第1部分：南四湖东平湖流域》（DB37/3416.1—2023）	重点保护区域	6~9	20	10	50	5	15	0.3	0.2	3000	执行国家或地方规定
		一般保护区域	6~9	30	20	60	10	20	0.5	0.5		
2	《流域水污染物综合排放标准 第2部分：沂沭河流域》（DB37/3416.2—2018）		6~9	20	10	40	5	15	0.3	0.2	1600(2000)	执行国家或地方规定
3	《流域水污染物综合排放标准 第3部分：小清河流域》（DB37/3416.3—2018）	重点保护区域	6~9	20	10	50	5	15	0.5	0.2	1600(2000)	执行国家或地方规定
		一般保护区域	6~9	30	20	60	10	20	0.5	0.5		
4	《流域水污染物综合排放标准 第4部分：海河流域》（DB37/3416.4—2018）	一级标准	6~9	20	10	50	5	15	0.5	0.5	1600(2000)	执行国家或地方规定
		二级标准	6~9	30	20	60	10	20	0.5	0.5		
5	《流域水污染物综合排放标准 第5部分：半岛流域》（DB37/3416.5—2018）	一级标准	6~9	20	10	50	5	15	0.5	0.5	1600(2000)	执行国家或地方规定
		二级标准	6~9	30	20	60	10	20	0.5	0.5		
河北省												
6	《大清河流域水污染物排放标准》（DB13/2795—2018）	核心控制区	—	—	4	20	1.0(1.5)	10	0.2		—	执行国家或地方规定
		重点控制区	—	—	6	30	1.5(2.5)	15	0.3			
		一般控制区	—	—	10	40	2.0(3.5)	15	0.4			

注：以再生水和循环水为主要水源的排污单位全盐量执行括号内限值。

续表

序号	标准名称		淀粉行业相关标准限值									单位产品基准排水量/(m³/t)
			pH值(无量纲)	悬浮物	BOD₅	CODCr	氨氮	总氮	总磷	总氰化物(以木薯为原料)	全盐量	
河北省												
7	《子牙河流域水污染物排放标准》(DB13/2796—2018)	重点控制区	—	—	10	40	2.0(3.5)	15	0.4			执行国家或地方规定
		一般控制区	—	—	10	50	5(8)	15	0.5			
8	《黑龙港及运东流域水污染物排放标准》(DB13/2797—2018)	重点控制区	—	—	10	40	2.0(3.5)	15	0.4			执行国家或地方规定
		一般控制区	—	—	10	50	5(8)	15	0.5			

注：氨氮排放限值括号外数值为水温＞12℃时的控制指标，括号内数值为水温≤12℃时的控制指标。

序号	标准名称	pH值(无量纲)	悬浮物	BOD₅	CODCr	氨氮	总氮	总磷	总氰化物(以木薯为原料)	全盐量	单位产品基准排水量/(m³/t)
河南省											
9	《贾鲁河流域水污染物排放标准》(DB41/908—2014)	6~9	30	10	50	5.0	15	0.5	0.5	—	执行国家或地方规定
10	《惠济河流域水污染物排放标准》(DB41/918—2014)	6~9	30	10	50	5.0	15	0.5	0.2	—	3.0(以玉米、小麦为原料)
11	《省辖海河流域水污染物排放标准》(DB41/777—2013)	6~9	30	10	50	5(8)	15	0.5	0.2	—	3.0(以玉米、小麦为原料)
12	《蟒沁河流域水污染物排放标准》(DB41/776—2012)	6~9	30	10	50	5(8)	15	0.5	0.2	—	3.0(以玉米、小麦为原料)
13	《清潩河流域水污染物排放标准》(DB41/790—2013)	6~9	30	10	50	5	15	0.5	0.5	—	执行国家或地方规定

注：括号外数值为4~10月期间氨氮排放限值，括号内数值为1~3月、11~12月期间氨氮排放限值。

3）大气污染物排放标准

我国国家层面尚未制定淀粉行业大气污染物排放标准，淀粉行业企业执行《大气污染物综合排放标准》（GB 16297—1996）或地方大气污染物排放标准。《大气污染物综合排放标准》（GB 16297—1996）中涉及淀粉行业的大气污染物排放限值如表 1-15 所列。由表 1-15 可知，《大气污染物综合排放标准》（GB 16297—1996）颁布时间较长，颗粒物等污染物排放浓度较为宽松。

表 1-15　《大气污染物综合排放标准》（GB 16297—1996）新污染源大气污染物排放限值

污染物	最高允许排放浓度/（mg/m³）	排气筒高度/m	最高允许排放速率/（kg/h）		无组织排放监控浓度限值	
			二级	三级	监控点	浓度/（mg/m³）
颗粒物	120（其他）	15	3.5	5.0	周界外浓度最高点	1.0
		20	5.9	8.5		
		30	23	34		
		40	39	59		
		50	60	94		
		60	85	130		
氯化氢	100	15	0.26	0.39	周界外浓度最高点	0.20
		20	0.43	0.65		
		30	1.4	2.2		
		40	2.6	3.8		
		50	3.8	5.9		
		60	5.4	8.3		
		70	7.7	12		
		80	10	16		
非甲烷总烃	120（使用溶剂汽油或其他混合烃类物质）	15	10	16	周界外浓度最高点	4.0
		20	17	27		
		30	53	83		
		40	100	150		

注：周界外浓度最高点一般应设置于无组织排放源下风向的单位周界外 10m 范围内，若预计无组织排放的最大落地浓度点超出 10m 范围，可将监控点移至该预计浓度最高点。

此外，淀粉工业企业无组织排放的恶臭废气执行《恶臭污染物排放标准》（GB 14554—93），该标准规定的恶臭污染物厂界标准值如表 1-16 所列。

表 1-16　《恶臭污染物排放标准》（GB 14554—93）恶臭污染物厂界标准值

序号	控制项目	单位	一级	二级		三级	
				新扩改建	现有	新扩改建	现有
1	氨	mg/m³	1.0	1.5	2.0	4.0	5.0
2	三甲胺	mg/m³	0.05	0.08	0.15	0.45	0.80
3	硫化氢	mg/m³	0.03	0.06	0.10	0.32	0.60
4	甲硫醇	mg/m³	0.004	0.007	0.010	0.020	0.035

序号	控制项目	单位	一级	二级		三级	
				新扩改建	现有	新扩改建	现有
5	甲硫醚	mg/m³	0.03	0.07	0.15	0.55	1.10
6	二甲二硫	mg/m³	0.03	0.06	0.13	0.42	0.71
7	二硫化碳	mg/m³	2.0	3.0	5.0	8.0	10
8	苯乙烯	mg/m³	3.0	5.0	7.0	14	19
9	臭气浓度	无量纲	10	20	30	60	70

　　注：排入《环境空气质量标准》（GB 3095—2012）中一类区的执行一级标准，一类区中不得建新的排污单位；排入二类区的执行二级标准；排入三类区的执行三级标准。

（2）固体废物处理处置及资源综合利用标准

　　与淀粉行业相关的部分固体废物处理处置标准如表 1-17 所列。

表 1-17　与淀粉行业相关的部分固体废物处理处置标准

序号	标准名称	标准号
1	危险废物鉴别标准　浸出毒性鉴别	GB 5085.3—2007
2	危险废物鉴别标准　毒性物质含量鉴别	GB 5085.6—2007
3	危险废物鉴别标准　通则	GB 5085.7—2019
4	环境保护图形标志　固体废物贮存（处置）场	GB 15562.2—1995
5	危险废物贮存污染控制标准	GB 18597—2023
6	一般工业固体废物贮存和填埋污染控制标准	GB 18599—2020
7	固体废物鉴别标准　通则	GB 34330—2017
8	工业固体废物综合利用技术评价导则	GB/T 32326—2015
9	一般固体废物分类与代码	GB/T 39198—2020
10	危险废物收集、贮存、运输技术规范	HJ 2025—2012

　　淀粉生产的工艺技术、资源综合利用率与其带来的经济效益、环境污染密切相关，生产工艺落后、资源浪费，必然造成经济效益差、环境污染严重。为了提高淀粉生产过程中资源综合利用水平，避免资源的浪费以及环境污染，同时规范企业操作技术，国家、地方（甘肃省、宁夏回族自治区等）以及中国淀粉工业协会、中国循环经济协会等单位制定了相关标准，如表 1-18 所列。

表 1-18　资源综合利用相关标准

序号	标准名称	主要内容
1	《农业废弃物资源化利用　农产品加工废弃物再生利用》（GB/T 42546—2023）	还田利用的薯类加工肥水应采用离心、过滤等预处理，去除分离汁液中的小颗粒淀粉和细纤维等颗粒物。预处理后的分离汁液应进行酸热絮凝处理，分离蛋白质。絮凝反应完成后，应对分离汁液进行降温后再利用。宜充分利用薯类加工废水的余热

序号	标准名称	主要内容
2	《马铃薯淀粉加工中薯渣及蛋白质回收技术规范》（DB62/T 2999—2019）	该标准规定了马铃薯淀粉加工过程中马铃薯渣及马铃薯蛋白质回收的术语和定义、马铃薯渣回收和马铃薯蛋白质回收技术规范，适用于甘肃省内马铃薯淀粉加工过程中马铃薯渣及马铃薯蛋白质的回收
3	《马铃薯淀粉渣加工调制技术规程》（DB64/T 1472—2017）	该标准规定了马铃薯淀粉渣加工调制的术语和定义、加工调制要求和方法、开封及取用、品质评定和饲喂，适用于马铃薯淀粉渣的加工调制生产
4	《马铃薯淀粉汁水蛋白提取操作技术规范》（T/SIACN 04—2019）	该标准规定了用马铃薯淀粉生产过程中产生的汁水进行蛋白提取的术语和定义、基本要求、工艺流程、操作步骤、汁水的处理要求、主要工艺设备和材料、质量管理，适用于采用热絮凝法从马铃薯淀粉汁水中提取饲料原料马铃薯蛋白粉的工艺过程
5	《薯类淀粉物理加工废水废渣资源化利用技术规范》（T/CACE 056—2022）	该标准规定了薯类淀粉物理加工废水废渣资源化利用的基本原则及淀粉废水还田利用、废渣资源化利用、监测、预警与应急、实施方案制定与评估、档案管理等要求，适用于薯类淀粉物理加工企业在以该企业为责任主体的自有土地、租用土地或流转土地开展淀粉废水废渣的资源化利用

（3）排污许可相关标准

淀粉行业排污许可相关标准如表 1-19 所列。

表 1-19　淀粉行业排污许可相关标准

标准名称	主要内容
《排污许可证申请与核发技术规范　农副食品加工工业—淀粉工业》（HJ 860.2— 2018）	（1）为完善排污许可技术支撑体系，指导和规范淀粉工业排污许可证申请与核发工作，生态环境部组织制定该标准。 （2）该标准规定了淀粉工业排污许可证申请与核发的基本情况填报要求、许可排放限值确定、实际排放量核算和合规判定的方法，以及自行监测、环境管理台账与排污许可证执行报告等环境管理要求，提出了淀粉工业污染防治可行技术要求
《排污单位自行监测技术指南　农副食品加工业》（HJ 986—2018）	（1）该标准提出了农副食品加工业排污单位自行监测的一般要求、监测方案制定、信息记录和报告的基本内容和要求。 （2）该标准适用于农副食品加工业排污单位在生产运行阶段或无生产但有排放的时段，对其排放的水、大气污染物，噪声以及对其周边环境质量影响开展监测。 （3）自备火力发电机组（厂）、配套动力锅炉的排污单位自行监测要求按照《排污单位自行监测技术指南　火力发电及锅炉》（HJ 820—2017）执行
《排污单位环境管理台账及排污许可证执行报告技术规范　总则（试行）》（HJ 944—2018）	（1）该标准适用于排污单位排污许可证的申请、核发、执行、监管全过程。 （2）该标准适用于指导排污单位开展环境管理台账记录和执行报告编制及提交
《排污许可证申请与核发技术规范　工业噪声》（HJ 1301—2023）	（1）该标准规定了工业噪声排污单位排污许可证申请与核发的基本情况填报要求、工业噪声许可排放限值确定方法以及自行监测、环境管理台账与排污许可证执行报告等环境管理要求，提出了污染防治技术要求及合规判定方法。 （2）该标准适用于指导工业噪声排污单位填报排污许可证工业噪声相关申请信息，适用于指导审批部门审核确定工业噪声排污单位排污许可证工业噪声排污许可管理要求

（4）污染治理相关标准

1）《淀粉废水治理工程技术规范》（HJ 2043—2014）

《淀粉废水治理工程技术规范》（HJ 2043—2014）于 2014 年 10 月 24 日发布，2015 年

1月1日起实施。该标准规定了以玉米、小麦和薯类等为原料生产淀粉及后续产品的生产废水治理工程设计、施工、验收和运行维护等技术要求。该标准适用于淀粉和淀粉糖生产企业或生产设施的废水治理工程，可作为环境影响评价、工程咨询、工程设计、工程施工、环境保护验收及建成后运行与管理的技术依据。该标准提出：淀粉废水处理应采用生物处理与物化处理相结合的综合处理工艺；淀粉废水治理总体上宜采用"预处理+厌氧生物处理+好氧生物处理+深度处理"的污染治理工艺；淀粉废水处理效率应通过试验或同类企业类比资料确定，当无资料时，各处理系统单元处理效率可参考表1-20。

表 1-20　废水处理厂（站）单元处理效率

处理程度	处理方法	主要工艺环节	处理效率/%			
			化学需氧量（COD_{Cr}）	五日生化需氧量（BOD_5）	悬浮物（SS）	氨氮（NH_3-N）
预处理	自然沉淀	格栅、沉淀、调节	8～10	6～8	40～55	—
	板框压滤机	格栅、板框压滤机、调节	10～15	8～10	45～60	—
厌氧生物处理	膨胀颗粒污泥床（EGSB）	EGSB	80～92	90～95	30～50	—
	上流式厌氧污泥床（UASB）	UASB	80～92	90～95	30～50	—
好氧生物处理	活性污泥	序批式活性污泥工艺（SBR）	75～90	85～95	80～90	85～90
	活性污泥	厌氧/好氧（A/O）+二沉池	75～90	85～95	80～90	91～96
	活性污泥	循环式活性污泥工艺（CASS）	75～90	85～95	80～90	85～90
	生物膜	生物接触氧化	75～90	85～95	80～90	91～96
深度处理	生物膜	膜生物反应器（MBR）	50～85	30～60	80～95	80～90
	过滤	砂滤池、曝气生物滤池（BAF）	10～20	—	50～60	—
	混凝	混凝沉淀（澄清、气浮）	15～30	—	50～70	—
	吸附	活性炭吸附	>20	—	>80	—

2）《污染源源强核算技术指南　农副食品加工工业—淀粉工业》（HJ 996.2—2018）

《污染源源强核算技术指南　农副食品加工工业—淀粉工业》（HJ 996.2—2018）于2018年12月25日发布，2019年3月1日起实施。该标准规定了淀粉工业污染源源强核算的程序、内容、方法及要求。该标准适用于淀粉工业新（改、扩）建工程污染源和现有工程污染源的源强核算。该标准适用于淀粉工业正常和非正常排放时污染源源强核算，不适用于突发泄漏、火灾、爆炸等事故情况下的污染源源强核算。该标准适用于淀粉工业主体生产装置和公辅工程的废气、废水、噪声、固体废物污染源源强核算。该标准规定的污染源源强核算方法包括实测法、物料衡算法、类比法和产污系数法等，并根据不同要素（有组织废气、无组织废气、废水、噪声、固体废物）及不同类型污染源（现有污染源、新改扩建污染源）提出了污染源源强核算方法应按优先次序选取，若无法采用优先方法的，应给出合理理由。该标准附录（资料性附录）提出了淀粉工业部分废水污染物产污系数，主要淀粉工业部分废水产污系数如表 1-21 所列。

表 1-21 主要淀粉工业部分废水产污系数

产品名称	原料名称	工艺名称	规模等级	污染物指标	单位	产污系数
玉米淀粉	玉米	湿法	所有规模	工业废水量	m³/t 产品	2.7
				化学需氧量	g/t 产品	15000
				氨氮	g/t 产品	187.5
木薯淀粉	木薯	湿法	日处理木薯≥100t	工业废水量	m³/t 产品	7.8
				化学需氧量	g/t 产品	80000
				氨氮	g/t 产品	560
马铃薯淀粉	马铃薯	湿法	日处理马铃薯≥100t	工业废水量	m³/t 产品	7.7
				化学需氧量	g/t 产品	9600
				氨氮	g/t 产品	350
液体葡萄糖浆、麦芽糖浆	淀粉	酶法	年产量≥5×10⁴t	工业废水量	m³/t 产品	2.5
				化学需氧量	g/t 产品	15000
				氨氮	g/t 产品	65
液体葡萄糖浆、麦芽糖浆	淀粉	酶法	年产量<5×10⁴t	工业废水量	m³/t 产品	2.7
				化学需氧量	g/t 产品	16000
				氨氮	g/t 产品	70

3）《马铃薯淀粉工业有机肥水农田利用技术规范》（T/SIACN 01—2018）

为解决马铃薯淀粉生产废水难以达标排放的问题，以及为马铃薯淀粉企业进行废水土地利用提供依据，并规范企业废水还田操作条件，2018 年 9 月 20 日，中国淀粉工业协会发布实施《马铃薯淀粉工业有机肥水农田利用技术规范》（T/SIACN 01—2018）。该项标准基于对马铃薯淀粉加工产生的生产废水进行资源化利用，编制的主要目的是实现废水中营养物质的充分再利用，进而减少化肥施用量，同时保证不会对土壤和地下水造成环境影响。

标准规定了马铃薯淀粉工业（不含变性淀粉生产）有机肥水作为底肥进行农田利用的术语和定义、基本要求、还田要求、环境质量监测要求、氮磷面源污染防治要求、预警机制及应急预案、运行管理要求。

基本要求和还田要求如下所述。

① 基本要求

a．马铃薯淀粉生产有机肥水农田利用企业应根据自主经营的土地（包括与其他法人签约流转的土地）对有机肥水的消纳能力，确定企业的生产规模。

b．马铃薯淀粉生产有机肥水农田利用前应对肥水中的蛋白进行提取，蛋白提取标准设备的处理能力应与其加工淀粉产生肥水量相匹配，蛋白提取后的有机肥水进行农田利用。

c.有机肥水农田利用企业应严格限制还田水量,并通过种植农作物吸收消纳有机质,实现"肥水还田—农作物种植消纳—肥水还田综合利用"的良性循环。如果土地条件有限,过量排灌,导致农作物不能正常生长、消纳,则停止使用还田模式。

d.无相应消纳土地的马铃薯淀粉生产企业或集聚区,应建立企业污水处理设施或集中污水处理设施,废水排放应满足《淀粉工业水污染物排放标准》(GB 25461—2010)或《农田灌溉水质标准》(GB 5084—2021)相关要求。

② 还田要求

a.安全施用

ⅰ.马铃薯淀粉生产有机肥水还田前,应进行沉淀、消毒等预处理,杀灭治病菌、虫卵和除去杂草种子等。

ⅱ.马铃薯淀粉生产有机肥水还田水质重金属、无机盐浓度应满足GB 5084—2021中的相关要求。

ⅲ.马铃薯淀粉生产有机肥水单独或与其他肥料配施时,应满足作物对营养元素的需要,适量施肥,以保持或提高土壤肥力及土壤活性;有机肥水的施用应不对环境和作物产生不良后果。

b.施用时间

ⅰ.有机肥水施用时间应在秋收后或春播前土地空闲期,作为农作物底肥施用。

ⅱ.有机肥水施用时应避开雨季,施入裸露土地后应及时进行翻耕入土。

c.施用方法

ⅰ.马铃薯淀粉生产企业与还田利用的农田之间应建立扬送泵站和有效的输送管网,要配套供用电基础设施。

ⅱ.设置田间分水池;有机肥水应采用喷灌或微灌等施用方式,禁止采用漫灌等易导致过量施用的施用方式。

d.还田限量

ⅰ.对还田的土壤肥力进行测试评价,以地定产,以产定量。

ⅱ.根据还田土壤肥力,确定种植作物预期产量。

ⅲ.结合有机肥水中营养元素的含量,及种植作物当年或当季的利用率,计算应还田的有机肥水的量。

小麦、玉米和马铃薯田有机肥水施用限量如表1-22所列。我国旱地肥力分级如表1-23所列。

表1-22 小麦、玉米、马铃薯田有机肥水施用限量　　　　　　单位:m³/亩

项目	农田本底肥力水平		
	I	II	III
玉米和小麦田施用限量	14	18	20
马铃薯田施用限量	16	20	22

注:表中农田肥力水平依据我国旱地肥力分级标准划分,详见表1-23;企业根据还田土壤肥力检测结果对照标准确定其有机肥水还田量。

表 1-23　我国旱地肥力分级

项目	I	II	III
全氮/%	≥0.1	0.06～0.1	≤0.06
碱解氮均值/（mg/kg）	75	40	25

（5）清洁生产标准

《清洁生产标准　淀粉工业》（HJ 445—2008）于 2008 年 9 月 27 日发布，2008 年 11 月 1 日起实施。该标准包括生产工艺与装备要求、资源能源利用指标、污染物产生指标（末端处理前）、废物回收利用指标、环境管理要求等内容。该标准适用于玉米淀粉生产企业的清洁生产审核、清洁生产潜力与机会的判断，以及清洁生产绩效评定和清洁生产绩效公告制度，也适用于环境影响评价、排污许可证管理等环境管理制度。该标准已颁布实施多年，部分指标已不具有先进性，根据《"十四五"全国清洁生产推行方案》的要求，相关行业协会可考虑制定清洁生产团体标准。

（6）资源消耗标准

国家以及部分地区制定了淀粉行业取水定额等标准。《取水定额　第 22 部分：淀粉糖制造》（GB/T 18916.22—2016）规定了淀粉糖制造取水定额的术语和定义、计算方法和取水定额，适用于现有、新建、改扩建淀粉糖制造企业取水量的管理，如表 1-24 所列。

表 1-24　淀粉糖制造企业取水定额

产品名称		淀粉糖取水量/（m³/t）		
		现有	新建、改扩建	先进
葡萄糖	结晶葡萄糖	2.8	2.5	2.3
	葡萄糖浆	5	4.5	2.8
麦芽糖	结晶麦芽糖	10	8	7.5
	麦芽糖浆	5	4.5	2.5
果糖	F55 果葡糖浆	5	4.5	3.5
	F42 果葡糖浆	4.2	3.8	3.0

部分地区涉及淀粉行业的相关水耗要求如表 1-25 所列。

表 1-25　部分地区淀粉行业相关水耗要求

标准（文件）名称	地区	水耗要求
《工业取水定额　第 11 部分：食品行业》（DB13/T 5448.11—2021）	河北	薯类淀粉/（m³/t）：先进值 6.20，通用值 8.12；玉米淀粉/（m³/t）：先进值 3.00，通用值 4.50
《行业用水定额》（DB15/T 385—2020）	内蒙古	土豆淀粉/（m³/t）：领跑值 4，先进值 6，通用值 8；玉米淀粉/（m³/t）：领跑值 2.25，先进值 3，通用值 4；粉丝、粉条用水定额值为 7m³/t；结晶葡萄糖、葡萄糖浆、结晶麦芽糖、麦芽糖浆、F55 果葡糖浆、F42 果葡糖浆用水定额值要求与 GB/T 18916.22—2016 相同

标准（文件）名称	地区	水耗要求
《行业用水定额》 （DB21/T 1237—2020）	辽宁	淀粉产品用水定额通用值为 3.5m³/t，先进值为 2.25m³/t，领跑值为 2.0m³/t； 结晶葡萄糖、葡萄糖浆、结晶麦芽糖、麦芽糖浆、F55 果葡糖浆、F42 果葡糖浆用水定额要求与 GB/T 18916.22—2016 相同
《用水定额》（DB22/T 389—2019）	吉林	淀粉产品用水定额通用值为 2.8m³/t，先进值为 2.3m³/t； 结晶葡萄糖、葡萄糖浆、结晶麦芽糖、麦芽糖浆、F55 果葡糖浆、F42 果葡糖浆用水定额值要求与 GB/T 18916.22—2016 相同
《山东省重点工业产品取水定额　第 1 部分：烟煤和无烟煤开采洗选等 57 类重点工业产品》（DB37/T 1639.1—2015）	山东	玉米淀粉产品取水定额值为 1.2m³/t
《用水定额》 （DB43/T 388—2020）	湖南	结晶葡萄糖、葡萄糖浆、结晶麦芽糖、麦芽糖浆、F55 果葡糖浆、F42 果葡糖浆用水定额值要求与 GB/T 18916.22—2016 相同
《工业行业主要产品用水定额》 （DB45/T 678—2023）	广西	湿法加工木薯淀粉用水定额通用值为 12m³/t，准入值为 7.5m³/t，先进值为 3.0m³/t； 木薯变性淀粉用水定额通用值为 15m³/t，准入值为 10m³/t，先进值为 5.0m³/t； 结晶葡萄糖、葡萄糖浆、结晶麦芽糖、麦芽糖浆、F55 果葡糖浆、F42 果葡糖浆用水定额值要求与 GB/T 18916.22—2016 相同
《行业用水定额》 （DB61/T 943—2020）	陕西	玉米淀粉/（m³/t）：通用值 5.5，先进值 4.5； 结晶葡萄糖/（m³/t）：通用值 2.8，先进值 4.5，领跑值 2.3
《行业用水定额　第 2 部分 工业用水定额》 （DB62/T 2987.2—2019）	甘肃	玉米淀粉/（m³/t）：现有企业 6，新建企业 5，先进值 4； 马铃薯淀粉、木薯淀粉/（m³/t）：现有企业 12，新建企业 10，先进值 8
《用水定额》 （DB63/T 1429—2021）	青海	马铃薯淀粉用水定额通用值为 12m³/t，先进值为 10m³/t； 粉丝、粉条用水定额通用值为 15m³/t，先进值为 10m³/t
《自治区人民政府办公厅关于印发宁夏回族自治区有关行业用水定额（修订）的通知》（宁政办规发〔2020〕20 号）	宁夏	玉米淀粉用水定额通用值为 4.5m³/t，先进值为 3m³/t； 马铃薯淀粉用水定额通用值为 12m³/t，先进值为 10m³/t

（7）绿色制造标准

绿色工厂是绿色制造的实施主体，属于绿色制造体系的核心支撑单元，更侧重于生产过程的绿色化，是落实制造强国战略关于全面推进绿色制造、构建绿色制造体系的重要内容，是我国实现制造业转型升级的重要手段。为积极响应国家绿色发展大计，顺应我国绿色发展转型变革的新趋势，中国淀粉工业协会于 2019 年发布了《淀粉行业绿色工厂评价要求》（T/SIACN 02—2019）。

《淀粉行业绿色工厂评价要求》（T/SIACN 02—2019）规定了淀粉行业绿色工厂评价的指标体系、程序及要求，适用于以玉米、小麦、薯类为原料生产淀粉和淀粉糖的企业绿色工厂评价，变性淀粉、淀粉制品及以其他原料生产淀粉的企业绿色工厂评价可参照适用。

《淀粉行业绿色工厂评价要求》（T/SIACN 02—2019）对企业取水量、废水产生量等指标进行了规定，部分要求如表 1-26～表 1-29 所列。

表 1-26　淀粉、淀粉糖取水量定额指标

产品名称		淀粉取水量定额指标/（m³/t）	
		基准值	先进值
玉米淀粉		3.0	2.0
小麦淀粉		10.0	6.0
马铃薯淀粉		10.0	6.0
木薯淀粉		10.0	6.0
葡萄糖	结晶葡萄糖	2.8	2.3
	葡萄糖浆	5.0	2.8
麦芽糖	结晶麦芽糖	10	7.5
	麦芽糖浆	5.0	2.5
果糖	F55 果葡糖浆	5.0	3.5
	F42 果葡糖浆	4.2	3.0
	结晶果糖	12	10

表 1-27　淀粉行业单位产品废水产生量

产品名称	单位产品废水产生量/（m³/t）	
	基准值	先进值
玉米淀粉	≤2.0	≤1.3
小麦淀粉	≤8.0	≤4.0
马铃薯淀粉	≤12.0	≤8.0
木薯淀粉	≤12.0	≤8.0
葡萄糖浆、麦芽糖浆（折干基含量75%糖浆计算，以淀粉为原料）	≤3.8	≤2.5
果葡糖浆（折干基含量75%糖浆计算，以淀粉为原料）	≤4.0	≤3.0
结晶葡萄糖（以淀粉为原料）	≤2.0	≤1.6
结晶果糖（以葡萄糖为原料）	≤16	≤12

表 1-28　淀粉行业单位产品主要污染物产生量

产品名称	单位产品化学需氧量产生量/（kg/t）		单位产品氨氮产生量/（kg/t）		单位产品总氮产生量/（kg/t）		单位产品总磷产生量/（kg/t）	
	基准值	先进值	基准值	先进值	基准值	先进值	基准值	先进值
玉米淀粉	≤12	≤8	≤0.15	≤0.1	≤0.75	≤0.45	≤0.1	≤0.06
小麦淀粉	≤80	≤40	≤0.64	≤0.32	≤2.4	≤1.2	≤0.56	≤0.28
马铃薯淀粉	≤180	≤120	≤1.5	≤1.0	≤7.2	≤4.8	≤1.8	≤1.2
木薯淀粉	≤120	≤80	≤1.5	≤1.0	≤2.4	≤1.6	≤0.5	≤0.25
葡萄糖浆、麦芽糖浆	≤16	≤12	≤0.4	≤0.28	≤1.0	≤0.6	≤0.15	≤0.1
果葡糖浆	≤18	≤14	≤0.4	≤0.32	≤1.2	≤0.8	≤0.15	≤0.1
结晶葡萄糖	≤10	≤8	≤0.2	≤0.15	≤0.7	≤0.56	≤0.16	≤0.12
结晶果糖	≤72	≤54	≤1.80	≤1.35	≤10.0	≤8.0	≤1.0	≤0.75

表 1-29　淀粉行业水重复利用率

产品名称	水重复利用率/%	
	基准值	先进值
玉米淀粉	≥85	≥90
小麦淀粉	≥60	≥80
马铃薯淀粉	≥60	≥80
木薯淀粉	≥60	≥80
淀粉糖	≥75	≥85

山东省制定了绿色工厂地方标准《玉米淀粉工业绿色工厂评价规范》（DB37/T 4064 — 2020）。该项标准规定了玉米淀粉工业绿色工厂评价的基本要求、评价内容及评价方法等，适用于山东省内玉米淀粉生产企业绿色工厂的评价。标准中关于玉米淀粉企业资源、能源消耗等指标规定如表 1-30 所列。

表 1-30　《玉米淀粉工业绿色工厂评价规范》（DB37/T 4064—2020）玉米淀粉企业资源、能源消耗等指标规定

项目	基础性要求	提高性要求
取水量/（m³/t 淀粉）	≤3.0	≤1.8
硫黄用量/（kg/t 淀粉）	≤2.2	≤1.0
废水产生量/（m³/t 淀粉）	≤2.0	≤1.5
化学需氧量产生量/（kg/t 淀粉）	≤12	≤8
氨氮产生量/（kg/t 淀粉）	≤0.16	≤0.10
总氮产生量/（kg/t 淀粉）	≤0.36	≤0.25
总磷产生量/（kg/t 淀粉）	≤0.12	≤0.06
玉米浸泡水综合利用率/%	≥98	100
玉米皮渣综合利用率/%	100	
水重复利用率/%	≥85	≥95
污泥综合利用率/%	≥90	100
单位产品综合能耗/（kgce/t）	≤120	≤90

1.1.4.3　国家、地方、行业环境保护相关要求

国家、部分地区及淀粉行业环境保护相关文件要求如表 1-31 所列。

表 1-31　国家和部分地区及淀粉行业环境保护相关文件要求

序号	地区	文件名称	文号	主要内容
1	国家	《国务院关于印发水污染防治行动计划的通知》	国发〔2015〕17 号	专项整治十大重点行业。制定农副食品加工等行业专项治理方案，实施清洁化改造
2	国家	《国务院关于印发"十三五"生态环境保护规划的通知》	国发〔2016〕65 号	以农副食品加工等行业为重点，推进行业达标排放改造；深入推进重点污染物减排，淀粉行业采用厌氧+好氧生化处理技术，建设污水处理设施在线监测和中控系统
3	山东	《山东省人民政府关于印发山东省"十四五"生态环境保护规划的通知》	鲁政发〔2021〕12 号	加强农副食品加工等行业综合治理，推进玉米淀粉等企业清洁化改造

续表

序号	地区	文件名称	文号	主要内容
4	宁夏	《固原市工业和信息化局关于印发〈固原市工业节水行动实施方案〉的通知》	固原市工业和信息化局（2020 年 4 月 22 日）	加快传统产业节水改造。参照企业所在区域的水资源条件，积极推动马铃薯淀粉加工等高耗水行业开展节水改造，鼓励企业采用节水新工艺、新技术和新装备，组织实施以提高用水效率为核心的节水示范工程
5		《武川县人民政府关于推进全县马铃薯淀粉工业有机肥水农田利用的通知》	武政字〔2019〕10 号	马铃薯淀粉企业根据《马铃薯淀粉工业有机肥水农田利用技术规范》（T/SIACN 01—2018）相关要求进行有机肥水农田利用
6	内蒙古	《关于印发商砼等五个行业环境准入和监管措施（暂行）的通知》	乌环发〔2020〕141 号	（1）鼓励淀粉加工废水达标处理：按照达标排放要求，鼓励马铃薯淀粉加工企业采用可行技术进行废水达标处理，满足《淀粉工业水污染物排放标准》（GB 25461—2010）后综合利用，或同时满足《农田灌溉水质标准》（GB 5084—2021）后用于农田灌溉； （2）支持有机肥水农田利用：有机肥水还田利用的，必须严格按照《马铃薯淀粉工业有机肥水农田利用技术规范》（T/SIACN 01—2018）要求规范建设配套设施，且不对土壤和周边环境造成影响，坚决避免把利用肥水还田作为解决水污染的简单途径； （3）限制其他不规范的废水利用：除上述鼓励和支持的废水（肥水）处理利用模式外，严格限制采用其他方法进行废水处理或综合利用。其中采用简单的废水直接还田利用或经厌氧发酵后还田，但恶臭气体无法得到有效控制的废水综合利用模式，坚决不予支持
7	甘肃	《甘肃省人民政府办公厅关于印发〈甘肃省循环农业产业发展专项行动计划〉的通知》	甘政办发〔2018〕92 号	（1）大力推广中部小流域治理与产业开发循环模式：在马铃薯主产区，重点推广"马铃薯加工副产物（薯渣、薯液）—处理提取蛋白饲料—生态养殖"、马铃薯废水（薯液）变肥水还田等生态农业循环模式； （2）农产品加工业下脚料和废弃物循环利用工程：围绕六大特色产业加工环节的下脚料和废弃物循环利用，推广副产品加工过程的废物处理和综合利用关键技术，大力开展以节能、降耗、减污、增效为目标的清洁化生产，重点实施薯渣、薯液、果渣、药渣、尾菜、秸秆、麦麸、油料饼粕、畜禽皮毛骨血等下脚料和废弃物的回收、利用与无害化处理，拓展延伸特色优势产业链条，降低废弃物排放量，提高农产品加工废弃物资源化利用水平

1.2 制糖行业发展概况

1.2.1 发展现状

1.2.1.1 行业概况

制糖工业是食品行业的基础工业，还是造纸、化工、发酵、建材、家具等行业多种产品的原料工业，在国民经济中占有重要地位。1949～2019 年，我国制糖工业获得长足健康发展，已形成一定规模的生产能力和较高的技术水平，并且形成集种植、收获、加工、销售为一体的完整产业链，是我国目前农业产业化程度最高的行业之一。我国是既产甘蔗糖又产甜菜糖的食糖净进口国家，多年来一直维持"国产为主、进口为辅"的供求格局。近年来，食糖产量基本保持在 800 万～1500 万吨，其波动幅度主要与国际糖价、国内进口糖管控力度以及农业年景有关。

制糖业与其他产业相比有着明显的特点：

① 食糖是典型的"季产年销"产品，加工生产周期短，全年进行销售；

② 产量波动大、调控性差，糖料甘蔗和甜菜作为农作物，由于种植生长周期长，受自然条件气候等因素影响大，其收成、糖分、产量波动幅度大，市场调节周期长；

③ 食糖供求关系变化较大，食糖市场价格波动幅度大；

④ 国际食糖市场具有特殊性，发达国家采取高关税和出口补贴政策，导致国际市场食糖价格多数年份低于平均生产成本，并且在世界农副产品贸易中，食糖价格波动幅度最大。

我国的制糖业还存在着明显的不足。发达国家凭借其雄厚的经济和科技实力以及不断加大工业对农业的"反哺"力度，工业生产基本上实现了产业化和现代化，制糖工业实现了大型化和高度自动化。同时积极发展高新科技，应用高新技术不断提高甘蔗的单产、含糖率，不断降低加工过程中的生产成本，提高产品质量与综合利用率以及优化环境，抢占制糖产业科技高地。与发达国家相比，我国制糖业存在以下不足：a. 企业平均规模偏小，劳动生产率低；b. 技术进步慢，自动化控制水平低；c. 制糖业生产经营体制和价格调控机制与市场经济的发展不相适应；d. 产业链短；e. 相对国际糖价在低价位运行时单位成本偏高。

随着经济全球化步伐加快，制糖业的生存与发展受到主客观因素的影响。环境因素分为间接环境因素和直接环境因素。制糖业的间接环境因素主要有国内环境因素和国际环境因素，国内环境因素又分为政治环境、法律环境、经济环境、科技环境和社会环境；直接环境因素主要有食糖消费需求、进口食糖的直接竞争、食糖替代品的竞争和资源供应等。外因通过内因起作用，要发挥制糖业外部环境因素的积极作用需依赖制糖业发展的内部因素。影响制糖业发展的内部因素是糖料生产、制糖工业、综合利用，以及糖料生产与制糖工业的关系等。

1.2.1.2　生产情况

据统计，中国有 14 个省、自治区产糖，沿边境地区分布，主产糖省、自治区集中在中国北部、西北部和西南部。甘蔗糖产区主要分布在广西、云南、广东、海南等南方地区，甜菜糖产区主要分布在新疆、黑龙江、内蒙古等北方地区。与糖料种植相关的人员近 4000 万。中国的食糖生产销售年度为 10 月 1 日至翌年的 9 月 30 日，开榨时间由北向南各不相同。甜菜糖厂一般在 9 月底或 10 月初开机生产，甘蔗糖厂一般在 11 月中旬或 12 月初开榨。

2009/2010～2018/2019 年的 10 个制糖期，我国糖料种植面积在 2000 万～2800 万亩，

先是 2009/2010～2012/2013 年制糖期持续增长，随后持续下降，2015/2016～2018/2019 年的 4 个制糖期糖料种植面积基本维持在 2100 万亩左右。而加工糖料量呈波动式变化，2009/2010～2010/2011 年制糖期有所下降，2010/2011～2013/2014 年制糖期逐年增至最高（11300 万吨），之后两年快速下降后又缓慢增长至 9199 万吨。2009/2010～2018/2019 年制糖期全国糖料播种面积、糖料加工量的变化趋势如图 1-14 所示。

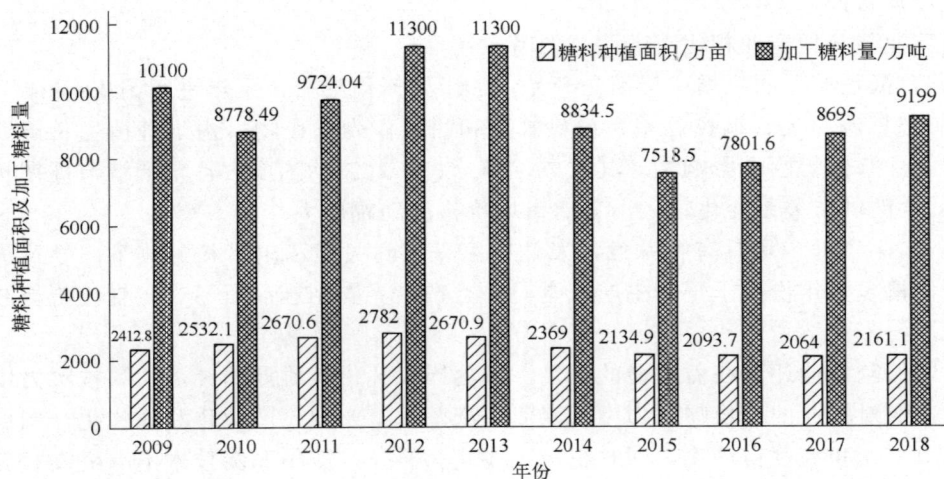

图 1-14　2009/2010～2018/2019 年制糖期全国糖料种植面积、糖料加工量的变化趋势

2009/2010～2018/2019 年制糖期，我国的开工糖厂数持续下降，由原来的 276 家降至 211 家；产糖量同加工糖料量的变化趋势基本相同，也是呈现波动式变化，在 800 万～1400 万吨的范围之内，最近几年基本维持在 1000 万吨左右。2009/2010～2018/2019 年制糖期全国开工糖厂数、产糖量的变化趋势如图 1-15 所示。

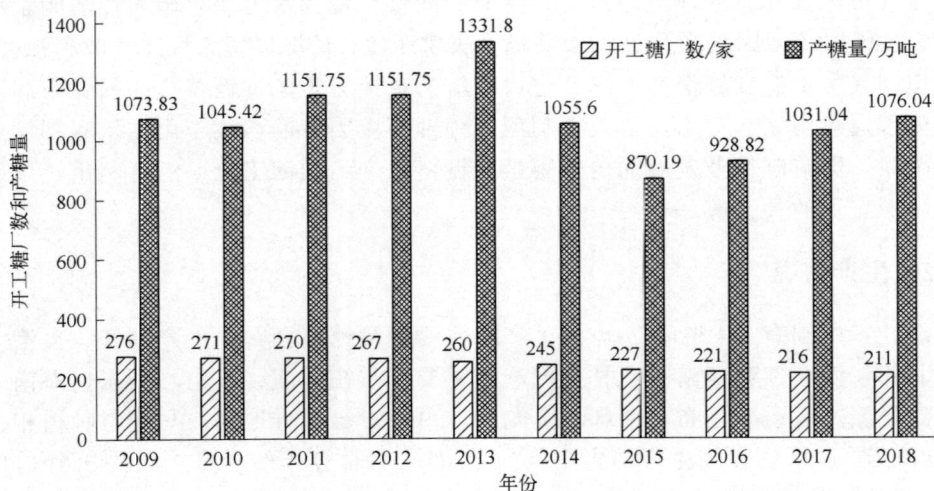

图 1-15　2009/2010～2018/2019 年制糖期全国开工糖厂数、产糖量的变化趋势

其中，2009/2010～2018/2019 年制糖期全国甘蔗糖和甜菜糖的原料种植面积、开工糖厂数及糖产量的变化趋势如图 1-16 和图 1-17 所示。

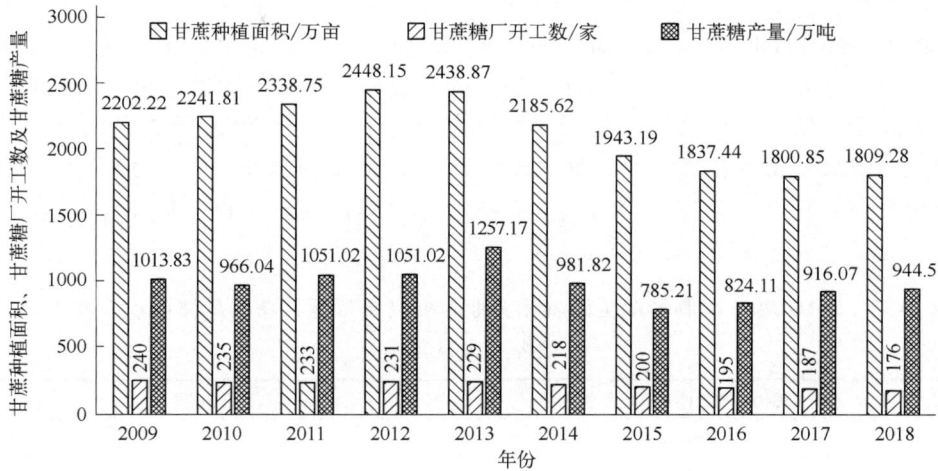

图 1-16　2009/2010～2018/2019 年制糖期全国甘蔗种植面积、甘蔗糖厂开工数及
甘蔗糖产量的变化趋势

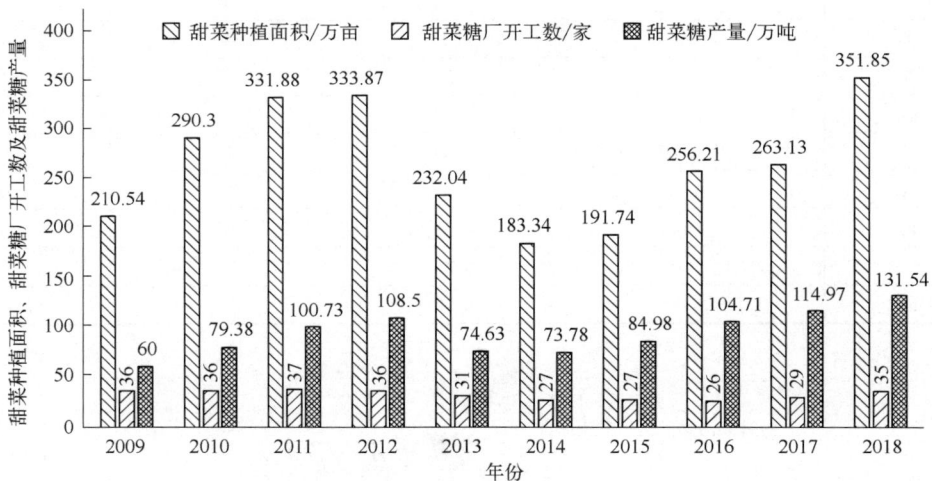

图 1-17　2009/2010～2018/2019 年制糖期全国甜菜种植面积、甜菜糖厂开工数及
甜菜糖产量的变化趋势

2018/2019 年制糖期，全国糖料种植面积 2161.13 万亩，同比增长 4.71%。其中甘蔗种植面积 1809.28 万亩，同比增长 0.47%；甜菜种植面积 351.85 万亩，同比增长 33.72%。甘蔗品种仍以台糖系列、桂糖系列和粤糖系列为主，三大系列品种的种植面积占总种植面积的 84.3%；其他品种的种植面积约占总种植面积的 15.7%。甜菜种植品种仍以原种引进为主，主要是德国 KWS 系列、安地系列、先正达系列，种植面积占甜菜总种植面积的 70.08%。

2018/2019 年制糖期，全国共有开工制糖生产企业（集团）46 家，开工糖厂 211 家，比上个制糖期少开工 5 家糖厂。其中甜菜糖生产企业（集团）4 家，糖厂 35 家；甘蔗糖生产企业（集团）42 家，糖厂 176 家，占据了全国开工糖厂的 83%以上。另有炼糖企业 16 家。广西的甘蔗糖开工糖厂为 85 家，占全国开工糖厂的 40.28%；其次是云南和广东，分别占比为 26.07%和 11.85%。而甜菜糖的开工糖厂中新疆占比较多，其次为内蒙古和黑龙江，甜菜糖开工糖厂仅占全国开工糖厂的 16.6%左右。该制糖期以 2018 年 9 月 25 日中粮屯河伊犁新宁糖业有限公司正式开机生产为开始，至 2019 年 5 月 26 日云南中云上允糖业有限公司最后停机为止，历时 244 天，比上个制糖期少生产 19 天。2018/2019 年制糖期全国制糖企业各省（自治区）糖料种植面积及其占比和各省（自治区）开工糖厂数量占比详见表 1-32 和图 1-18。

表 1-32　2018/2019 年制糖期全国制糖企业各省（自治区）糖料种植面积及其占比、开工糖厂数及其占比

项目	糖料种植面积/万亩	占比/%	开工糖厂数/家	占比/%
全国合计	2161.13	100	211	100
甘蔗糖合计	1809.28	83.72	176	83.41
广东	175	8.10	25	11.85
广东：湛江	151	6.99	20	9.48
广西	1154	53.40	85	40.28
云南	435.04	20.13	55	26.07
海南	38.96	1.80	9	4.27
其他	6.28	0.29	2	0.95
甜菜糖合计	351.85	16.28	35	16.59
黑龙江	37.55	1.74	2	0.95
新疆	106	4.90	15	7.11
内蒙古	200	9.25	13	6.16
其他	8.3	0.38	5	2.37

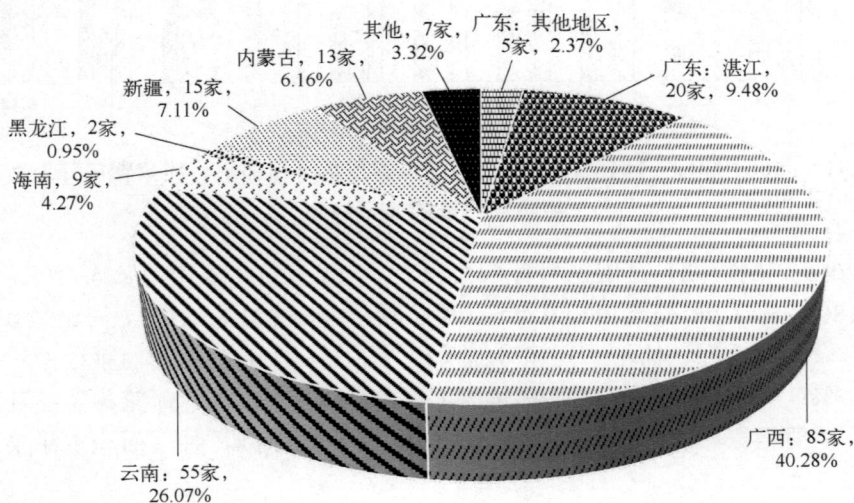

图 1-18　2018/2019 年制糖期全国各省（自治区）开工糖厂数及其占比

2018/2019 年制糖期，全国共生产食糖 1076.04 万吨，其中甘蔗糖占 87.78%，甜菜糖占 12.22%。广西的产糖量最大，占全国产糖量的 58.92%；其次为云南，产糖比例为 19.33%。在甜菜制糖省（自治区）中，新疆的产糖量最大，占全国产糖量的 5.18%。2018/2019 年制糖期全国各省（自治区）食糖产量及其占比如图 1-19 所示。

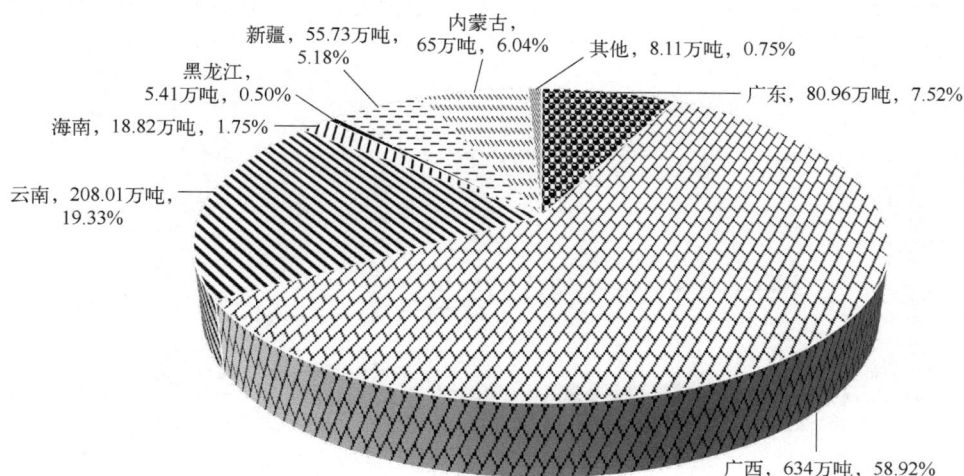

图 1-19　2018/2019 年制糖期全国各省（自治区）食糖产量及其占比

2018/2019 年制糖期，全国生产优级和一级白砂糖 893.76 万吨，精制糖 76.24 万吨，绵白糖 63.27 万吨，赤砂糖和红糖 24.42 万吨，原糖及其他 18.35 万吨。原糖又称粗糖或二号糖，是指以甘蔗、甜菜榨糖取汁，经过过滤、澄清，再通过蒸发浓缩、煮炼结晶、离心分蜜，制成的带有一层糖蜜，不供直接食用、作为精炼糖厂再加工用的原料糖。

2018/2019 年制糖期全国生产食糖种类及占比如图 1-20 所示。

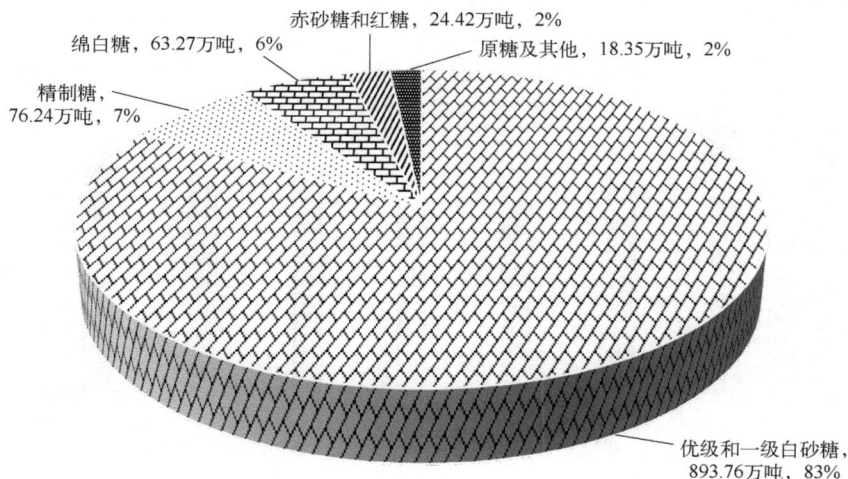

图 1-20　2018/2019 年制糖期全国生产食糖种类及百分比

1.2.1.3 销售情况

2012/2013～2018/2019 年制糖期，我国食糖消费量较为稳定，基本呈现稳中有增趋势，最高在 2018/2019 年制糖期增至 1520 万吨。但是在居民消费占比逐渐增加的情况下，工业消费占比则逐年减少。全国食糖消费量、工业消费占比和居民消费占比的变化情况如图 1-21 所示。

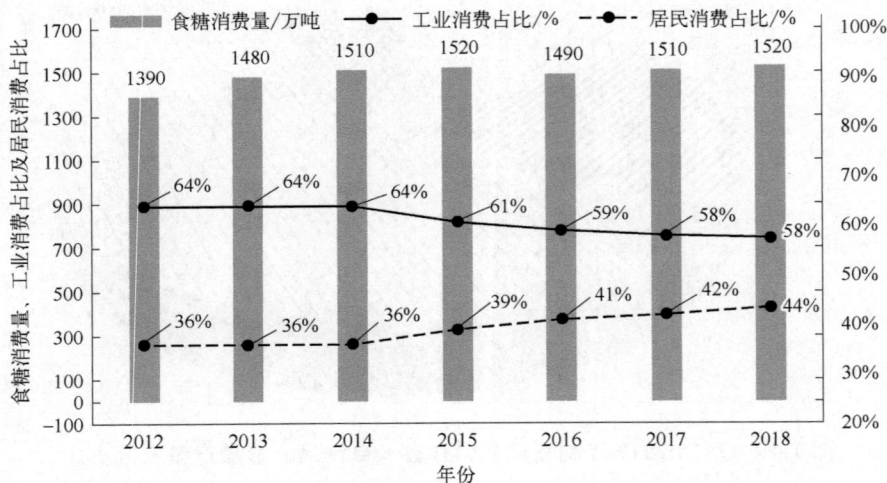

图 1-21 2012/2013～2018/2019 年制糖期全国食糖消费量、工业消费占比和居民消费占比的变化情况

2012/2013～2018/2019 年制糖期，全国销售收入和利税总额均呈现波动式变化，变化趋势如图 1-22 所示。其中，全国销售收入的波动范围为 500 亿～800 亿元，2018/2019 年制糖期的销售总收入为 633 亿元；从利税总额来看，2013/2014 年和 2018/2019 年制糖期出现较大程度亏损，利税总额最高可达 66.3 亿元。

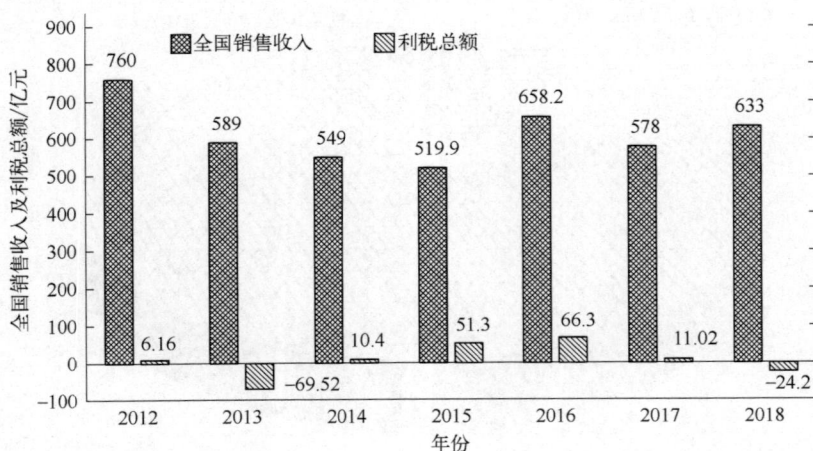

图 1-22 2012/2013～2018/2019 年制糖期全国销售收入和利税总额变化趋势

1.2.1.4 进出口情况

根据中国海关数据显示：2020 年 1～12 月中国食糖进口量为 14.74 万吨，同比下降 20.50%；出口量为 527 万吨，同比增长 55.45%。2012～2020 年全国食糖进出口情况如图 1-23 所示。

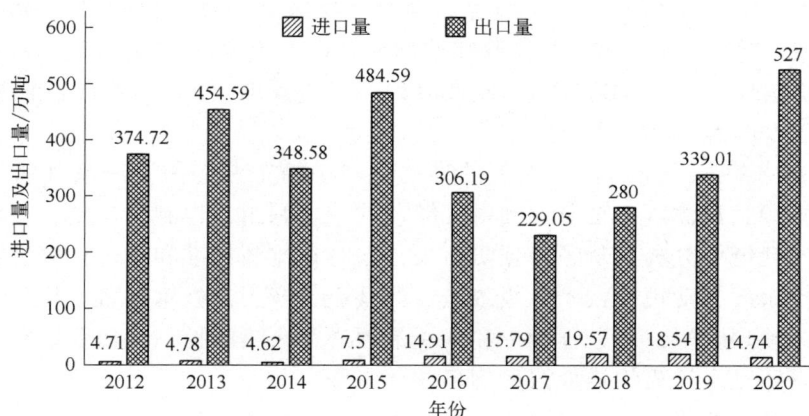

图 1-23 2012～2020 年全国食糖进出口情况

1.2.2 发展趋势

随着人们对健康和环境关注度的提高，制糖企业需要采取更加环保和可持续的生产方式。例如，开发和应用生物技术，由此可以降低对土地和水资源的依赖，减少化学品的使用，并提高糖产量；推广循环经济模式，有效利用废物，提高副产品产量，可降低环境污染和资源浪费，并提高企业利润。

制糖行业需加强创新驱动。面对全球糖市的竞争和市场需求的变化，制糖企业需要加大技术创新和工艺改进的力度。例如，开发新的糖类产品，满足消费者对健康和口感的需求；加强配套设施建设，提高生产效率和产品质量；加强品牌建设和市场推广，提高产品附加值，在市场中占据竞争优势。

制糖行业需加强合作共赢。在全球化的背景下，制糖行业需要与国内外的企业、研究机构和政府合作，共同应对挑战和机遇。例如，与农业企业合作，共同发展可持续的糖料种植方式；与食品加工企业合作，推广新产品和更加安全环保的生产工艺；与政府合作，加强政策支持和监管，为企业提供更好的发展环境。

1.2.3 主要环境问题

制糖行业是我国水污染防治的重点行业之一。2015 年，国务院印发《水污染防治行动计划》（国发〔2015〕17 号）将"农副食品加工业"列为水污染防治的十大重点行业之一。制糖工业废水化学需氧量和氮磷浓度高，且主要在冬季生产，生产期间水环境容量低，污染物降解速度较慢，废水对区域水环境质量影响较大。

近年来，国家高度关注制糖行业环境保护工作，颁布实施了《制糖工业水污染物排放标准》（GB 21909—2008）、《制糖废水治理工程技术规范》（HJ 2018—2012）、《排污许可证申请与核发技术规范　农副食品加工工业—制糖工业》（HJ 860.1—2017）、《污染源源强核算技术指南　农副食品加工工业—制糖工业》（HJ 996.1—2018）、《制糖工业污染防治可行技术指南》（HJ 2303—2018）等一系列环境保护标准。广西壮族自治区等食糖主产区通过制定《甘蔗制糖工业水污染物排放标准》（DB 45/893—2013）、《甘蔗制糖行业清洁生产评价指标体系》（DB45/T 1188—2015）等地方标准，引导制糖企业推进清洁生产，加快污染治理设施提标改造。

在生产技术的发展及清洁化改造的推动下，制糖工业经历了一系列的产业结构调整。从优化资源、淘汰落后企业，到对废糖蜜的综合利用，再到将酒精、糖蜜和酵母生产等从制糖产业链中分离，从源头预防污染；同时在排放标准和排污许可等行业制度的倒逼下，制糖企业主动进行技术升级改造，如升级生产工艺技术装备、提高水重复利用率、提升污染治理水平，从过程管控和末端治理进行污染防控。当前我国制糖工业无论是基准排水量还是水污染物排放浓度均已大幅下降。

但部分制糖企业仍存在环境违法行为，本书从部分地区生态环境管理部门等网站收集了近年来部分制糖企业环保问题及处理情况，共整理了 10 个环保问题。相关企业环保问题及具体处理情况如表 1-33 所列。

表 1-33　部分制糖企业典型环保问题及具体处理情况

序号	地区	存在问题	处理情况
1	新疆	将生产经营过程中产生的工业固体废物（滤泥、炉渣）倾倒至厂区东门临时贮存场地，贮存场地未采取符合国家环境保护标准的防护措施	依据《中华人民共和国固体废物污染环境防治法》第一百零二条，罚款人民币 48.146 万元
2	广东	在线监测室安装有两台烟气排放连续监测系统，监测系统显示上位机通信状态为异常，尚未连接到外网的网线	违反《中华人民共和国大气污染防治法》第二十四条，罚款人民币 4 万元
3	广西	废水通过雨水沟排放，外排废水 pH 值超过排放标准限值	根据《中华人民共和国水污染防治法》相关规定，责令该企业改正违法行为
4	广西	废水在线监控设备运维记录不全；流量计显示屏幕故障，显示数据模糊不清等	依据《中华人民共和国水污染防治法》等规定，责令该企业进行整改，逾期不整改或拒不整改，将实施行政处罚
5	广西	厂区内堆放的滤泥产生的渗滤液流入雨水沟向外环境排放，大量滤泥渗滤液渗漏到厂区墙外并流入无防渗措施的水沟中，经取样监测，外排污水 COD_{Cr} 浓度最高值为 4970mg/L	违反《中华人民共和国水污染防治法》第十条、第三十九条等规定，处以人民币 30 万元的罚款
6	广东	废水总磷超标排放；锅炉烟气、氮氧化物超标排放	对该企业合并罚款人民币 20 万元（对超标排放水污染物行为，罚款人民币 10 万元；对超标排放大气污染物行为，罚款人民币 10 万元）
7	新疆	颗粒粕车间有组织废气排放口未按照规定进行规范化设置，无采样口及采样平台	责令停产整治

序号	地区	存在问题	处理情况
8	广西	废水 COD_{Cr}、悬浮物、总氮超标排放；废水在线监测设施未开启运行，未与生态环境部门监控设备联网	违反《中华人民共和国水污染防治法》第九条等规定，罚款人民币 3.6 万元
9	广东	锅炉氮氧化物超标排放	违反《中华人民共和国大气污染防治法》第十八条等规定，责令该企业采取有效措施确保废气稳定达标排放
10	云南	厂区冷却塔循环水池外溢，排入环境水体，COD_{Cr} 2698mg/L、SS 236mg/L、NH_3-N 32.9mg/L、总磷（TP）3.68mg/L、总氮（TN）43.8mg/L，超标排放	违反了《中华人民共和国水污染防治法》第十条等规定，责令该企业改正环境违法行为，罚款人民币 16 万元

1.2.4　环境保护要求

1.2.4.1　环境保护部门规章

部分制糖工业的环境保护相关部门规章如表 1-34 所列。

表 1-34　部分制糖工业环境保护相关部门规章

序号	文件名称	发文字号	具体内容
1	《产业结构调整指导目录（2024 年本）》	中华人民共和国国家发展和改革委员会令　第 7 号	鼓励类：以糖蜜为原料年产 8000 吨及以上酵母制品及酵母衍生制品；自走式甘蔗、甜菜等糖类作物联合收获机； 限制类：原糖加工项目及日处理甘蔗5000吨（云南地区3000吨）、日处理甜菜3000吨以下的项目； 淘汰类：3 万吨/年以下酒精生产线（废糖蜜制酒精除外）
2	《建设项目环境影响评价分类管理名录（2021 年版）》	中华人民共和国生态环境部令　第 16 号	（1）环评报告书：日加工糖料能力 1000 吨及以上的原糖生产； （2）环评报告表：其他（单纯分装的除外）
3	《固定污染源排污许可分类管理名录（2019 年版）》	中华人民共和国生态环境部令　第 11 号	（1）排污许可重点管理：日加工糖料能力 1000 吨及以上的原糖、成品糖或者精制糖生产； （2）排污许可简化管理：其他

1.2.4.2　环境保护标准

（1）国家和地方污染物排放标准

《制糖工业水污染物排放标准》（GB 21909—2008）于 2008 年 6 月 25 日发布，2008 年 8 月 1 日起实施。该标准规定了制糖工业企业水污染物排放限值、监测和监控要求，适用于现有制糖企业或生产设施的水污染物排放管理，适用于对制糖工业建设项目的环境影响评价、环境保护设施设计、竣工环境保护验收及其投产后的水污染物排放管理。《甘蔗制糖工业水污染物排放标准》（DB45/ 893—2013）于 2013 年 1 月 29 日发布，2013 年 10 月 1 日起实施。该标准规定了广西甘蔗制糖企业水污染物排放控制要求、监测要求以及标准实施与监督。国家和部分地区制糖工业执行的水污染物排放限值如表 1-35 所列。

表 1-35　国家和部分地区制糖工业执行的水污染物排放限值（新建企业）

污染物 项目	《制糖工业水污染物排放标准》 （GB 21909—2008） 水污染物排放浓度限值		《制糖工业水污染物排放标准》 （GB 21909—2008） 水污染物特别排放浓度限值		《甘蔗制糖工业水污染 物排放标准》 （DB 45/ 893—2013） 水污染物排放 浓度限值
	甘蔗制糖	甜菜制糖	甘蔗制糖	甜菜制糖	甘蔗制糖
pH 值	6～9	6～9	6～9	6～9	6～9
悬浮物/（mg/L）	70	70	10	10	25
五日生化需氧量 （BOD₅）/（mg/L）	20	20	10	10	18
化学需氧量 （COD_{Cr}）/（mg/L）	100	100	50	50	60
氨氮/（mg/L）	10	10	5	5	6
总氮/（mg/L）	15	15	8	8	9
总磷/（mg/L）	0.5	0.5	0.5	0.5	0.5
单位产品（糖） 基准排水量/（m³/t）	51	32	34	20	10

目前，我国制糖工业环境管理水平大幅提升。《关于征求国家环境保护标准〈制糖工业水污染物排放标准〉（GB 21909—2008）修改单（征求意见稿）意见的函》（环办水体函〔2017〕1807 号）提出：将"新建企业水污染物排放限值"中的单位产品基准排水量修改为 10m³/t 糖（甘蔗制糖）、24m³/t 糖（甜菜制糖）；将"水污染物特别排放限值"中的单位产品基准排水量修改为 5m³/t 糖（甘蔗制糖）、15m³/t 糖（甜菜制糖）。但修改单至今尚未发布。

广西壮族自治区生态环境厅《关于明确甘蔗制糖企业锅炉大气污染物排放执行标准的通知》（桂环函〔2016〕609 号）规定：燃烧原煤或蔗渣煤粉混合燃料的锅炉，单台出力 65 蒸吨/时以上的执行《火电厂大气污染物排放标准》（GB 13223—2011），65 蒸吨/时及以下的执行《锅炉大气污染物排放标准》（GB 13271—2014）；燃烧蔗渣的锅炉执行《锅炉大气污染物排放标准》（GB 13271—2014）。

据了解，广西壮族自治区环境保护科学研究院于 2020 年 3 月启动《甘蔗制糖业生物质锅炉大气污染物排放标准》编制工作。部分地区已针对生物质锅炉制定了大气污染物排放标准，如湖北省地方标准《生物质锅炉大气污染物排放标准》（DB42/T 1906—2022）、吉林省地方标准《生物质成型燃料锅炉大气污染物排放标准》（DB22/T 2581—2016）等。

（2）排污许可相关标准

制糖行业排污许可相关标准如表 1-36 所列。

表 1-36　制糖行业排污许可相关标准

标准名称	主要内容
《排污许可证申请与核发技术规范 农副食品加工工业—制糖工业》（HJ 860.1—2017）	该标准规定了制糖工业排污许可证申请与核发的基本情况填报要求、许可排放限值确定、实际排放量核算和合规判定的方法，以及自行监测、环境管理台账与排污许可证执行报告等环境管理要求，提出了制糖工业污染防治可行技术要求
《排污单位自行监测技术指南 农副食品加工业》（HJ 986—2018）	（1）该标准提出了农副食品加工业排污单位自行监测的一般要求、监测方案制定、信息记录和报告的基本内容和要求； （2）该标准适用于农副食品加工业排污单位在生产运行阶段或无生产但有排放的时段，对其排放的水、大气污染物，噪声以及对其周边环境质量影响开展监测； （3）自备火力发电机组（厂）、配套动力锅炉的排污单位自行监测要求按照《排污单位自行监测技术指南 火力发电及锅炉》（HJ 820—2017）执行
《排污单位环境管理台账及排污许可证执行报告技术规范 总则（试行）》（HJ 944—2018）	（1）该标准适用于排污许可证的申请、核发、执行、监管全过程； （2）该标准适用于指导排污单位开展环境管理台账记录和执行报告编制及提交

（3）污染治理相关标准

《制糖废水治理工程技术规范》（HJ 2018—2012）于 2012 年 10 月 17 日发布，2013 年 1 月 1 日起实施。该标准规定了制糖废水治理工程的设计、施工安装、验收和运行管理的技术要求，适用于以甘蔗或甜菜为原料的制糖企业制糖生产废水的治理工程，可作为废水治理工程可行性研究、设计、施工、竣工验收、环境保护验收、建成后运行与管理以及制糖企业环境影响评价的技术依据。该标准提出：制糖企业应采用生化处理为主、物化处理为辅的工艺技术；应配备能在每年制糖生产开始前进行培菌启动的设施。

《污染源源强核算技术指南 农副食品加工工业—制糖工业》（HJ 996.1—2018）于 2018 年 12 月 25 日颁布，2019 年 3 月 1 日起实施。该标准规定了制糖工业废气、废水、噪声、固体废物污染源源强核算的程序、内容、方法及要求。该标准适用于制糖工业新（改、扩）建工程污染源和现有工程污染源的源强核算，制糖工业正常和非正常排放时源强核算，制糖工业主体生产装置和公辅工程的废气、废水、噪声、固体废物污染源源强核算；不适用于突发泄漏、火灾、爆炸等事故情况下排放的源强核算，利用废糖蜜制酒精、酵母等产品，以及利用蔗渣造纸、利用蔗渣和滤泥生产肥料等制糖工业固体废物综合利用的污染源源强核算。该标准附录（资料性附录）提出了主要制糖工业部分废水污染物产污系数，如表 1-37 所列。

表 1-37　主要制糖工业部分废水污染物产污系数

产品名称	原料名称	工艺名称	规模等级	污染物指标	单位	产污系数
白砂糖、绵白糖	甘蔗	亚硫酸法	所有规模	工业废水量	m^3/t 产品	28.5
				化学需氧量	g/t 产品	21375
				氨氮	g/t 产品	342
白砂糖、绵白糖	甘蔗	碳酸法	所有规模	工业废水量	m^3/t 产品	29.5
				化学需氧量	g/t 产品	22420
				氨氮	g/t 产品	354

续表

产品名称	原料名称	工艺名称	规模等级	污染物指标	单位	产污系数
白砂糖、绵白糖	甜菜	碳酸法	所有规模	工业废水量	m^3/t 产品	41
				化学需氧量	g/t 产品	71750
				氨氮	g/t 产品	615

注：摘自《污染源源强核算技术指南　农副食品加工工业—制糖工业》（HJ 996.1—2018）。

《制糖工业污染防治可行技术指南》（HJ 2303—2018）于 2018 年 12 月 29 日颁布，2019 年 3 月 1 日起实施。该标准提出了制糖工业企业废气、废水、固体废物和噪声污染防治可行技术，可作为制糖工业企业建设项目环境影响评价、国家污染物排放标准制修订、排污许可管理和污染防治技术选择的参考。

（4）清洁生产标准

《清洁生产标准　甘蔗制糖业》（HJ/T 186—2006）于 2006 年 7 月 3 日发布，2006 年 10 月 1 日起实施。该标准为指导性标准，适用于甘蔗制糖生产企业（不包括酒精、造纸及其他副产品综合利用生产和生活消耗等）的清洁生产审核、清洁生产潜力与机会的判断、清洁生产绩效评定和清洁生产绩效公告制度。该标准部分清洁生产指标要求如表 1-38 所列。

表 1-38　《清洁生产标准　甘蔗制糖业》（HJ/T 186—2006）部分清洁生产指标要求

指标	一级	二级	三级
生产工艺与装备要求			
生产工艺	（1）采用糖浆上浮工艺，改进亚硫酸法工艺，降低产品 SO_2 含量和色值，保证产品达标率； （2）采用混合汁低温磷浮工艺，改进碳酸法澄清工艺，改善滤泥成分，有利于综合利用、处理		
装备要求	（1）采用真空泵冷凝系统替代水喷射冷凝系统，降低耗水量； （2）采用洗滤布水回收处理装置，不直接向环境排放洗滤布水； （3）采用高效泥汁过滤设备，提高滤泥固形物含量，以利于清洁运输和利用； （4）采用高效冷凝水降温装置，提高冷却用水的重复利用率； （5）采用高效率渣、水分离装置，提高锅炉除尘、排污水循环利用率		
	生产过程采用自动化控制，优化工艺参数	重点工段采用自动化控制，优化工艺参数	根据实际情况采用自动化控制
资源能源利用指标			
吨甘蔗耗新鲜水量/（m^3/t）	≤1.0	≤2.0	≤3.5
水重复利用率/%	≥90.0	≥80.0	≥70.0
百吨甘蔗耗标准煤/（tce/100t）	≤4.0	≤5.0	≤6.0
污染物产生指标（末端处理前）			
吨甘蔗废水产生量/（m^3/t）	≤1.6	≤2.6	≤4.0
吨甘蔗化学需氧量产生量/（kg/t）	≤1.0	≤2.0	≤3.5
吨甘蔗悬浮物产生量/（kg/t）	≤0.3	≤1.0	≤1.6

注：摘自《清洁生产标准　甘蔗制糖业》（HJ/T 186—2006）。

《制糖行业清洁生产水平评价标准》（QB/T 4570—2013）于 2013 年 12 月 31 日发布，2014 年 7 月 1 日起实施。该标准规定了制糖行业清洁生产的术语和定义、要求、数据采集和计算方法，适用于制糖（甘蔗、甜菜和原糖）生产企业（不包括酒精、造纸、颗粒粕和生活消耗等）的清洁生产审核和评估。该标准部分清洁生产指标要求如表 1-39 所列。

表 1-39　《制糖行业清洁生产水平评价标准》（QB/T 4570—2013）部分清洁生产指标要求

指标分类		一级	二级	三级
资源能源利用				
吨糖耗新鲜水量/（m³/t）	甘蔗	≤4.0	≤16.0	≤24.0
	甜菜	≤17.9	≤20.0	≤28.0
	炼糖	≤1.5	≤2.5	≤3.0
水重复利用率/%		≥95.0	≥90.0	≥70.0
吨糖耗标煤/（kgce/t）	甘蔗	≤320	≤420	≤550
	甜菜	≤360	≤460	≤580
	炼糖	≤220	≤300	≤320
吨糖废水产生量/（m³/t）	甘蔗	≤8.0	≤20.0	≤28.0
	甜菜	≤22.0	≤24.0	≤32.0
	炼糖	≤0.8	≤1.0	≤1.5
吨糖化学需氧量产生量/（kg/t）	甘蔗	≤5	≤12.5	≤17.5
	甜菜	≤13.7	≤15.0	≤20.0
	炼糖	≤1.5	≤2.0	≤3.0

注：摘自《制糖行业清洁生产水平评价标准》（QB/T 4570—2013）。

《清洁生产审核指南　甘蔗制糖业》（DB45/T 1331—2016）于 2016 年 5 月 20 日发布，2016 年 6 月 20 日起实施。该标准规定了广西壮族自治区甘蔗制糖企业清洁生产审核的术语和定义、审核程序的工作要求和工作内容，适用于广西壮族自治区甘蔗制糖企业开展清洁生产审核工作。

《甘蔗制糖行业清洁生产评价指标体系》（DB45/T 1188—2015）于 2015 年 6 月 1 日发布，2015 年 7 月 1 日起实施。该标准规定了广西壮族自治区甘蔗制糖行业清洁生产评价指标体系的术语和定义、评价指标体系、评价方法以及指标计算与数据采集，适用于广西壮族自治区甘蔗制糖企业的清洁生产审核、清洁生产潜力与机会的判断、清洁生产绩效评定和清洁生产绩效公告制度，也适用于甘蔗制糖行业环境影响评价、环保核查等管理要求。该标准部分清洁生产指标要求如表 1-40 所列。

表 1-40　《甘蔗制糖行业清洁生产评价指标体系》（DB 45/T 1188—2015）部分清洁生产指标要求

一级指标	二级指标	Ⅰ 级基准值	Ⅱ 级基准值	Ⅲ 级基准值
资源能源消耗指标	百吨甘蔗耗标煤/（tce/100t）	≤4.0	≤4.5	≤5.0
	吨甘蔗耗电量/［（kW·h）/t］	≤28	≤30	≤35
	吨甘蔗耗新鲜水量/（m³/t）	≤0.1	≤0.3	≤0.5

续表

一级指标	二级指标	Ⅰ级基准值	Ⅱ级基准值	Ⅲ级基准值
污染物产生指标	吨甘蔗废水产生量/（m³/t）	≤0.6	≤0.8	≤1.0
	吨甘蔗 COD_{Cr} 产生量/（kg/t）	≤0.3	≤0.4	≤0.5

注：摘自《甘蔗制糖行业清洁生产评价指标体系》（DB45/T 1188—2015）。

《云南省甘蔗制糖行业清洁生产评价指标体系》于 2020 年 3 月 27 日发布，2020 年 4 月 1 日起实施。该指标体系适用于云南省甘蔗制糖行业企业的清洁生产审核、清洁生产潜力与机会的判断、清洁生产绩效评定。该指标体系部分清洁生产指标要求如表 1-41 所列。

表 1-41　《云南省甘蔗制糖行业清洁生产评价指标体系》部分清洁生产指标要求

一级指标	二级指标	Ⅰ级基准值	Ⅱ级基准值
资源能源消耗指标	吨糖单位产品综合能耗/（kgce/t）	225	420
	吨糖耗新鲜水量/（m³/t）	0.25	4
污染物产生指标	吨糖废水产生量/（m³/t）	7.5	10
	吨糖 COD_{Cr} 产生量/（kg/t）	0.35	1
	吨糖氨氮产生量/（kg/t）	0.03	0.1
	吨糖总氮产生量/（kg/t）	0.07	0.15
	吨糖总磷产生量/（kg/t）	0.002	0.005

注：摘自《云南省甘蔗制糖行业清洁生产评价指标体系》。

（5）水资源消耗标准

《取水定额　第 53 部分：食糖》（GB/T 18916.53—2021）于 2021 年 5 月 21 日发布，2021 年 12 月 1 日起实施。该标准规定了食糖取水定额的术语和定义、计算方法和取水定额，适用于现有、新建、改扩建食糖制造企业取水量的管理。食糖制造企业取水定额如表 1-42 所列。

表 1-42　食糖制造企业取水定额

企业类型	食糖取水量/（m³/t）		
	现有	新建、改扩建	先进
甘蔗糖厂	≤16	≤8	≤2
甜菜糖厂	≤20	≤12	≤5
炼糖厂	≤2.5	≤1.5	≤0.5

部分地区制定了制糖行业用水定额，相关要求如表 1-43 所列。

表 1-43　部分地区制糖行业用水定额要求

标准（文件）名称	地区	主要内容
《行业用水定额》 （DB15/T 385—2020）	内蒙古	甜菜糖/（m³/t）：领跑值 5，先进值 12，通用值 20； 原糖炼糖/（m³/t）：领跑值 0.5，先进值 1.5，通用值 2.5
《工业行业主要产品用水定额》 （DB45/T 678—2017）	广西	白砂糖、赤砂糖用水定额通用值为 8m³/t，准入值为 5m³/t，先进值为 2m³/t
《用水定额　第 2 部分：工业》 （DB44/T 1461.2—2021）	广东	白砂糖、赤砂糖用水定额通用值为 12m³/t，先进值为 8.5m³/t，领跑值为 4.6m³/t
《云南省用水定额》 （经云水发〔2019〕122 号）	云南	甘蔗白砂糖用水定额通用值为 4m³/t 糖，绵白糖（甘蔗原料）用水定额通用值为 3.5m³/t 甘蔗，甘蔗机制红糖用水定额通用值为 1.5m³/t 甘蔗
《海南省用水定额》 （DB46/T 449—2021）	海南	食糖用水定额 I 级定额值为 2m³/t，II 级定额值为 8m³/t，III 级定额值为 16m³/t

（6）绿色制造标准

《甜菜制糖行业绿色工厂评价要求》（DB15/T 2315—2021）于 2021 年 8 月 20 日发布，2021 年 9 月 20 日起实施。该标准规定了甜菜制糖生产企业的绿色工厂评价术语和定义、评价原则、通用要求及指标体系，适用于以甜菜为原料制糖的企业。部分指标要求如表 1-44 所列。

表 1-44　《甜菜制糖行业绿色工厂评价要求》（DB15/T 2315—2021）部分指标要求

序号	一级指标	二级指标	评分要求
1	能源资源投入	能源投入	工厂应优化用能结构，在保证安全、质量的前提下减少化石能源的投入，降低甜菜制糖单位产品（等折一级白砂糖）能源消耗
			工厂宜建设能源管理中心及节能环保机构
			适用时，工厂宜建有厂区光伏电站、智能微电网
			工厂宜使用低碳清洁新能源
			工厂应有余热、余能和余压等能源综合利用措施
			工厂生产应采用先进、适用的节能技术和装备，减少能源消耗
		资源投入	工厂应按照《节水型企业评价导则》（GB/T 7119—2018）的要求对其开展节水评价工作，且满足《行业用水定额》（DB15/T 385—2020）中对甜菜制糖行业用水定额的要求
			工厂宜回收利用工业废水
		采购	工厂应制定并实施包括生态设计要求的选择、评价和重新评价供方的准则，确保供方能够提供符合工厂生态设计要求的原辅材料
			原辅材料宜满足绿色供应链评价要求
2	产品	生态设计	工厂宜按照《产品生态设计通则》（GB/T 24256—2009）对生产的产品进行生态设计
			按照 GB/T 32161 对生产的产品进行生态设计产品评价，满足《绿色设计产品评价技术规范　甜菜糖制品》（T/CNLIC 0008—2019）的评价要求
		有害物质使用	工厂生产的产品应减少有毒物质的使用（综合利用除外），避免有害物质的泄漏，满足 GB/T 317、GB/T 1445 的要求

序号	一级指标	二级指标	评分要求
2	产品	节能	工厂生产的糖单位产品能源消耗应满足《糖单位产品能源消耗限额》（GB 32044—2015）相关要求
		减碳	工厂宜根据适用的标准规范，对企业碳排放数据进行核算，对碳排放报告进行碳核查
			宜利用盘查或核查结果对其产品的碳足迹进行改进，盘查或核查结果对外公布
3	环境排放	大气污染	热风炉、石灰窑排放应符合《工业炉窑大气污染物排放标准》（GB 9078—1996）相关要求，锅炉排放应达到《锅炉大气污染物排放标准》（GB 13271—2014）相关要求，并满足区域内排放总量控制要求
			自备电厂的排放应达到火电厂超低排放要求
		水体污染	水污染物排放应符合《制糖工业水污染物排放标准》（GB 21909—2008）相关要求，并满足区域内排放总量控制要求
		固体废物	固体废物处理应符合《一般工业固体废物贮存和填埋污染控制标准》（GB 18599—2020）、《危险废物贮存污染控制标准》（GB 18597—2023）等相关处理标准。工厂无法自行处理的，应将固体废物转交给具备相应能力和资质的处理单位进行处理
		噪声	厂界环境噪声排放应符合《工业企业厂界环境噪声排放标准》（GB 12348—2008）要求
		温室气体	工厂应采用 GB/T 32150、GB/T 32151.1 或适用的标准和规范对其厂界范围内的温室气体排放进行核算和报告
			工厂宜获得温室气体排放量第三方核查声明
4	绩效	原料无害化	工厂使用的原料甜菜应 100%符合 GB/T 10496 中的要求
		生产洁净化	单位产品（等折一级白砂糖）污染物产生量（如废水、COD$_{Cr}$、悬浮物产生量）应满足《制糖行业清洁生产水平评价标准》（QB/T 4570—2013）相关要求
		废物资源化	水重复利用率、炉渣、滤泥综合利用率等指标不低于《制糖行业清洁生产水平评价标准》（QB/T 4570—2013）相关要求
		能源低碳化	单位产品综合能耗符合《糖单位产品能源消耗限额》（GB 32044—2015）相关要求
			单位产品耗新鲜水量和耗电量宜符合《制糖行业清洁生产水平评价标准》（QB/T 4570—2013）相关要求

资料来源：摘自《甜菜制糖行业绿色工厂评价要求》（DB15/T 2315—2021）。

中国轻工业联合会团体标准《绿色设计产品评价规范　甘蔗糖制品》（T/CNLIC 0007—2019）于 2019 年 10 月 11 日发布，2019 年 12 月 1 日起实施。该标准规定了甘蔗糖制品生命周期绿色设计评价的术语和定义、评价要求、生命周期评价报告编制方法和评价方法。该标准适用于甘蔗糖制品绿色设计评价，包括白砂糖、赤砂糖、红糖、绵白糖、黄砂糖等。指标体系由一级指标和二级指标组成：一级指标包括资源属性指标、能源属性指标、环境属性指标和产品属性指标；二级指标标明了所属的生命周期阶段、基准值、判定依据等信息。部分评价指标要求如表 1-45 所列。

表 1-45　《绿色设计产品评价规范　甘蔗糖制品》（T/CNLIC 0007—2019）部分评价指标要求

一级指标	二级指标		单位	基准值	判定依据	所属阶段
资源属性	吨糖耗甘蔗	广西	t/t	≤8.5	提供相关证明材料	原材料获取
		云南		≤8.0		

一级指标	二级指标		单位	基准值	判定依据	所属阶段
资源属性	吨糖耗甘蔗	广东、海南及其他地区		≤9.0		
	吨糖耗新鲜水量		m³/t	≤1.2		辅助材料获取
能源属性	吨糖综合能耗（以标煤计）		kgce/t	≤320	提供能耗证明材料	产品生产

　　注：摘自《绿色设计产品评价规范　甘蔗糖制品》（T/CNLIC 0007—2019）。

　　中国轻工业联合会团体标准《绿色设计产品评价技术规范　甜菜糖制品》（T/CNLIC 0008—2019）于 2019 年 10 月 11 日发布，2019 年 12 月 1 日起实施。该标准规定了甜菜糖制品生命周期生态设计评价的术语和定义、评价要求、生命周期评价报告编制方法和评价方法，适用于甘蔗糖制品生态设计评价，包括白砂糖、绵白糖。指标体系由一级指标和二级指标组成：一级指标包括资源属性指标、能源属性指标、环境属性指标和产品属性指标；二级指标标明了所属的生命周期阶段、基准值、判定依据等信息。部分评价指标要求如表 1-46 所列。

表 1-46　《绿色设计产品评价技术规范　甜菜糖制品》（T/CNLIC 0008—2019）部分评价指标要求

一级指标	二级指标	单位	基准值	判定依据	所属阶段
资源属性	吨糖耗甜菜	t/t	≤9.0	提供相关证明材料	原材料获取
	吨糖耗新鲜水量	m³/t	≤6.0		辅助材料获取
能源属性	吨糖综合能耗（以标煤计）	kgce/t	≤360	提供能耗证明材料	产品生产

　　资料来源：摘自《绿色设计产品评价技术规范　甜菜糖制品》（T/CNLIC 0008—2019）。

　　广西标准化协会团体标准《蔗糖绿色生产技术规程》（T/GXAS 053—2020）于 2020 年 2 月 21 日发布，2020 年 2 月 25 日起实施。该标准规定了甘蔗蔗糖绿色生产技术的术语和定义、生产加工过程卫生要求、设备与器具要求、原辅料要求、生产工艺，适用于甘蔗蔗糖，包括原糖、精制糖和红糖的绿色生产。

1.2.4.3　国家、地方、行业环境保护相关要求

　　国家、部分地区及制糖行业环境保护相关文件要求如表 1-47 所列。

表 1-47　国家、部分地区及制糖行业环境保护相关文件要求

序号	地区	文件名称	文号	主要内容
1	国家	《国务院关于印发水污染防治行动计划的通知》	国发〔2015〕17 号	专项整治十大重点行业。制定农副食品加工等行业专项治理方案，实施清洁化改造
2	国家	《国务院关于印发"十三五"生态环境保护规划的通知》	国发〔2016〕65 号	以农副食品加工等行业为重点，推进行业达标排放改造；深入推进重点污染物减排，制糖行业采用无滤布真空吸滤机、高压水清洗、甜菜干法输送及压榨水回收，推进废糖蜜、酒精废醪液发酵还田综合利用，鼓励废水生化处理后回用，敏感区域执行特别排放限值

续表

序号	地区	文件名称	文号	主要内容
3	国家	《制糖建设项目重大变动清单（试行）》	环办环评〔2018〕6号	适用于制糖工业建设项目环境影响评价管理。 （1）甘蔗、甜菜日加工能力，或原糖、成品糖生产能力增加30%及以上。 （2）项目重新选址；在原厂址附近调整（包括总平面布置变化）导致防护距离内新增敏感点。 （3）以原糖或成品糖为原料精炼加工各种精幼砂糖工艺改为以农作物甘蔗、甜菜制作原糖工艺。 （4）产品方案调整或清净工艺变化，导致新增污染物或污染物排放量增加。 （5）废水、废气处理工艺变化，导致新增污染物或污染物排放量增加（废气无组织排放改为有组织排放除外）。 （6）排气筒高度降低10%及以上。 （7）新增废水排放口；废水排放去向由间接排放改为直接排放；直接排放口位置变化导致不利环境影响加重
4	广西	《关于印发广西糖业发展"十四五"规划的通知》	桂政办发〔2021〕134号	推行绿色制造技术，实施清洁生产，降低制糖生产过程的能耗、水耗和污染物排放；在原料预处理、压榨（渗出）提汁、澄清过滤、加热蒸发、煮炼助晶、分蜜包装以及锅炉发电等生产全过程推广使用一批绿色制造新技术、新装备；提高蔗渣打包率，推广蔗渣清洁燃烧技术；推广板式换热器、煮糖结晶罐、丙糖连煮设备等节能技术装备。推行榨机交流变频调速、双辊喂料器等技术设备，提高压榨抽出率，降低蔗渣水分；以糖蜜、蔗渣、蔗叶和滤泥四大副产品综合利用为重点，加快形成零排放的闭合循环经济产业链
5	云南	《云南省"十四五"食品工业发展规划》		加快构建绿色糖品体系，打造原生态糖品，提高附加值，提升副产物综合利用水平，拓展医药、化工、造纸等下游行业应用。注重以糖蜜为重点的制糖工业副产品综合利用，推动酵母产业加快发展

第 2 章
生产工艺及产排污情况

2.1 淀粉工业生产工艺及产排污情况

2.1.1 淀粉工业产业链

随着国民经济的快速发展，淀粉已渗透到国民经济的各行各业中，在人们的日常生活中无处不在。淀粉及其综合利用产品广泛应用于食品、饲料、发酵、医药、造纸、日化、冶金及石油等工业中，在食品工业及饲料工业中占主导地位，并有向更多行业发展的趋势。

淀粉生产原料种类包括：谷类植物（玉米、小麦、大米、大麦、燕麦、荞麦、高粱）、薯类（马铃薯、木薯、甘薯）、豆类（蚕豆、绿豆、豌豆、赤豆）、其他含淀粉植物（葛根、藕、山药、香蕉、芭蕉芋、橡子、白果）、淀粉、淀粉乳、葡萄糖等。辅料种类包括：硫黄、石灰、糖化酶、液化酶、酸液、碱液、变性淀粉生产用盐、活性炭、催化剂等。

2.1.1.1 玉米淀粉产业链

玉米淀粉用途很广，除直接使用外还可加工制成各种变性淀粉、糊精、淀粉糖等，广泛应用于食品工业、造纸工业、纺织工业和医药工业等。玉米淀粉及其深加工行业生产分前段生产、后段生产及长链生产。其中前段生产主要是从原料玉米到淀粉（乳），后段生产是以淀粉（乳）为原料生产变性淀粉、淀粉糖及结晶葡萄糖等产品，长链生产是从前段玉米原料到后段淀粉糖的全过程生产。目前，大型的玉米淀粉企业基本都属于长链生产企业。

（1）食品工业

玉米淀粉被广泛应用于食品加工领域，主要是作为增稠剂、稳定剂、胶凝剂、保湿剂和乳化剂等。糖果制造时除用大量玉米淀粉生产饴糖浆外，还同时使用原淀粉和变性淀粉；火腿、肉制品、冷冻食品、冰激凌等休闲食品均要以淀粉为填充剂、保湿剂、增稠剂、黏合剂等；味精、鸡精等均是由淀粉发酵而成的。除此之外，由淀粉生产的麦芽糖浆主要用于乳制品、糖果、啤酒等生产，果葡糖浆主要用于饮料、糕点等食品工业。

（2）造纸工业

淀粉在造纸工业中应用非常广泛，它不仅可以提高纸张的质量，还可以降低生产成本和减少环境污染。玉米淀粉是造纸厂中使用较为广泛的淀粉种类之一，其主要成分为淀粉和淀粉糊精。它可以被用作造纸过程中的浆料增稠剂，增加纸浆的黏度，使纸浆中的纤维分散均匀，从而提高纸张的机械性能。

（3）纺织工业

淀粉在纺织工业中具有广泛的应用。玉米淀粉主要用于纺纱及织物的后整理加工中，能够使纱线光滑、柔软、有弹性，提高织物的耐磨性和防皱度。此外，玉米淀粉还能作为织物的黏结剂，增加织物的承载力，使织物更加稳固。

（4）医药工业

玉米淀粉常用于药品生产中，作为稳定剂、乳化剂和制造药片的填充剂等，如压制药片是由淀粉作赋形剂起黏合和填充作用。有些药物用量很小，必须用淀粉稀释后压制成片供临床用；另外，淀粉吸水膨胀，有促进片剂崩解的作用。淀粉制成淀粉海绵经消毒后放在伤口处还有止血作用。此外，抗菌素、维生素、柠檬酸、溶剂、甘油等发酵工业也主要是以玉米淀粉为原料制作培养基。

（5）化妆品工业

玉米淀粉还可以用于化妆品的制造中，特别是在沐浴露、洗发水、香皂、护手霜等护肤和美容类产品中。它可以增加这些产品的稠度，起到润滑和保湿的作用。

玉米淀粉及其产品分布如图 2-1 所示。

2.1.1.2　薯类淀粉产业链

薯类淀粉主要包括马铃薯淀粉、甘薯淀粉和木薯淀粉等。

马铃薯淀粉，也称马铃薯原淀粉、马铃薯精制淀粉、马铃薯生粉、土豆淀粉等，主要用于食品、医药、石油化工、造纸、纺织、饲料、发酵、铸造、建材等工业领域。马铃薯淀粉由于其理化指标及糊化性质均优于其他类淀粉，因此在工业加工领域有着不可替代的作用。

2.1.1.3　小麦淀粉产业链

以小麦或小麦粉为原料，加工后可得小麦淀粉或活性小麦面筋粉两种产品。

小麦淀粉具有低热黏度、低糊化温度的特性，糊化后黏度的热稳定性较好，经长时

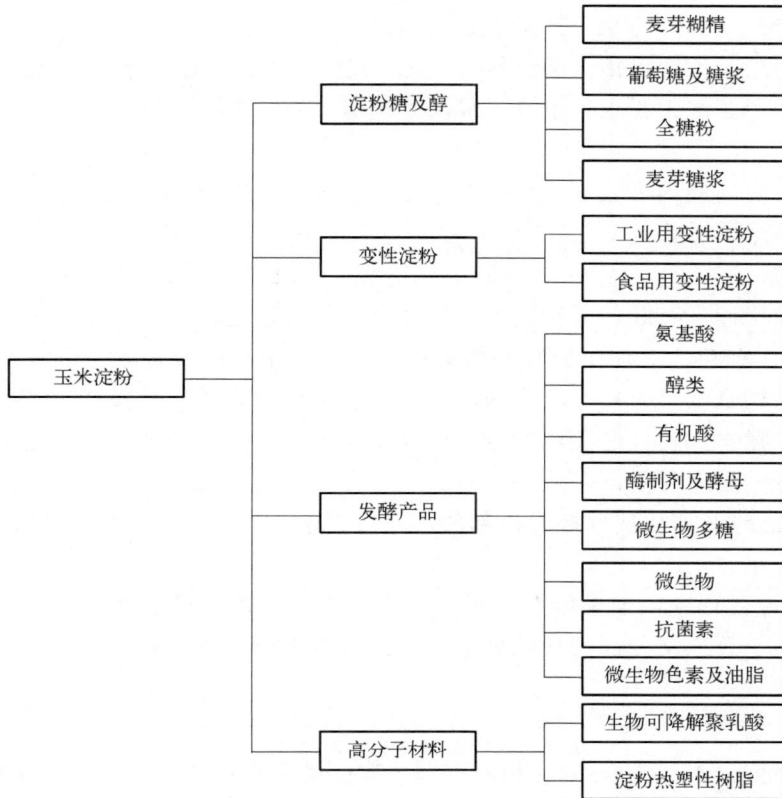

图 2-1　玉米淀粉及其产品分布

间加热和搅拌后黏度降低很少，冷却后凝结成的凝胶体强度高，广泛地应用于食品、轻工、纺织、制药、造纸等行业。

活性小麦面筋粉又称谷朊粉，主要成分是蛋白质和麦胶蛋白，蛋白质含量为 75%～85%。活性小麦面筋粉是一种天然的面粉改良剂，在制作面包时添加 2%～3%活性小麦面筋粉，可增加面团的筋力，使面包体积增大、气孔均匀、柔软，具有天然口味；在生产面条时添加 0.5%～2%的活性小麦面筋粉，可增强面条韧性，不易断；活性小麦面筋粉又是制作鱼、肉食品最佳的黏结剂、填充剂。在高档水产类饲料中添加活性小麦面筋粉，可增加鱼、虾等饲料产品的营养价值，吸水后悬浮性、黏弹性增强，可提高饲料在水中的利用率。

2.1.2　生产工艺

2.1.2.1　玉米淀粉及深加工生产工艺

（1）玉米淀粉生产工艺

玉米淀粉的主要原料为玉米。玉米原名玉蜀黍，别名苞谷、珍珠米、苞芦，禾本科，属一年生高大草本。玉米粒含水 12%～16%、淀粉 70%～72%、蛋白质 8%～11%、脂肪

4%～6%、灰分 1.2%～1.6%、纤维 5%～7%。

玉米淀粉生产工艺包括玉米进料、净化、浸泡、破碎、胚芽分离、精磨、纤维分离、蛋白分离、淀粉清洗、脱水、干燥、成品整理等工序。主要工序描述如下所述。

1）净化

该工序主要功能为去除玉米粒中的尘土、砂石、铁钉、木片等杂质，主要采用筛选、风选、密度分选、磁选等方法。

2）浸泡

玉米籽粒坚硬，有胚，需经浸泡工序处理后才能进行破碎。玉米通过浸泡：

① 可软化籽粒，增加皮层和胚的韧性。因为玉米在浸泡过程中吸收水分，使籽粒软化，降低结构强度，有利于胚乳的破碎，从而节约动力消耗，降低生产成本。另外胚和皮层的吸水量大大超过胚乳，增强了胚和皮层的韧性，不易破裂。浸泡良好的玉米，如用手指挤压，胚即可脱落。

② 水分通过胚和皮层向胚乳内部渗透，溶出水溶性物质。这些物质被溶解出来后，有利于后续分离。

③ 在浸泡过程中，使黏附在玉米表面上的泥沙脱落。能借助玉米与杂质在水中的沉降速度不同，有效地分离各种轻重杂质，把玉米清洗干净，有利于玉米的破碎和淀粉的提取。

3）破碎

将浸泡后的玉米粒破碎成 10 块以上的小块，以便将胚分离出来。玉米粗碎主要使用盘式破碎机。粗碎分两次进行：第一次把玉米粒破碎到 4～6 块，进行胚分离；第二次再破碎到 10 块以上，使胚全部脱落。

4）精磨

为了从分离胚后的玉米碎块和部分淀粉混合物中提取淀粉，必须进行磨碎，破坏细胞组织，使淀粉颗粒游离出来。磨碎作业的好坏，对提取淀粉的影响很大，磨得太粗，淀粉不能充分游离出来，影响收率和产量；磨得太细，影响淀粉质量。为有效进行玉米磨碎，通常采用二次磨碎的方法。

5）纤维分离

玉米碎块磨碎后得到玉米糊，玉米糊中除含有大量淀粉以外，还含有纤维和蛋白质等。如果不去除这些物质，会影响淀粉的质量。所以通常先分离纤维，然后再分离蛋白质。

6）蛋白分离

玉米经磨碎并分离纤维后得到淀粉乳，淀粉乳中除含有大量淀粉外，还含有蛋白质、脂肪等，是几种物质的混合悬浮液。这些物质的颗粒虽然很小，但密度不同，因此可用密度分选方法将蛋白质分离出去。

7）淀粉清洗

淀粉乳经分离蛋白质后，通常还含有一些水溶性杂质。为了提高淀粉纯度，必须进行清洗。现在多采用旋液分离器进行清洗和分离。

8）脱水

清洗后的淀粉水分较高，不能直接进行干燥，必须先经过脱水处理。一般采用离心机脱水，离心机的工作原理是基于离心力和微孔结构，通过旋转转鼓将淀粉中的水分脱离。离心机有卧式和立式两种。

9）干燥

脱水后得到湿淀粉，水分仍然比较高，但这种湿淀粉可以作为成品出厂。为了便于运输和储存，通常将湿淀粉进行烘干，将水分降至 12% 左右。

10）成品整理

干燥后的淀粉，必须进行成品整理，才能成为成品淀粉。成品整理通常包括筛分和粉碎两道工序。

玉米淀粉生产工艺过程如图 2-2 所示。

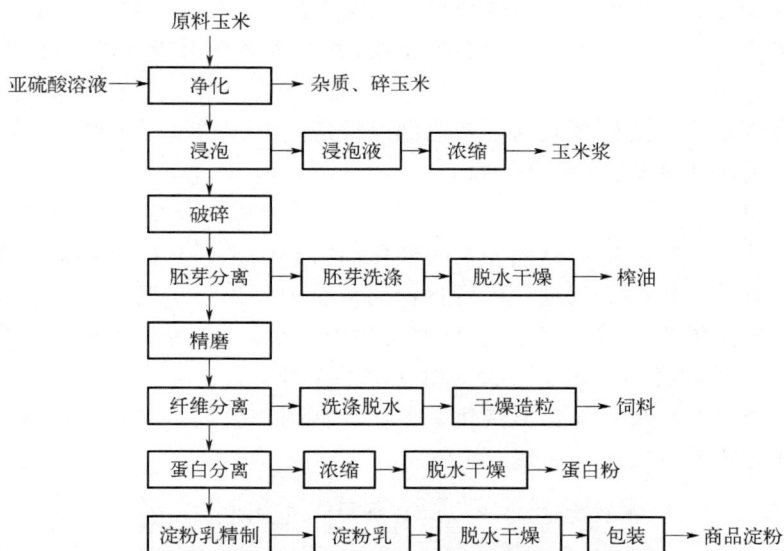

图 2-2　玉米淀粉生产工艺过程

（2）淀粉糖生产工艺

淀粉糖是以各种植物淀粉为原料，通过酸法、酶法、酸酶法等的液化、糖化催化反应历程，将淀粉水解而生产出的具有不同甜度和功能性质糖品的总称，是玉米淀粉深加工的主要产品。

淀粉糖在国外发展速度较快，特别是美国、日本等国家。美国本是蔗糖进口国家，自从利用自产玉米发展淀粉糖以来，蔗糖的进口量逐年减少，目前已实现自给自足。美国玉米原料丰富，工厂规模大，设备先进，效率高，产品种类多，成本低，促使淀粉糖行业迅速发展。淀粉糖在我国历史悠久，在公元 500 多年的《齐民要术》中就提到糖。近年来随着食品行业的发展我国淀粉糖行业发展较快，生产规模不断扩大，产品种类齐全，同时各种淀粉糖价格一直低于蔗糖，在许多行业逐渐替代蔗糖应用，促使淀粉糖行业发展迅速。

淀粉糖产品主要分为以下几种。

1）结晶葡萄糖

用酸法或酶法完全水解淀粉所得的葡萄糖液含葡萄糖 95%～97%，经精制、浓缩、冷却得一水 α-葡萄糖，高温结晶得到无水葡萄糖，更高浓度、温度结晶得无水 β-葡萄糖。目前市场上一水 α-葡萄糖产量大且应用广泛，为主要结晶葡萄糖产品，其按应用又分为工业级一水葡萄糖、食品级一水葡萄糖以及药用级一水葡萄糖。

2）淀粉糖浆

淀粉的水解反应能控制在一定的程度，所得水解液包括葡萄糖、麦芽糖、低聚糖和糊精等。不同方法工艺可随意改变这些糖品的组成，使之具有要求的功能特性。这些经不完全转化得到的淀粉水解液称为淀粉糖浆，其种类多，放置后不结晶。

淀粉糖浆按其组分不同可分为葡萄糖浆、麦芽糖浆、高麦芽糖浆、超高麦芽糖浆等。其中麦芽糖浆为生产历史最为悠久的淀粉糖浆，其主要糖分组成为麦芽糖，含量为 40%～50%。

目前，产量最大的淀粉糖浆为中转化糖浆，应用范围广泛。近年来，随着奶粉行业的发展，麦芽糊精需求量也不断增加。

3）异构化糖浆

将高转化糖浆中部分葡萄糖经异构酶催化而得糖浆称为异构化糖浆。通常可将葡萄糖浆中 42% 的葡萄糖转化为果糖，这两种糖的混合糖浆称为果葡糖浆。又经色谱分离技术将这类产品中的果糖与葡萄糖分离，糖浆含果糖 90% 以上，再与适量的果糖含量为 42% 的产品混合，生产果糖含量分别为 55% 和 90% 的两种产品。

淀粉糖生产工艺流程主要包括液化、糖化、精制、脱色、离子交换树脂处理、真空浓缩。某企业淀粉糖生产车间如图 2-3 所示。

图 2-3　某企业淀粉糖生产车间

① 液化。液化是使糊化后的淀粉发生部分水解，暴露出更多可被糖化酶作用的非还原性末端。它是利用液化酶使糊化淀粉水解到糊精和低聚糖程度，使黏度大大降低，流动性增强，所以这个过程称为液化。液化方法有升温液化、高温液化和喷射液化三种。

② 糖化。在液化工序中，淀粉经水解生成糊精和低聚糖的小分子产物，糖化是利用葡萄糖淀粉酶进一步将这些产物水解成葡萄糖。

③ 精制。淀粉糖化液中含有一些杂质，这些杂质对糖浆的质量和结晶、葡萄糖的产率和质量都有不利影响，需要对糖化液进行精制，以尽可能地除去这些杂质。糖化液精制一般采用碱中和、活性炭吸附、脱色和离子交换脱盐等方法。

④ 脱色。糖液中含有的有色物质和一些杂质必须除去,这样才能得到澄清透明的糖浆产品。工业上一般采用骨炭和活性炭进行脱色。糖脱色是在用防腐材料制成的脱色罐内完成的,罐内设有搅拌器和保温管,罐顶部有排污筒。

⑤ 离子交换树脂处理。糖液经脱色处理后,仍有部分无机盐和有机杂质存在,工业上采用离子交换树脂处理糖液,它能起到离子交换和吸附的作用。离子交换树脂去除蛋白质、氨基酸、羟甲基糠醛和有色物质等的能力比活性炭好。离子交换树脂分为阳离子交换树脂和阴离子交换树脂,目前普遍应用的工艺为"阳-阴-阳-阴"串联使用。

⑥ 真空浓缩。经过净化精制的糖液,浓度比较低,不便于运输和储存,必须将其中大部分水分除去,即采用蒸发使糖液浓缩,达到要求的浓度。淀粉糖液为热敏性物料,受热易变色,所以在真空状态下进行蒸发,以降低液体的沸点。

淀粉糖生产工艺流程如图 2-4 所示。

淀粉 → 调浆 → 液化 → 糖化 → 精制 → 脱色 → 离子交换 → 真空浓缩

图 2-4 淀粉糖生产工艺流程

(3) 变性淀粉生产工艺

为改善淀粉的性能,扩大其应用范围,利用物理、化学或酶法处理,在淀粉分子上引入新的官能团或改变淀粉分子大小和淀粉颗粒性质,从而改变淀粉的天然特性(如糊化温度、热黏度及其稳定性、冻融稳定性、凝胶力、成膜性、透明性等),使其更适合于一定应用的要求。这种经过二次加工,改变性质的淀粉统称为变性淀粉。变性淀粉作为重要的工业原辅料之一,可被广泛应用于造纸、食品、纺织、建筑、医药等行业。

变性淀粉的变性方式有物理变性、化学变性、酶法变性、复合变性等,生产工艺有干法、湿法、有机溶剂法、挤压法、滚筒干燥法等。其中,干法、湿法工艺介绍如下。

1)变性淀粉干法生产工艺

变性淀粉干法生产工艺过程主要包括淀粉和化学品的准备、淀粉的变性及产品冷却、增湿、混合和包装。

① 淀粉和化学品的准备。将淀粉输送到计量桶中计量,化学试剂预先按一定比例配比,并进行搅拌,使其均匀分散在淀粉中。

② 淀粉的变性。将淀粉输送至反应器中进行变性。

2)变性淀粉湿法生产工艺

变性淀粉湿法生产工艺过程主要包括淀粉变性、淀粉精制、淀粉脱水干燥。

① 淀粉变性。将淀粉浆用泵通过热交换器送入反应器中,反应时用冷水或热水通过热交换器冷却或加热淀粉浆至所需温度,调节 pH 值,根据产品要求加入一定量的化学试剂进行反应。反应时间根据所需变性淀粉的黏度、取代度和交联度而定。反应完成后,将浆液送入放料桶。

② 淀粉精制。浆液由放料桶用泵输送到水洗工段,通过多级旋流或分离机串联对淀粉浆进行逆流清洗,淀粉浆经水洗后,过筛送入精浆桶内进入下一道工序。

③ 淀粉脱水干燥。将精浆桶内的淀粉浆进行脱水，脱水后的湿淀粉经气流干燥后，筛分、包装。

2.1.2.2　马铃薯淀粉生产工艺

马铃薯淀粉具有较低的糊化温度、较好的黏性和质构特性以及其他原淀粉无可比拟的透明度，口味温和，不具有玉米和小麦那样的谷物味。马铃薯淀粉的应用仅次于玉米淀粉，属于优质淀粉。

马铃薯块茎的组成成分主要有碳水化合物、含氮物、脂肪、有机酸、维生素、酶类、茄碱、灰分以及纤维素等。其中，鲜薯中水分含量为70%～80%，干物质含量为20%～30%，淀粉又占干物质含量的80%。淀粉是马铃薯基本的和重要的碳水化合物。

马铃薯块茎中的其他碳水化合物主要是葡萄糖、果糖、蔗糖、纤维素和果胶物质。纤维素是构成块茎细胞壁的主要物质，其中大部分在皮层里。在淀粉生产过程中，纤维素几乎全部随着薯渣从生产过程中排出。马铃薯中的纤维素含量太高会导致产生的薯渣增多，影响淀粉收率。

马铃薯块茎中的含氮物包括蛋白氮和非蛋白氮两部分，以蛋白氮为主，它占含氮物的40%～70%。主要是球蛋白，属于完全蛋白，几乎含有所有必需氨基酸，变性温度60℃。淀粉含量低的块茎含氮物多，不成熟的块茎含氮物更多，用这样的马铃薯加工淀粉，常常会形成黏液，蛋白质在黏液中形成絮状物，产生大量泡沫。

马铃薯块茎中的脂肪含量为0.04%～0.94%，平均为0.2%，主要是甘油三酸酯、棕榈酸、豆蔻酸及少量的亚油酸和亚麻酸。马铃薯淀粉中脂类化合物含量较低，对保证淀粉的品质有很大的好处。

茄碱是一种含氮配糖体（糖苷），也叫龙葵素、龙葵苷，有剧毒，其含量在马铃薯储存期间因受到阳光直射和发芽而急剧增加。用含茄碱高的马铃薯块茎生产淀粉，会形成稳定的泡沫，阻碍淀粉生产中许多工序的顺利进行。

马铃薯淀粉中的灰分含量比谷类作物淀粉中的灰分含量要高1～2倍。马铃薯块茎中的灰分占干物质总量的2.12%～7.48%，平均为4.38%。其中，钾最多，约占灰分总量的2/3。马铃薯的灰分呈碱性，对平衡食物的酸碱度具有显著作用。

从马铃薯块茎细胞中提取淀粉颗粒，需要把块茎内的绝大多数细胞破碎，借助于水的参与，利用淀粉不溶于水而密度大于水的原理，采用筛分、沉淀、离心、真空抽吸和蒸发减水等方法，将分离出来的淀粉颗粒进行收集，洗去杂质，去除多余水分，使之成为成品淀粉。马铃薯淀粉生产工艺流程包括：原料输送（输送过程除石、除草）、二次除石、三级清洗、提升、锉磨、淀粉与纤维分离、淀粉浓缩、淀粉洗涤、淀粉提纯、淀粉干燥、干燥淀粉筛分、淀粉包装。

马铃薯淀粉生产工艺流程如图2-5所示。

马铃薯淀粉加工的主要设备包括：马铃薯存储库、皮带输送机、清洗机、锉磨机、淀粉提取机、旋流过滤器、离心机、离心泵、真空旋转脱水机、淀粉气流干燥机、成品包装设备等。清洗机如图2-6所示，锉磨机如图2-7所示，旋流过滤器如图2-8所示，淀粉气流干燥机如图2-9所示。

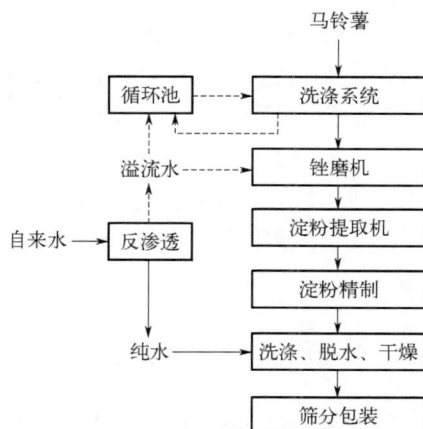

图 2-5　马铃薯淀粉生产工艺流程

图 2-6　清洗机

图 2-7　锉磨机

图 2-8　旋流过滤器

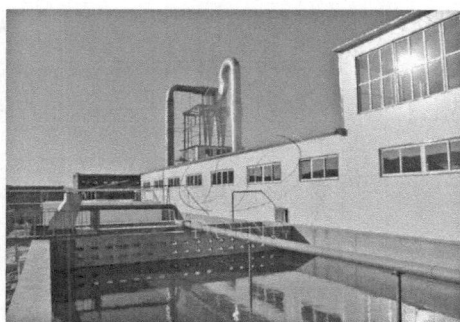

图 2-9　淀粉气流干燥机

2.1.2.3　甘薯淀粉生产工艺

我国是世界上最大的甘薯（又名山芋、红芋、红薯、白薯、地瓜、红苕、番薯等）生产国，常年甘薯种植面积为 7500 万～8000 万亩（1 亩=666.7m²）。甘薯在中国分布很广，以淮海平原、长江流域和东南沿海各省最多。

鲜甘薯块茎含水量占总重的 60%～80%，淀粉含量为 15%～20%。甘薯的主要成分为水分含量 71.4%、碳水化合物含量 25.2%、蛋白质含量 2%、粗纤维含量 0.4%、脂肪含量 0.2%、灰分含量 0.8%及各种纤维素。碳水化合物以淀粉为主，其他为 3%～5%的蔗糖、糊精、葡萄糖、果糖等。

生产甘薯淀粉的原料可以是鲜甘薯，也可以是甘薯干，原料有差异，所采用的工艺也有差别。鲜甘薯由于不便运输，储存困难，必须及时加工，季节性强。

以鲜甘薯为原料生产甘薯淀粉的工艺流程如图 2-10 所示。

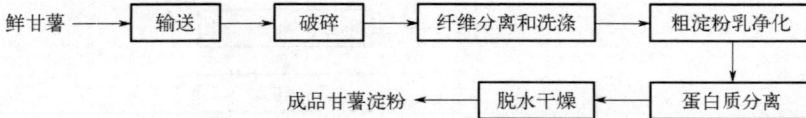

鲜甘薯 → 输送 → 破碎 → 纤维分离和洗涤 → 粗淀粉乳净化

成品甘薯淀粉 ← 脱水干燥 ← 蛋白质分离

图 2-10　以鲜甘薯为原料生产甘薯淀粉的工艺流程

2.1.2.4　木薯淀粉生产工艺

木薯是世界三大薯类之一，广泛种植于热带和亚热带地区。我国木薯种植以广东、广西、云南、海南、台湾等地为主，广西是我国最大的木薯生产基地。木薯一向以高产、稳产著称，主要成分为淀粉。

木薯的化学组成因品种、生长期、土壤、降雨量不同而有很大差别。木薯块茎干物质平均含量为 35%，蛋白质含量差别为 1%～6%。木薯干的平均成分为：淀粉占 68%，纤维素占 8%，蛋白质占 3%，水分占 13%，其他占 8%。

木薯淀粉可用于制造酒精、果糖、葡萄糖、麦芽糖、味精、啤酒、面包、饼干、虾片、粉丝、酱料以及塑料纤维、塑料薄膜、树脂、涂料、胶黏剂等化工产品。

以鲜木薯为原料生产木薯淀粉的工艺流程与马铃薯淀粉生产工艺流程相似，包括原料洗涤、去皮、磨碎、浸泡、筛分、除沙、精制、漂白、浓缩、脱水、干燥等工序。

以木薯干为原料生产木薯淀粉的工艺流程如图 2-11 所示。

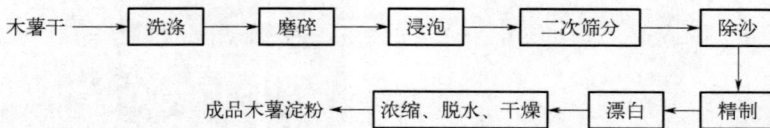

木薯干 → 洗涤 → 磨碎 → 浸泡 → 二次筛分 → 除沙

成品木薯淀粉 ← 浓缩、脱水、干燥 ← 漂白 ← 精制

图 2-11　以木薯干为原料生产木薯淀粉的工艺流程

2.1.2.5　小麦淀粉生产工艺

小麦是全世界主要的粮食作物，也是世界上种植最早的作物之一。我国是小麦的起源中心之一，全国各处都有小麦的种植。小麦不仅是主要的粮食作物，也可以用来生产淀粉。国外小麦淀粉生产主要集中在澳大利亚、美国、荷兰、法国、英国等。

淀粉是小麦籽粒中含量最多的碳水化合物，约占籽粒质量的 65%，其余是 10%～15%蛋白质、13%～15%水分、3%粗纤维、2%油脂和 1%灰分。

小麦淀粉主要应用于食品作增稠剂、胶凝剂、黏结剂或稳定剂等，也有的用其制作淀粉糖（食用糖的一种，但比蔗糖健康），但工业上应用不多。

小麦淀粉的加工方法有两种：一种是以小麦粉为原料进行加工；另一种是以小麦为原料进行加工。而应用于工业的为前一种。

小麦淀粉具有低热黏度、低糊化温度的特征，糊化后黏度的热稳定性好，经长时间加热和搅拌后黏度降低很少，冷却后凝结成的凝胶体强度很高，被广泛应用于食品、轻工、纺织、制药、造纸等行业。小麦淀粉可进一步转化为高附加值产品，如变性淀粉、糖浆或作为发酵原料生产味精、柠檬酸等。

目前，小麦淀粉生产以旋流法为主，可兼顾谷朊粉蛋白的质量和品质。以小麦粉为原料生产小麦淀粉和活性小麦面筋粉（谷朊粉）的主要工艺流程如图 2-12 所示。

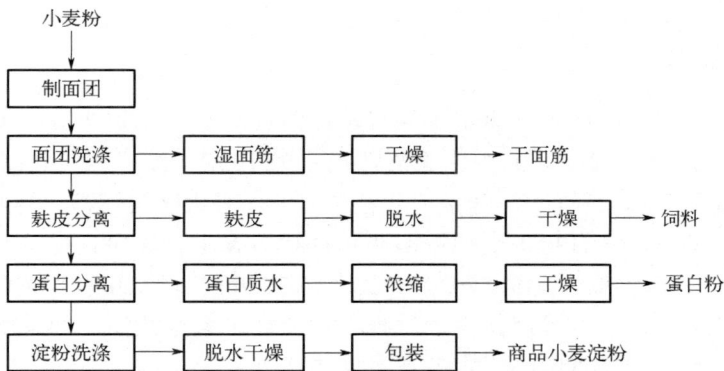

图 2-12　以小麦粉为原料生产小麦淀粉和活性小麦面筋粉（谷朊粉）的工艺流程

2.1.3　产排污情况分析

2.1.3.1　玉米淀粉

传统玉米淀粉厂排水主要集中在玉米清洗输送、浸泡车间、纤维榨水、浮选浓缩、蛋白压滤等工段。其中浮选浓缩工段排水量最大，占总排水量的 60%～70%，化学需氧量（COD_{Cr}）浓度在 12000～15000mg/L（含浸泡水）。目前，淀粉企业的废水排放主要集中在浮选浓缩工段及冷凝器工段，其他工段用水基本可实现闭路循环；车间使用清水的工段也只有淀粉洗涤工段，其他工段则都用工艺水。亚硫酸浸泡液一般浓缩做玉米浆或做菲汀（植酸钙镁），其 COD_{Cr} 浓度在 15000～18000mg/L，甚至高达 20000mg/L 以上。

随着淀粉行业技术的发展，玉米淀粉生产工艺在节水方面也有了长足的进步。20 世纪 90 年代末，吨淀粉用水量为 6～15t。随着水环境保护政策的实施，淀粉生产厂家在清洁生产方面加大了力度，吨淀粉用水量可降至 3t 甚至更低。但由于水循环次数增加，废水中的 COD_{Cr}、N、P 以及无机盐的积累量较大，对原有污水处理工艺的稳定运行产生了一定影响。

玉米淀粉中含有大量蛋白类物质，而蛋白粉仅仅是淀粉生产过程中的一种副产品，部分企业对蛋白类物质的回收不重视，或回收率不高，造成了所排废水中有机氮和有机磷的含量非常高（其中有机氮含量最高可达 1000mg/L 以上）。

根据国内大部分玉米淀粉生产企业废水产生情况，结合生产工艺及实测结果，给出一般玉米淀粉生产企业废水排放水质，如表 2-1 所列。

表 2-1　一般玉米淀粉生产企业废水排放水质　　　单位：mg/L

项目	COD_{Cr}	BOD_5	TSS	NH_3-N
实测玉米淀粉废水	6577	3336	527	—
国内同类生产企业玉米淀粉废水	6000～15000	2400～6000	1000～5000	20～100
一般淀粉废水	10000	6000	3000	100

2.1.3.2　木薯淀粉

木薯淀粉加工过程中产生的废水主要有木薯清洗废水、淀粉洗涤分离废水。每生产 1t 原淀粉产生废水 15～20m³，其中木薯清洗废水为 10m³，淀粉洗涤分离废水 10m³。单位产品的耗水量是玉米淀粉的 2～3 倍。木薯表面上含有大量的泥沙，需要进行冲洗。这段废水悬浮物含量高，含有较多小颗粒泥沙和片状木薯皮，还含有少量氰化物，废水中仅含有少量氨基酸和蛋白，平均 COD_{Cr} 浓度约为 350mg/L，COD_{Cr} 和 BOD_5 浓度不高，BOD_5/COD_{Cr} 约为 0.15。木薯淀粉生产过程中，会产生大量渣滓，如果处理不好，将形成悬浮物进入废水中，严重影响废水处理设施的运行。

淀粉洗涤分离过程中产生的一次洗涤废水、二次洗涤废水俗称黄浆废水，有机物含量很高，可生化性均较好。其中一次洗涤废水中的有机物主要是蛋白、氨基酸、糖类和少量木薯纤维素等；二次洗涤废水和变性淀粉废水中主要含有氨基酸、淀粉颗粒和蛋白。

木薯淀粉生产过程废水环节及主要水质情况如表 2-2 所列。

表 2-2　木薯淀粉生产过程废水环节及主要水质情况

废水种类	COD_{Cr}/（mg/L）	BOD_5/（mg/L）	SS/（g/L）	pH 值
木薯清洗废水	200～700	30～100	1.4～3.7	6.0～6.4
一次洗涤废水	8000～21000	5000～14000	1.5～1.9	4.2～6.7
二次洗涤废水	6000～25000	3000～8500	1.3～1.5	3.8～5.5
变性淀粉废水	4000～17000	1500～7500	1.4～2.8	7.0 左右
生产混合废水	4000～12000	2400～7500	1.0～4.3	3.9～6.2

2.1.3.3　马铃薯淀粉

在马铃薯淀粉生产过程中，平均每生产 1t 淀粉需要消耗 6.5t 左右的马铃薯，排放 20t 左右的废水、5t 左右的薯渣。马铃薯淀粉加工排出的废水大体上可分为三类：流送槽废水、分离机废水、精制废水。流送槽废水的排出量虽为原料的 8～17 倍，但其成分主要是马铃薯表面的泥沙，其 BOD_5 值为 50～400mg/L，处理起来比较简单，只需在沉淀池中沉淀数小时即可循环使用，当其中污浊度较大时经沉淀池处理后就可以排放。精制废水的水量和成分的绝对量都较小，在工艺上主要用作洗涤薯块的洗涤水，洗涤后用于补充流送输送槽送水，因而问题不大。分离机废水中包含原料中大部分可溶性成分，排出量达原料的 4～6 倍，其 BOD_5 因原料种类、用水量和处理时期不同而有相当大的变动，污浊成分虽然比原汁液（BOD_5 20000～50000mg/L）稀释了许多，但其 BOD_5 值仍达到 3000～8000mg/L，必须经过处理才能排放。

马铃薯淀粉生产废水具有如下几个明显的特点：

① 马铃薯淀粉加工业具有明显的季节性，主要集中在每年的 10 月份至翌年的 1 月份，处于冬季，气温低、水温低，不利于生化处理；

② 生产周期短，每个生产期约 3 个月，与污水生化处理所需厌氧菌种的培养和驯化周期相当，使得废水生化处理存在困难；

③ COD_{Cr} 产生浓度高，马铃薯淀粉生产过程中，副产品利用率（若无汁水提取蛋白，其副产品利用率几乎为零）远低于玉米淀粉生产时副产品利用率（99%以上），副产品利用率低导致其废水 COD_{Cr} 浓度高，生化处理达标的难度较大；

④ 蛋白含量高，曝气时会产生大量泡沫。以上特点给废水处理带来很大困难。

马铃薯淀粉生产废水水质如表 2-3 所列。

表 2-3　马铃薯淀粉生产废水水质　　　　单位：mg/L

COD_{Cr}	BOD_5	TSS	NH_3-N	TP
5000～17000	1500～6000	1000～5500	3～10	5

2.2　制糖工业生产工艺及产排污情况

2.2.1　制糖工业产业链

制糖工业的上游产业主要包括甘蔗种植业和甜菜种植业,我国在糖料种植区域分布上呈"南甘北甜"的格局。上游种植业主要参与者是当地的糖农,我国糖农达到 4000 多万人。中游产业主要为食糖生产和食糖加工制备企业。下游产业主要分为工业消费和民用消费。工业消费广泛应用于工业、休闲食品、饮料、调味品等行业;民用消费则主要为餐饮行业和居民个人食用。

制糖工业产业链如图 2-13 所示。

2.2.2　生产工艺

2.2.2.1　甘蔗制糖工艺

甘蔗制糖是指以甘蔗为原料,经提汁、清净、蒸发、煮糖结晶、分蜜和干燥等工序

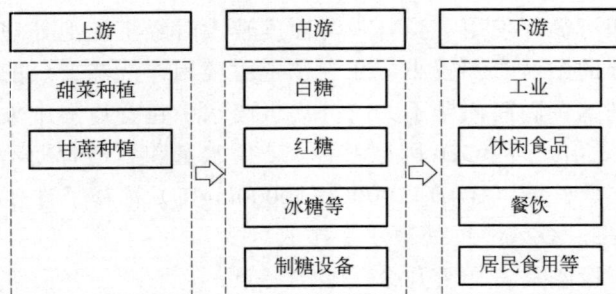

图 2-13　制糖工业产业链

制成白砂糖、粗糖等产品的过程。其基本生产步骤包括：原料→提汁→清净→蒸发→煮糖结晶→助晶→分蜜→干燥→筛分→包装成品。

具体工艺介绍如下所述。

(1) 甘蔗收获和运输

甘蔗按用途可分为糖料蔗、果蔗、能源蔗、饲料蔗等。制糖用的甘蔗被称为糖料蔗。糖料蔗具有单产高、含糖量较高、抗逆性强、宿根性好、农艺性状和工艺性状良好等特点。因为皮硬、纤维粗、不容易咬、口感较差，但甜度高，所以一般只会用于制糖。糖料蔗收割现场如图 2-14 所示。

图 2-14　糖料蔗收割现场

当甘蔗的蔗茎田间锤度达 20°Bx（degrees Brix，白利糖度，测量糖度的单位，代表在 20℃情况下，每 100g 水溶液中溶解的蔗糖质量），或者糖分达 13%以上时即可砍收，削去叶、梢和根等杂质，作为制糖的原料送到糖厂加工。

(2) 提汁

从甘蔗中提取蔗汁的方法有压榨法与渗出法，一般甘蔗糖厂都采用压榨法。压榨法是先对甘蔗进行预处理破碎，然后采用压榨设备与渗浸系统相配合提取蔗汁的方法；渗出法是甘蔗经预处理破碎后，通过渗出设备和一定的流汁系统，将蔗料用水和稀糖汁淋渗，使甘蔗糖分不断被浸沥而洗出的方法。

甘蔗压榨包括甘蔗预处理和压榨提取蔗汁。甘蔗预处理是在提汁前将甘蔗破碎，甘蔗经过运送、起卸、称重后，由卸蔗台均匀地卸送到输蔗机上，用切蔗机、撕裂机等破碎设备将甘蔗斩切撕裂成丝状细片的蔗料。其目的是将甘蔗的细胞膜破坏，并使蔗料密度增大，以利于提汁。压榨提取蔗汁就是将预处理过的蔗料用压榨机压出蔗汁的过程。

（3）清净

压榨出来的蔗汁含有很多杂质，必须经过多道工序对蔗汁进行处理，才能保证下道工序的顺利进行。清净是借助清净剂和加热所起的化学和物理化学作用，并通过固液分离方法，尽可能除去混合蔗汁中影响蔗糖结晶的各种非糖物质，获得色值较低、清晰、较纯净的清净蔗汁的过程。清净工序以其所使用清净剂的不同而有不同的方法，我国主要采用亚硫酸法（亚法）和碳酸法（碳法）。采用石灰和二氧化硫为主要清净剂的制糖工艺称为亚硫酸法工艺；采用石灰和二氧化碳为主要清净剂的制糖工艺称为碳酸法工艺。

（4）蒸发

蔗汁经过清净处理后得到的清汁浓度为 $12 \sim 14°$Bx（即含水 86%～88%）。如果将含大量水分的稀汁直接送去结晶，将要消耗大量的蒸汽，这样既消耗能源，又延长煮糖的时间。因此，清汁需先经过蒸发工段，除去水分，浓缩成 $60°$Bx 左右的糖浆，才能进行结晶。

（5）煮糖结晶

从末效蒸发罐出来的粗糖浆，再经过二次硫熏，除饱和过滤，以达到漂白和进一步澄清的目的。经过二次硫熏处理的糖浆称为清净糖浆，一般尚含有 35%～45%的水分，还需进一步浓缩煮炼至有蔗糖晶体析出，并使晶粒长到大小符合要求。

（6）助晶

煮得的蔗糖晶体与糖液（母液）的混合物叫作糖膏。糖膏自煮糖罐卸入助晶机，通过控制助晶机内的温度，经逐渐降温的过程，帮助晶体继续长大，使蔗糖晶体析出更加完全，从而提高糖膏的结晶效率。

（7）分蜜

将助晶后的糖膏送入离心机，使晶粒与母液分离。借助离心机快速旋转时产生的离心力作用将糖蜜甩出去，蔗糖晶体则因筛网的阻挡而留在筛篮里。分离出的糖蜜可作为下一级糖膏的原料，继续煮炼到最末一级，称为废蜜，即副产品。

（8）干燥

一般情况下，自离心机卸下的白砂糖还含有 0.5%～1.5%的水分，必须经过充分干燥及冷却，才能包装和贮存。其原理是在低于水的沸点温度下将物料中含有的微量水分除去。砂糖的干燥基本是以空气为介质，使空气流过砂糖表面，从而将砂糖中所含的水分带走，或者说砂糖干燥就是砂糖中的水分向空气扩散的过程。

　　甘蔗制糖包括亚硫酸法生产工艺和碳酸法生产工艺。典型亚硫酸法甘蔗制糖工艺过程及污染物产生节点如图 2-15 所示，典型碳酸法甘蔗制糖工艺过程及污染物产生节点如图 2-16 所示。

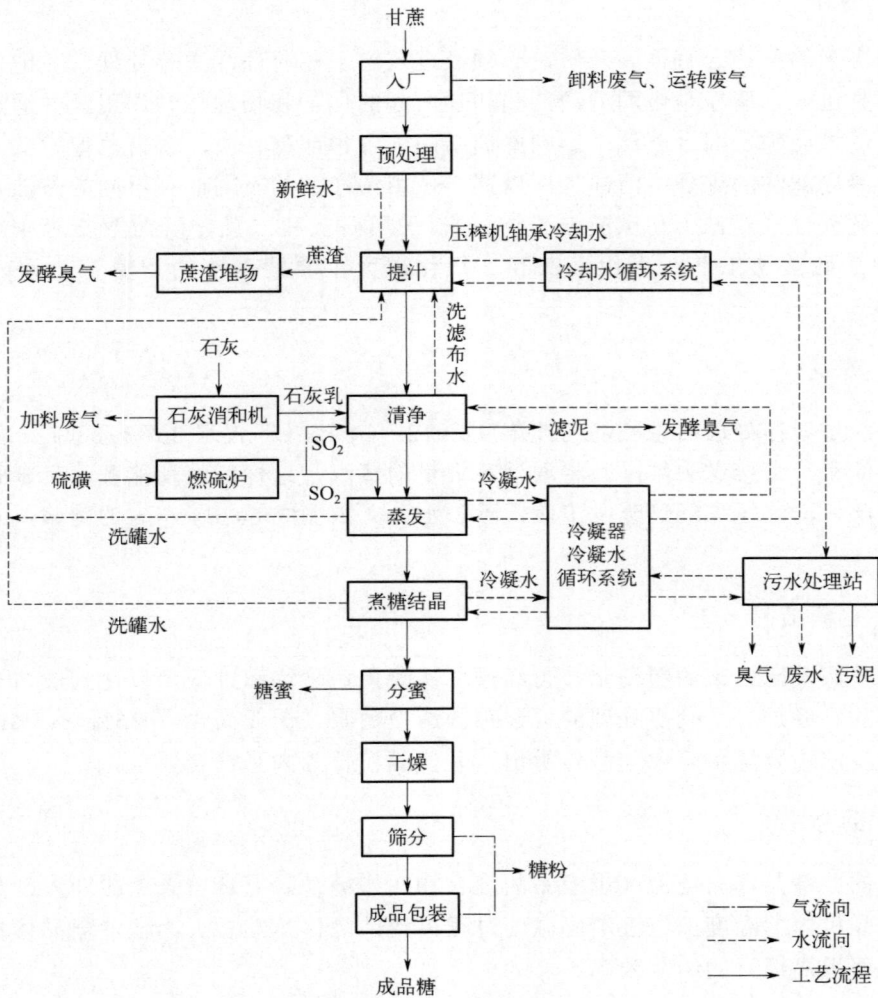

图 2-15　典型亚硫酸法甘蔗制糖工艺过程及污染物产生节点

　　甘蔗压榨工序现场如图 2-17 所示，蔗渣贮存工序如图 2-18 所示，某糖厂石灰窑如图 2-19 所示，某糖厂燃硫炉如图 2-20 所示。

2.2.2.2　甜菜制糖工艺

　　甜菜制糖是指以甜菜为原料，经预处理、渗出、清净、蒸发、煮糖结晶等工序，制成白砂糖、绵白糖等蔗糖产品的过程。甜菜收割现场如图 2-21 所示。

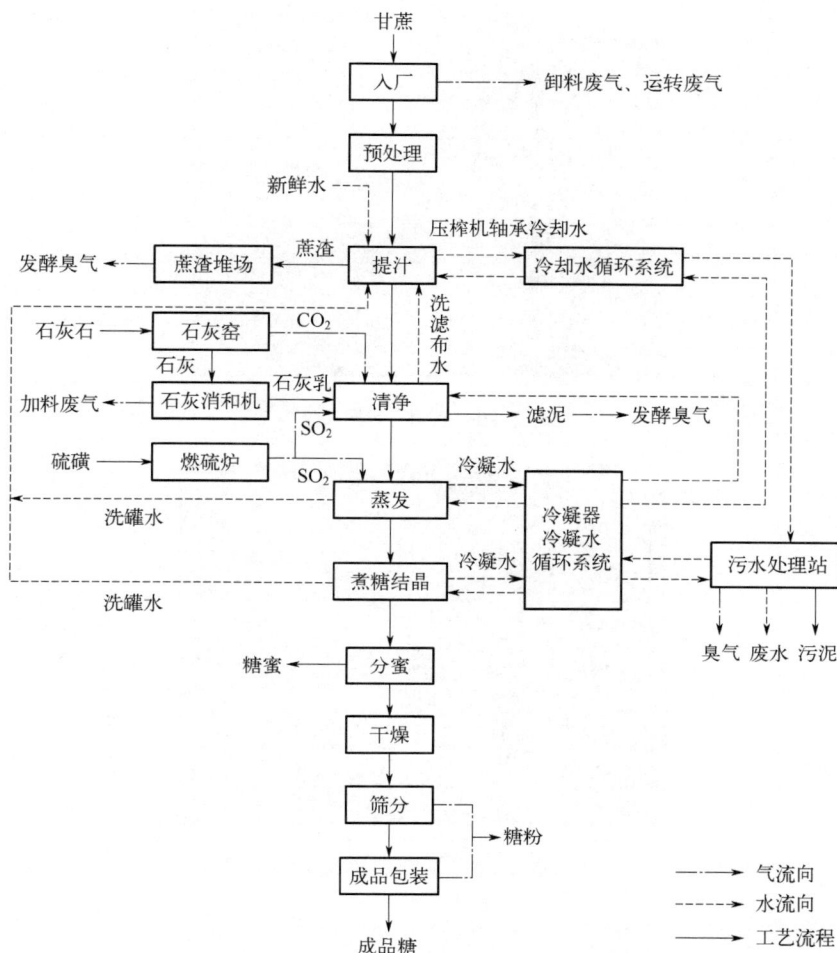

图 2-16　典型碳酸法甘蔗制糖工艺过程及污染物产生节点

图 2-17　甘蔗压榨工序现场

图 2-18　蔗渣贮存工序

　　甜菜糖的加工首先是将甜菜从甜菜窖中用水力输送或干法输送运送到生产车间，经除草、除石和清洗后，把甜菜切成丝，送入渗出器内，逆向通入热水，从甜菜丝中提取糖和其他可溶性固体。从渗出器提取到的糖汁加石灰乳处理，然后充入二氧化碳，经混合沉淀后过滤，以去除非糖物质。

图 2-19　某糖厂石灰窑

图 2-20　某糖厂燃硫炉

图 2-21　甜菜收割现场

　　糖汁再进一步用二氧化硫脱色，然后送至多效蒸发器，浓缩到 65°Bx 送至结晶罐煮糖，再经分离、干燥，成品糖包装出厂。

　　典型碳酸法甜菜制糖工艺过程及污染物产生节点如图 2-22 所示。

　　澄清工序现场如图 2-23 所示，煮糖结晶工序现场如图 2-24 所示。立式助晶机如图 2-25 所示，全自动连续分蜜机如图 2-26 所示。

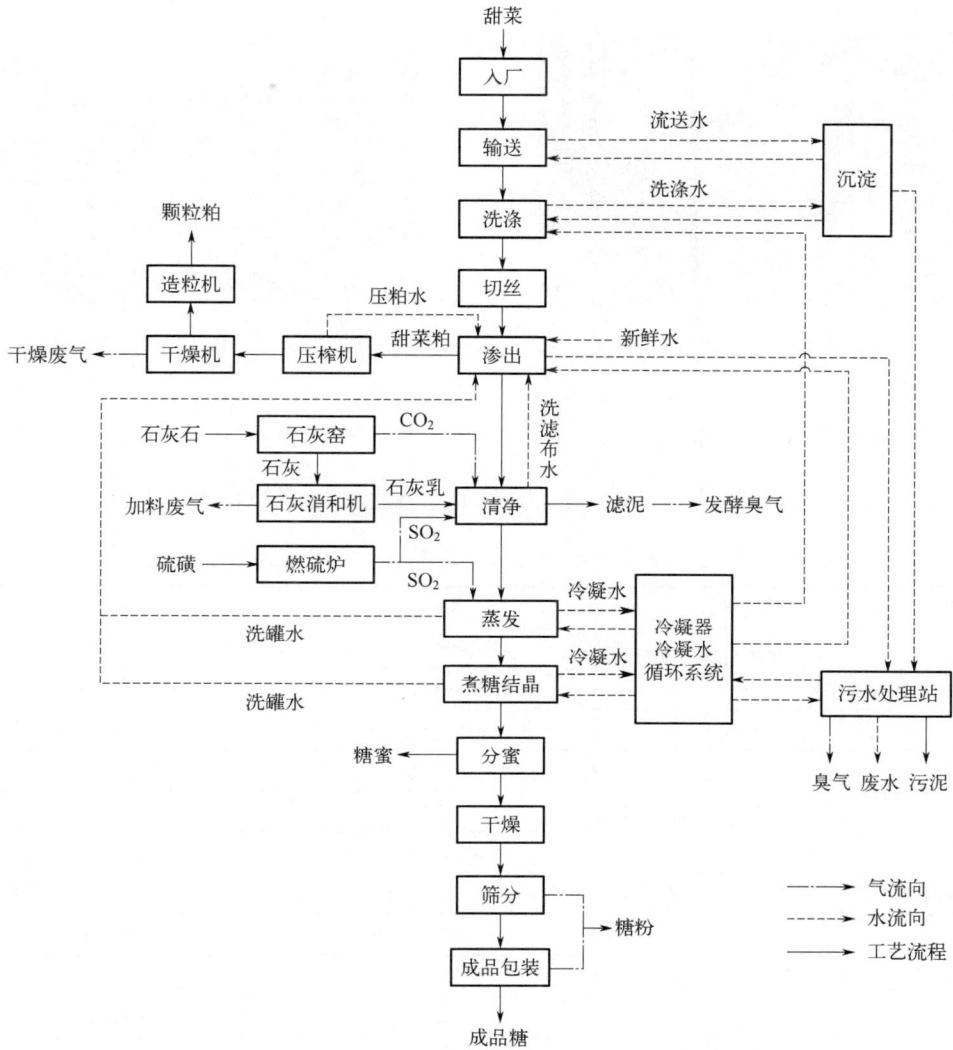

图 2-22　典型碳酸法甜菜制糖工艺过程及污染物产生节点

图 2-23　澄清工序现场

图 2-24　煮糖结晶工序现场

图 2-25　立式助晶机

图 2-26　全自动连续分蜜机

2.2.2.3　制糖企业生产设施

制糖工业排污单位主要生产单元、主要工艺及生产设施如表 2-4 所列。

表 2-4　制糖工业排污单位主要生产单元、主要工艺及生产设施

主要生产单元	主要工艺	生产设施	参数	单位
原料系统	机械化原料场、非机械化原料场	原料场	原料场面积	m²
		液压翻板卸蔗系统	卸蔗能力	t/次
提汁系统	甘蔗压榨提汁	撕裂机/切蔗机、压榨机	处理能力	t/d
	甜菜预处理、渗出提汁	流送沟或皮带输送机	输送能力	t/d
		洗菜机	处理能力	t/d
		渗出器（扩散器）	提汁率	%
溶糖系统	原糖回溶、砂糖回溶	回溶槽	回溶处理量	kg/h
清净系统	石灰法：加石灰过滤	石灰消和机	消和石灰量	t/d
		沉降器	沉降器容积	m³
		过滤机	过滤面积	m²
	亚硫酸法：中和过滤	硫熏燃硫炉	硫熏强度	mg/L
		石灰消和机	消和石灰量	t/d
		磷酸箱	有效容积	m³
		沉降器	沉降器容积	m³
		真空吸滤机	过滤面积	m²
清净系统	碳酸法：饱充过滤	石灰窑	石灰石用量	t/d
		饱充罐	有效容积	m³
		硫熏燃硫炉	硫熏强度	mg/L
		自动板框过滤机	过滤面积	m²
	离子交换法	离子树脂交换塔	塔的有效容积	m³
蒸发系统	加热蒸发	蒸发罐	加热面积	m²
		喷射冷凝器	用水量	m³/h

续表

主要生产单元	主要工艺	生产设施	参数	单位
结晶分蜜系统	煮糖助晶	结晶罐	有效容积	m³
		喷射冷凝器	用水量	m³/h
	分蜜	离心分蜜机、干燥器、筛分机	处理能力	t/d
包装系统	自动包装、手工包装	振动筛选机、包装机、其他	处理能力	t/d
贮存系统	产品、蔗渣、煤贮存	产品仓、蔗渣堆放仓、煤场	贮存能力	m³
颗粒粕系统	甜菜粕生产颗粒粕	压榨机、干燥器、造粒机	处理能力	t/d
		燃烧炉	炉排有效面积	m²
		引风机	风量	m³/h
		鼓风机	风量	m³/h
公用单元	供热系统、综合污水处理站、其他辅助系统	生物质（蔗渣）锅炉、燃煤锅炉、燃油锅炉、燃气锅炉	锅炉蒸汽量	t/h
		冷却循环水系统	冷却循环水能力	t/h
		综合污水处理站	处理能力	t/d

2.2.3　产排污情况分析

2.2.3.1　甘蔗制糖产排污情况

（1）废水

甘蔗制糖行业生产废水按其性质和污染程度分为低浓度废水、中浓度有机废水、高浓度废水三类。

① 低浓度废水主要来源于制糖车间蒸发、煮糖冷凝器排出的冷凝水和设备冷却水、真空吸滤机水喷射泵用水、压榨动力汽轮机和动力车间汽轮发电机等设备排出的冷却水。该部分废水量较大，占生产废水总量的 65%～75%，水质成分主要为 COD_{Cr}（含极微量糖分）、SS，其中 COD_{Cr} 浓度低于 50mg/L，SS 浓度约为 30mg/L，水温一般在 40～60℃。

② 中浓度有机废水主要来源于澄清压榨工序的洗滤布水（亚硫酸法工艺）、滤泥沉淀池溢出水（碳酸法工艺）、洗罐污水以及锅炉湿法排灰、烟囱水膜除尘废水等。这类废水中含有糖、悬浮物和少量机油，每升废水中 COD_{Cr} 和 SS 的量为几百至几千毫克。中浓度有机废水排放量较小，占生产废水总排放量的 20%～30%。

③ 高浓度废水主要指碳酸法工艺湿法排滤泥废水，但是目前碳酸法工艺已普遍采用滤泥干排工艺，减少了这部分废水的排放。此外，高浓度废水还包括少部分制糖企业配套综合利用车间所排出的各类废水，如最终糖蜜制酒精车间产生的废水，这部分废水含有高浓度的有机物，酸度大，色值高，COD_{Cr} 浓度为 100000～180000mg/L，SS 浓度约为 5500mg/L，pH 值为 4.0～6.0。高浓度废水的排放量约占总生产废水排放量的 5%。

甘蔗制糖企业每加工 1t 甘蔗排放 0.02～2.23m³ 的废水。甘蔗制糖废水中一般含有有机物和糖分，COD_{Cr}、SS 浓度较高，为主要污染物，除此之外，pH 值、NH_3-N、TN、TP 等也是甘蔗制糖企业废水主要污染控制指标。

（2）固体废物

甘蔗制糖行业固体废物主要包括滤泥、蔗渣、锅炉炉灰渣、煤灰渣等。亚硫酸法工艺产生的滤泥可直接送至农村做堆肥。碳酸法工艺产生的滤泥含 CaO 为 36%～40%，pH 值为 8.5～9.0，治理难度大。

（3）废气

① 原料系统：甘蔗运进厂内，经地磅称重后，用起重机卸下，一部分卸至蔗场存放，另一部分直接卸至称蔗台，经喂蔗台送入输蔗机。在卸料过程中会产生装卸料废气。

② 提汁系统：对于甘蔗制糖，甘蔗经过切蔗机破碎后，进入压榨机，进而排出蔗汁。破碎过程会产生一定量的破碎废气。

③ 结晶系统：结晶罐在分类筛分过程中会产生少量糖粉。

④ 包装系统：经干燥后的产品糖达到包装温度，由皮带提升入振动筛选机中除去糖块和糖粉后装包。在该过程中会产生振动筛选机废气、输送机废气、包装机废气。

⑤ 贮存系统：蔗渣堆放时间过长会产生发酵臭气。

⑥ 公用单元：包括供热锅炉、发电系统、软化水制备系统、冷却循环水系统、综合污水处理站等。其中，锅炉产生燃烧废气，综合污水处理站的水解酸化池、厌氧池、污泥间、氧化塘会散发臭气。

2.2.3.2 甜菜制糖产排污情况

甜菜制糖企业的污染物主要包括以下几种：废水、废粕、废蜜、滤泥、炉渣、废气。

（1）废水

我国的甜菜制糖企业主要分布在东北、西北、华北地区，生产期为每年气候寒冷的一、四季度，以加工冻藏原料为主。在预处理过程中，糖分流失较多，故废水中污染负荷比国外加工新鲜甜菜的污染负荷约高出 3 倍。每加工 1t 甜菜，排放 $BOD_5$19～26kg，悬浮物 18～27kg。

甜菜制糖废水按其性质和污染程度，主要分为以下 3 大类。

① 低浓度废水：主要指蒸发罐、结晶罐等的冷凝水和动力车间、汽轮发电机等设备的冷却水，只受到轻微的污染，除温度较高外，水质基本无变化。这部分废水量占总废水量的 30%～50%，其水质成分为：COD_{Cr} 值一般在 60mg/L 以下（冷凝水中含有少量氨气和糖分），SS 在 100mg/L 以下。

② 中浓度废水：主要指甜菜流送、洗涤废水以及锅炉排水。中浓度废水含有较多的悬浮物和相当数量的溶解性有机质，BOD_5 为 1500～2000mg/L，SS 在 500mg/L 以上，其水量占整个糖厂废水总量的 40%～50%。

③ 高浓度有机废水：包括流送水泥浆、压粕水、洗滤布水等。这类废水含有较多

的糖分和有机物质，特别是压粕水，COD_{Cr} 在 5000mg/L 以上，水量约占总废水量的 10%。

甜菜制糖废水的部分水质指标如表 2-5 所列。

表 2-5　甜菜制糖废水的部分水质指标

水质指标	低浓度废水	中浓度废水	高浓度有机废水
pH 值	6.8～7.2	6.6～8.5	5.5～10.5
COD_{Cr}/（mg/L）	20～60	2600～4500	5800～27000
BOD_5/（mg/L）	15～35	1200～2100	3000～11000
SS/（mg/L）	40～100	500～3200	550～3500

（2）废粕

废粕产生于渗出工序，是甜菜制糖企业的主要废物之一。废粕的产生量为90%的甜菜量，全国每年约产生废粕1100万吨。目前，甜菜糖厂已将废粕全部进行综合利用，用于加工甜菜颗粒粕。甜菜粕具有很高的饲用价值，不仅可以饲喂牛、羊等反刍动物，还可饲喂猪等单胃动物。甜菜粕中蛋白含量较低，纤维含量较高，这一特性也使甜菜粕成为提取果胶的重要原料之一。除去果胶外，甜菜粕中还富含甜菜碱。甜菜碱作为一种甲基供体，与蛋氨酸和胆碱有着类似的营养作用，有改善母猪生产性能、调节脂代谢等功能。

（3）废蜜

甜菜废蜜是制糖过程中产生的含有40%～50%蔗糖的黑色稠浆膏，由于无法再结晶，不能再返回煮糖，同时含有大量多种类的糖和蛋白质，是发酵酿造工业中廉价优质的原料。如生产发酵制品，凡是用淀粉作为原料所生产的发酵制品，绝大部分可用废蜜制取；废蜜也可以进一步提取天然甜菜碱，用于保健品、调味品和饲料等多个领域。

（4）滤泥

滤泥是甜菜制糖生产清净过程中产生的废物，甜菜糖厂排放的滤泥量约为10%的甜菜量。其主要成分是碳酸钙，富含氮、磷、钾和有机物。滤泥可用于生产肥料和饲料；也可用于改良土壤；也有企业将其用于生产建筑材料，如纤维增强硅酸钙板等。

（5）炉渣

制糖企业是用煤大户，因此炉渣产生量也很大，约为60%的燃煤量。多数制糖企业将其直接出售给砖厂，也有极少数企业利用其生产炉渣砖及其他建筑材料。

（6）废气

① 结晶系统：结晶罐在分类筛分过程中会产生少量糖粉。

② 包装系统：经干燥后的产品糖达到包装温度，由皮带提升入振动筛选机中除去糖块和糖粉后装包。该过程会产生振动筛选机废气、输送机废气、包装机废气。

③ 颗粒粕系统：甜菜粕经压榨机压榨后，在干燥机内接触燃烧炉产生的热烟气从

而被烘干，随后进入造粒机造粒。该过程会产生干燥器废气、造粒废气。

④ 公用单元：包括供热锅炉、发电系统、软化水制备系统、冷却循环水系统、综合污水处理站等。其中，锅炉产生燃烧废气，综合污水处理站的水解酸化池、厌氧池、污泥间、氧化塘会散发臭气。

2.2.3.3 制糖企业废水及废气处理方式

制糖工业排污单位废水、废气产生环节、污染物种类及污染治理设施如表 2-6、表 2-7 所列。

表 2-6 制糖工业排污单位废水类别、污染物种类及污染治理设施

废水类别	污染物种类	污染治理设施名称及工艺
冷凝水、汽凝水、冷却水、冷却循环水、真空吸滤机水喷射泵用水等	pH 值、悬浮物、化学需氧量、五日生化需氧量、氨氮、总氮、总磷	直接回用、排入循环热水池、经冷却塔冷却降温后回用、冷却后排入综合污水处理站、其他
生活污水	pH 值、悬浮物、化学需氧量、五日生化需氧量、氨氮、总氮、总磷	处理后回用、排入城镇排水管网、排入综合污水处理站、其他
综合污水	pH 值、悬浮物、化学需氧量、五日生化需氧量、氨氮、总氮、总磷	预处理：除油、沉淀、过滤等；生化处理：好氧、水解酸化-好氧、厌氧-好氧、兼性-好氧、氧化沟、生物转盘等；深度处理：生物滤池、过滤、混凝沉淀（或澄清）等

表 2-7 制糖工业排污单位废气产污环节、污染物种类及污染治理设施

生产单元	生产设施	废气产污环节	污染物种类	污染治理设施名称及工艺
原料系统	原料场	装卸料废气	颗粒物	洒水抑尘、原料场出口配备车轮清洗（扫）装置、煤场防尘网、其他
	液压翻板卸蔗系统	转运废气		
清净系统	石灰消和机	石灰消和机加料废气	颗粒物	喷水除尘、加强密封、集中收集处理后至排气筒排放、喷水除尘、加强密封、其他
	过滤机	滤泥发酵臭气	氨、硫化氢、臭气浓度	及时清运、减少堆放量和堆放时间、防止日晒雨淋、加强通风、其他
	硫熏燃硫炉	硫熏燃硫炉尾气	颗粒物、二氧化硫	采用喷射式自控燃硫炉和汽化旋风低温燃硫炉等高效燃硫设备、集中收集处理后至排气筒排放、其他
	石灰窑	石灰窑加料废气	颗粒物	加料控制、集中收集处理后至排气筒排放、其他
结晶分蜜系统	筛分机	糖粉	颗粒物	回收回溶、集中收集处理后至排气筒排放、加强密封、其他
包装系统	振动筛选机	振动筛选机糖粉	颗粒物	回收回溶、集中收集处理后至排气筒排放、加强密封、其他
	包装机	包装机废气		
贮存系统	蔗渣	蔗渣堆放发酵臭气、废气	氨、硫化氢、臭气浓度、颗粒物	堆场周围设置防尘网和防尘棚、加强密封、采取洒水等降尘措施、蔗渣堆场地面采取排水和硬化防渗措施、其他
	煤	煤粉	颗粒物	煤场周围设置防尘网和防尘棚、加强密封、采取洒水等降尘措施、其他
颗粒粕系统	干燥器	干燥器废气	颗粒物、二氧化硫、氮氧化物	集中收集处理后至排气筒排放、其他
	造粒机	造粒废气	颗粒物	集中收集处理后至排气筒排放、其他

生产单元	生产设施	废气产污环节	污染物种类	污染治理设施名称及工艺
公用单元	生物质（蔗渣）锅炉、燃煤锅炉、燃油锅炉、燃气锅炉	燃烧废气	颗粒物	静电除尘器（注明电场数，如三电场、四电场等）、袋式除尘器（注明滤料种类，如聚酯、聚丙烯、玻璃纤维、聚四氟乙烯机织布或针刺毡滤料、覆膜滤料等）、电袋复合除尘器、旋风除尘器、多管除尘器、滤筒除尘器、湿式电除尘器、水浴除尘器、其他
			二氧化硫、氮氧化物等	燃用净化后煤气、脱硫系统（石灰石/石灰-石膏法、氨法、氧化镁法、双碱法、循环流化床法、旋转喷雾法、密相干塔法、新型脱硫除尘一体化技术）、脱硝系统[选择性催化还原（SCR）、选择性非催化还原（SNCR）、低氮燃烧]、炉内添加卤化物、烟道喷入活性炭（焦）、其他
	综合污水处理站	污水处理废气	氨、硫化氢、臭气浓度	产臭区域加罩或加盖密封、投放除臭剂、集中收集至生物脱臭装置（干法生物滤池）处理、设置喷淋塔除臭、其他

第 3 章
排污许可证核发情况

3.1 淀粉工业排污许可证核发情况

3.1.1 排污许可技术规范主要内容

3.1.1.1 适用范围

《排污许可证申请与核发技术规范　农副食品加工工业—淀粉工业》（HJ 860.2 — 2018）规定了淀粉工业排污单位排污许可证申请与核发的基本情况填报要求、许可排放限值确定、实际排放量核算和合规判定的方法，以及自行监测、环境管理台账与排污许可证执行报告等环境管理要求，提出了淀粉工业污染防治可行技术要求。

该标准适用于指导淀粉工业排污单位填报"排污许可证申请表"及在全国排污许可证管理信息平台填报相关申请信息，同时适用于指导核发机关审核确定淀粉工业排污单位排污许可证许可要求。该标准适用于淀粉工业排污单位排放的大气污染物和水污染物的排污许可管理。

《排污许可证申请与核发技术规范　农副食品加工工业—淀粉工业》（HJ 860.2—2018）涵盖的生产类别与《淀粉工业水污染物排放标准》（GB 25461—2010）基本一致，适用于含有淀粉（乳）、淀粉糖（糖醇除外）、变性淀粉、淀粉制品生产的排污单位，包括玉米淀粉、小麦淀粉、马铃薯淀粉、木薯淀粉、绿豆淀粉及其他淀粉等。

玉米淀粉工业排污单位往往在同一厂址内同时开展胚芽、纤维、蛋白粉、谷朊粉以及葡萄糖酸盐的生产，且这些副产品没有专门的行业排放标准和排污许可技术规范，因此也纳入《排污许可证申请与核发技术规范　农副食品加工工业—淀粉工业》（HJ 860.2 — 2018）的适用范围。但单独从事这些副产品生产的排污单位不适用于本标准，其排污许可证可参照《排污许可证申请与核发技术规范　总则》（HJ 942—2018）进行申请与核发。此外，玉米淀粉生产过程中涉及胚芽制胚芽玉米油生产的排污单位可参照《排污许可证申请与核发技术规范　农副食品加工工业—饲料加工、植物油加工工业》(HJ 1110 —2020)进行排污许可证申请与核发。

糖醇由于其生产过程含有加氢工艺,《食品添加剂　山梨糖醇液》(GB 7658—2005)、《食品安全国家标准　食品添加剂　木糖醇》(GB 1886.234—2016)、《食品添加剂　赤藓糖醇》(GB 26404—2011)等相关产品标准中,均将其列为食品添加剂范畴。因此,糖醇生产排污单位不纳入《排污许可证申请与核发技术规范　农副食品加工工业—淀粉工业》(HJ 860.2—2018)标准适用范围,应按照《排污许可证申请与核发技术规范　食品制造工业—方便食品、食品及饲料添加剂制造工业》(HJ 1030.3—2019)的要求进行排污许可证的申请与核发。

《国民经济行业分类》(GB/T 4754—2017)中,淀粉工业属于农副食品加工工业中的其他农副食品加工。根据《固定污染源排污许可分类管理名录(2019 年版)》(生态环境部令　第 11 号),年加工能力 15 万吨玉米或者 1.5 万吨薯类及以上的淀粉生产或者年产 1 万吨及以上的淀粉制品生产,有发酵工艺的淀粉制品生产属于排污许可重点管理单位;除重点管理以外的,年加工能力 1.5 万吨及以上玉米、0.1 万吨及以上薯类或豆类、4.5 万吨及以上小麦的淀粉生产,年产 0.1 万吨及以上的淀粉制品生产(不含有发酵工艺的淀粉制品生产)属于排污许可简化管理单位。

3.1.1.2　污染物许可浓度和排放量确定方法

(1) 大气污染物许可浓度和排放量确定方法

依据《工业炉窑大气污染物排放标准》(GB 9078—1996)、《锅炉大气污染物排放标准》(GB 13271—2014)、《恶臭污染物排放标准》(GB 14554—1993)、《大气污染物综合排放标准》(GB 16297—1996)确定淀粉工业排污单位废气许可排放浓度限值。地方有更严格排放标准要求的,按照地方排放标准从严确定。

大气污染防治重点控制区按照《关于执行大气污染物特别排放限值的公告》《关于执行大气污染物特别排放限值有关问题的复函》等要求执行。其他执行大气污染物特别排放限值的地域范围、时间,由国务院生态环境行政主管部门或省级人民政府规定。

若执行不同许可排放浓度的多台生产设施或排放口采用混合方式排放废气,且选择的监控位置只能监测混合废气中的大气污染物浓度,则应执行各许可排放浓度限值要求中最严格的限值。

淀粉工业排污单位应明确颗粒物、二氧化硫、氮氧化物的许可排放量。淀粉工业排污单位的大气污染物年许可排放量为各主要排放口年许可排放量之和。淀粉工业排污单位废气的主要排放口是锅炉烟囱。

(2) 水污染物许可浓度和排放量确定方法

对于淀粉工业排污单位废水直接或间接排向环境水体的情况,应依据《淀粉工业水污染物排放标准》(GB 25461—2010)中的直接排放限值或间接排放限值确定排污单位废水总排放口的水污染物许可排放浓度。地方有更严格排放标准要求的,按照地方排放标准从严确定。

在淀粉工业排污单位的生产设施同时生产两种或两种以上类别的产品，可适用不同排放控制要求或不同行业污染物排放标准时［如淀粉、淀粉糖、变性淀粉和淀粉制品的生产废水执行《淀粉工业水污染物排放标准》（GB 25461—2010），由葡萄糖生产葡萄糖酸盐的生产废水执行《污水综合排放标准》（GB 8978—1996）］，且生产设施产生的污水混合处理排放的情况下，应执行排放标准中规定的最严格的排放浓度限值。

淀粉工业排污单位废水回用时应达到相应的再生利用水水质标准。薯类淀粉废水进行土地利用时，应符合国家和地方有关法律法规、标准及技术规范文件要求。

实行重点管理的淀粉工业排污单位应明确化学需氧量、氨氮的年许可排放量，可以明确受纳水体环境质量年均值超标且列入《淀粉工业水污染物排放标准》（GB 25461 — 2010）中的其他相关排放因子的年许可排放量。位于《"十三五"生态环境保护规划》及生态环境部正式发布的文件中规定的总磷、总氮总量控制区域内的重点管理淀粉工业排污单位，还应分别申请总磷及总氮年许可排放量。地方生态环境主管部门有更严格规定的，从其规定。

淀粉工业排污单位水污染物年许可排放量是指排污单位废水总排放口水污染物年排放量的最高允许值，分别按照以下两种方式进行计算，从严确定：①依据水污染物许可排放浓度限值、单位产品基准排水量和产品产能核定；②依据生产单位产品的水污染物排放量限值和产品产能核定。当仅能通过一种方式计算时，以该计算方式确定。

淀粉工业排污单位生产单位产品的水污染物排放量限值如表 3-1 所列。

表 3-1　淀粉工业排污单位生产单位产品的水污染物排放量限值

单位（以商品计）：kg/t 产品

污染控制项目	排污单位	排放方式	排污单位生产类型			
			基础原料（谷类）制淀粉（乳），淀粉（乳）制淀粉糖（结晶果糖除外）或葡萄糖酸盐，淀粉（乳）制变性淀粉（工业级），淀粉（乳）制淀粉制品（粉丝、粉条、粉皮等）	基础原料（谷类除外）制淀粉（乳），淀粉（乳）制结晶果糖，淀粉（乳）制变性淀粉（食品级）	基础原料（谷类）制淀粉糖（结晶果糖除外）或葡萄糖酸盐，基础原料（谷类）制变性淀粉（工业级），基础原料（谷类）制淀粉制品（粉丝、粉条、粉皮等）	基础原料（谷类除外）制淀粉糖，基础原料（谷类）制结晶果糖，基础原料（谷类除外）制变性淀粉（工业级），基础原料制变性淀粉（食品级），基础原料（谷类除外）制淀粉制品（粉丝、粉条、粉皮等）
化学需氧量（COD_Cr）	一般排污单位	直接排放	0.3	0.8	0.4	1
		间接排放	0.9	2.4	1.2	3
	执行特别排放限值单位	直接排放	0.05	0.2	0.1	0.25
		间接排放	0.1	0.4	0.2	0.5
氨氮	一般排污单位	直接排放	0.045	0.12	0.06	0.15
		间接排放	0.105	0.28	0.14	0.35
	执行特别排放限值单位	直接排放	0.005	0.02	0.01	0.025
		间接排放	0.015	0.06	0.03	0.075
总氮	一般排污单位	直接排放	0.09	0.24	0.12	0.3
		间接排放	0.165	0.44	0.22	0.55

续表

污染控制项目	排污单位	排放方式	排污单位生产类型			
			基础原料（谷类）制淀粉（乳），淀粉（乳）制淀粉糖（结晶果糖除外）或葡萄糖酸盐，淀粉（乳）制变性淀粉（工业级），淀粉（乳）制淀粉制品（粉丝、粉条、粉皮等）	基础原料（谷类除外）制淀粉（乳），淀粉（乳）制结晶果糖，淀粉（乳）制变性淀粉（食品级）	基础原料（谷类）制淀粉糖（结晶果糖除外）或葡萄糖酸盐，基础原料（谷类）制变性淀粉（工业级），基础原料（谷类）制淀粉制品（粉丝、粉条、粉皮等）	基础原料（谷类除外）制淀粉糖，基础原料（谷类）制结晶果糖，基础原料（谷类除外）制变性淀粉（工业级），基础原料制变性淀粉（食品级），基础原料（谷类除外）制淀粉制品（粉丝、粉条、粉皮等）
总氮	执行特别排放限值单位	直接排放	0.01	0.04	0.02	0.05
		间接排放	0.03	0.12	0.06	0.15
总磷	一般排污单位	直接排放	0.003	0.008	0.004	0.01
		间接排放	0.015	0.04	0.02	0.05
	执行特别排放限值单位	直接排放	0.0005	0.002	0.001	0.0025
		间接排放	0.001	0.004	0.002	0.005

注：1. 产品为淀粉乳时，折算为商品淀粉计。

2. 基础原料是指谷类、薯类、豆类、其他含淀粉植物等。

3.1.1.3　合规性判定方法

（1）废气污染物排放浓度合规性判定

1）正常情况

淀粉工业排污单位无组织排放口的臭气浓度最大值达标是指"任一次测定均值满足许可限值要求"。除此之外，其余废气有组织排放口污染物或厂界无组织污染物排放浓度达标均是指"任一小时浓度均值均满足许可排放浓度要求"。废气污染物小时浓度均值根据排污单位自行监测（包括自动监测和手工监测）、执法监测进行确定。

其中，在执法监测时，按照监测规范要求获取的执法监测数据超过许可排放浓度限值的，即视为超标。根据《固定污染源排气中颗粒物测定与气态污染物采样方法》（GB/T 16157—1996）、《大气污染物无组织排放监测技术导则》（HJ/T 55—2000）、《固定源废气监测技术规范》（HJ/T 397—2007）确定监测要求。

采用自动监测时，将按照监测规范要求获取的有效自动监测数据计算得到的有效小时浓度均值与许可排放浓度限值进行对比，超过许可排放浓度限值的，即视为超标。对于应采用自动监测而未采用的排放口或污染物，即视为不合规。自动监测小时浓度均值是指"整点 1 小时内不少于 45 分钟的有效数据的算术平均值"。

2）非正常情况

非正常情况包括锅炉启停时段。

锅炉如采用干（半干）法脱硫、脱硝措施，冷启动 1h、热启动 0.5h 内监测数据不作为氮氧化物达标判定的时段。

若多台设施采用混合方式排放烟气，且其中一台处于启停时段，企业可自行提供烟气混合前各台设施有效监测数据的，按照企业提供数据进行达标判定。

（2）废气污染物排放量合规性判定

淀粉工业排污单位各主要废气污染物许可排放量合规是指：

① 主要排放口实际排放量满足主要排放口年许可排放量；

② 排污单位实际排放量满足排污单位年许可排放量；

③ 对于特殊时段有许可排放量要求的，特殊时段实际排放量满足特殊时段许可排放量。

淀粉工业排污单位开始生产、停止生产等非正常排放造成短时污染物排放量较大时，应通过加强正常运营时污染物排放管理、减少污染物排放量的方式，确保全厂污染物年排放量（正常排放与非正常排放之和）满足许可排放量要求。

（3）无组织排放控制要求合规性判定

淀粉工业排污单位无组织排放合规性以现场检查无组织排放控制要求落实情况为主，必要时，辅以现场监测方式判定淀粉工业排污单位无组织排放合规性。淀粉工业排污单位无组织排放控制要求如表 3-2 所列。

表 3-2　淀粉工业排污单位无组织排放控制要求

序号	生产设施	废气产污环节	无组织排放控制要求
1	原料系统的装卸料设施、粮库（仓）、料场	装卸料废气	采用覆盖防风抑尘网或洒水抑尘；加强密封；收集送除尘装置处理（喷淋系统、旋风除尘、袋式除尘、旋风除尘+袋式除尘等）
2	原料系统的输运设施	转运废气	输运车辆采用覆盖防风抑尘网或洒水抑尘；加强输运设施密封；原料场出口配备车轮清洗（扫）装置；收集送除尘装置处理（喷淋系统、旋风除尘、袋式除尘、旋风除尘+袋式除尘等）
3	玉米淀粉生产的分离机	分离废气	加强密闭；收集送处理装置处理（碱液喷淋等）
4	小麦淀粉生产的积粉仓、输运设施、筒仓	投面废气	加强密闭；收集送除尘装置处理（喷淋系统、旋风除尘、袋式除尘、旋风除尘+袋式除尘等）
5	小麦淀粉生产的筛分机、输运设施、和面机；淀粉制品生产的打浆机或和面机	和面废气	加强密闭；收集送除尘装置处理（喷淋系统、旋风除尘、袋式除尘、旋风除尘+袋式除尘等）
6	葡萄糖酸盐生产的反应罐	反应废气	加强密闭；收集送除尘装置处理（喷淋系统、旋风除尘、袋式除尘、旋风除尘+水幕除尘、旋风除尘+袋式除尘等）
7	淀粉糖生产、葡萄糖酸盐生产、变性淀粉生产的过滤机	过滤废气	加强密闭；收集送除尘装置处理（喷淋系统、旋风除尘、袋式除尘、旋风除尘+水幕除尘、旋风除尘+袋式除尘等）
8	变性淀粉生产洗涤环节的储浆装置	储浆废气	加强密闭；收集送处理装置处理（吸收、吸附、冷凝、焚烧等）
9	包装线	包装废气	加强密闭；回用到生产前端；收集后送除尘装置处理（喷淋系统、旋风除尘、袋式除尘、旋风除尘+袋式除尘等）

续表

序号	生产设施	废气产污环节	无组织排放控制要求
10	产品仓库	存储废气	仓库周围设置防尘棚、采取洒水等降尘措施；加强密封；地面采取排水、硬化防渗措施
11	煤场	煤场煤尘	煤场周围设置防风抑尘网、厂内设置防尘棚、采取洒水等降尘措施
12	液氨储罐	逸散废气	阀门和管道防泄漏管控、定期检测，加强在装载过程中的气体检测
13	厂内综合污水处理站	污水处理、污泥堆放和处理臭气	产臭区域投放除臭剂；产臭区加罩或加盖；采用引风机将臭气引至除臭装置处理

注：淀粉工业排污单位执行严于国家标准的地方标准时，可参照执行重点地区无组织排放控制要求

（4）废水污染物排放浓度合规性判定

1）执法监测

按照监测规范要求获取的执法监测数据超过许可排放浓度限值的，即视为超标。

2）排污单位自行监测

① 自动监测。将按照监测规范要求获取的自动监测数据计算得到的有效日均浓度值（pH 值除外）与许可排放浓度限值进行对比，超过许可排放浓度限值的，即视为超标。对于应采用自动监测而未采用的排放口或污染物，即视为不合规。

对于自动监测，有效日均浓度是对应于以每日为一个监测周期内获得的某个污染物的多个有效监测数据的平均值。在同时监测污水排放流量的情况下，有效日均值是以流量为权的某个污染物的有效监测数据的加权平均值；在未监测污水排放流量的情况下，有效日均值是某个污染物的有效监测数据的算术平均值。

② 手工监测。对于未要求采用自动监测的排放口或污染物，应进行手工监测。按照自行监测方案、监测规范要求开展手工监测，当日各次监测数据平均值或当日混合样监测数据（pH 值除外）超过许可排放浓度限值的，即视为超标。

③ 若同一时段的执法监测数据与排污单位自行监测数据不一致，执法监测数据符合法定的监测标准和监测方法的，以该执法监测数据为准。

（5）废水污染物排放量合规性判定

废水排放口污染物排放量合规指淀粉工业排污单位所有废水排放口污染物年实际排放量之和不超过相应污染物的年许可排放量。

3.1.1.4　排污许可环境管理要求

（1）企业自行监测

《排污许可证申请与核发技术规范　农副食品加工工业—淀粉工业》（HJ 860.2—2018）废水、废气自行监测的要求如表 3-3～表 3-5 所列。

表 3-3　淀粉工业排污许可技术规范中废水自行监测要求

监测点位	污染物指标		监测频次[①]	
			直接排放	间接排放
重点管理排污单位废水排放口[②]	废水总排放口	流量、pH 值、化学需氧量、氨氮	自动监测	自动监测
		五日生化需氧量、悬浮物、总氰化物[③]、溶解性总固体[④]	月	季度
		总氮	日/自动监测[⑤]	日/自动监测[⑤]
		总磷	自动监测	自动监测
	生活污水排放口	流量、pH 值、化学需氧量、氨氮	自动监测	—
		五日生化需氧量、悬浮物	月	—
		总氮	日/自动监测[⑤]	—
		总磷	自动监测	—
	雨水排放口	化学需氧量、悬浮物	日[⑥]	—
简化管理排污单位废水排放口[②]	废水总排放口	流量、pH 值、悬浮物、化学需氧量、氨氮、总氮、总磷、五日生化需氧量、总氰化物[③]	季度	半年
		溶解性总固体[④]	半年	—
	生活污水排放口	流量、pH 值、化学需氧量、氨氮、五日生化需氧量、悬浮物、总氮、总磷	季度	—

① 设区的市级及以上环境保护主管部门明确要求安装自动监测设备的污染物指标，须采取自动监测。季节性生产的企业，应在生产期和非生产期但有污水排放的时间段内监测。

② 重点管理与简化管理的排污单位依据《固定污染源排污许可分类管理名录》确定；废水总排放口监测指标和监测频次根据所执行的排放标准或当地环境管理要求参照本表确定。

③ 适用于以木薯为原料的淀粉生产排污单位。

④ 含有变性淀粉、结晶果糖等生产工序的排污单位可选测。

⑤ 总氮目前最低监测频次按日执行，待总氮自动监测技术规范发布后，须采取自动监测。

⑥ 排放口有流动水排放时开展监测，排放期间按日监测。如监测一年无异常情况，每季度第一次有流动水排放开展按日监测。

表 3-4　淀粉工业排污许可技术规范中有组织废气排放口自行监测要求

生产设施	监测点位	监测指标[①]	监测频次[②]
玉米淀粉生产的玉米清理筛	清理筛排气筒	颗粒物	半年
喷浆玉米皮粉碎机、薯渣粉碎机	粉碎机排气筒	颗粒物	半年
玉米淀粉生产的燃硫设备	燃硫设备排气筒	二氧化硫	半年
玉米淀粉生产的浸泡装置	浸泡装置排气筒	二氧化硫	半年
投料、干燥或烘干及风送、冷却、筛分装置	物料破碎或去皮装置、投料装置、干燥机或烘干机及风送装置、筛分装置或车间排气筒	颗粒物、二氧化硫[③]	半年
玉米淀粉生产胚芽分离的破碎机、纤维分离的精磨装置、胚芽洗涤装置、纤维洗涤装置、废热利用装置	破碎机、精磨装置、洗涤装置、废热利用装置的排气筒	二氧化硫	半年
变性淀粉生产中预处理的调浆罐（或釜）、混合机，反应环节的连续加药混合机、反应罐	预处理装置、反应装置或车间排气筒	氯化氢、非甲烷总烃、颗粒物	半年

① 有组织废气监测须同步监测烟气参数。

② 季节性生产的企业，应在生产期和非生产期但有废气排放的时间段内监测。

③ 适用于玉米淀粉生产的干燥机或烘干机及风送系统，且废热不利用的情况。

表 3-5 淀粉工业排污许可技术规范中无组织废气污染物自行监测要求

排污单位类型	监测点位	监测指标[①]	监测频次[②][③]
有生化污水处理的排污单位	厂界	臭气浓度[④]、硫化氢、氨	半年
有氨制冷系统或液氨储罐的排污单位	厂界	氨	半年
所有排污单位	厂界	臭气浓度[④]、非甲烷总烃	半年

① 无组织废气监测须同步监测气象因子。
② 若周边有环境敏感点，或监测结果超标的，应适当增加监测频次。
③ 季节性生产的企业，应在生产期和非生产期但有废气排放的时间段内监测。
④ 根据环境影响评价文件及其批复文件以及生产原料、工艺等，排污单位可选测其他臭气污染物。

《排污单位自行监测技术指南 农副食品加工业》（HJ 986—2018）废水、有组织废气、无组织废气自行监测要求如表 3-6～表 3-8 所列。

表 3-6 废水排放监测点位、监测指标及最低监测频次

排污单位级别	监测点位	监测指标	监测频次		备注
			直接排放	间接排放	
重点管理排污单位	废水总排放口	流量、pH 值、化学需氧量、氨氮	自动监测	自动监测	适用于所有农副食品加工排污单位；色度选测
		总磷	月/自动监测[①]	季度/自动监测[①]	
		总氮	月（日/自动监测）[②]	季度（日/自动监测[②]）	
		五日生化需氧量、悬浮物	月	季度	
		色度	月	季度	
		总氰化物	月	季度	适用于以木薯为原料的淀粉制造排污单位
		全盐量	月	季度	适用于淀粉及淀粉制品制造（变性淀粉）的排污单位
		总余氯	月	—	生产过程或废水处理过程中使用含氯物质并直排环境的排污单位选测
	生活污水排放口	流量、pH 值、化学需氧量、氨氮	自动监测[⑤]	—	适用于所有农副食品加工排污单位
		总磷	月/自动监测[①]	—	
		总氮	月（日/自动监测）[②]	—	
		悬浮物、五日生化需氧量	月	—	
		动植物油	月	—	适用于有职工食堂的排污单位
	雨水排放口	化学需氧量、悬浮物	日[③]		适用于所有农副食品加工排污单位

续表

排污单位级别	监测点位	监测指标	监测频次		备注
			直接排放	间接排放	
非重点管理排污单位	废水总排放口	流量、pH值、化学需氧量、氨氮、总氮、总磷、悬浮物、五日生化需氧量	季度	半年	适用于所有农副食品加工排污单位
		总氰化物	季度	半年	适用于以木薯为原料的淀粉制造排污单位
		全盐量	半年	—	适用于淀粉及淀粉制品制造（变性淀粉）的排污单位
	生活污水排放口	流量、pH值、化学需氧量、氨氮、总氮、总磷、悬浮物、五日生化需氧量	季度	—	适用于所有农副食品加工排污单位
		动植物油	季度	—	适用于有职工食堂的排污单位

注：1. 设区的市级及以上环境保护主管部门明确要求安装自动监测设备的污染物指标，须采取自动监测。

2. 监测结果有超标记录的，应适当增加监测频次。

① 水环境质量中总磷实施总量控制区域及氮磷排放重点行业（淀粉及淀粉制品制造等）重点排污单位，总磷须采取自动监测。

② 水环境质量中总氮实施总量控制区域及氮磷排放重点行业（淀粉及淀粉制品制造等）重点排污单位，总氮最低监测频次按日执行，待自动监测技术规范发布后，须采取自动监测。

③ 雨水排放口有流动水排放时按日监测。若监测一年无异常情况，可放宽至每季度开展一次监测。

表 3-7　有组织废气排放监测点位、监测指标及最低监测频次

监测点位	监测指标	监测频次	备注
物料储运、净化、破（粉）碎、脱皮（壳）、烘干、筛分、包装等工序车间排气筒或废气处理设施排放口	颗粒物	半年	适用于淀粉及淀粉制品制造的排污单位
余热利用系统排气筒或废气处理设施排放口	二氧化硫	半年	适用于建有废气余热利用系统的排污单位。监测指标可根据热源性质进行调整
亚硫酸制备燃硫废气、浸泡设备等排气筒或废气处理设施排放口	二氧化硫	半年	适用于以玉米为原料生产淀粉及淀粉制品的排污单位
加药废气等排气筒或废气处理设施排放口。	氯化氢、非甲烷总烃、颗粒物	半年	适用于有变性淀粉生产的排污单位

表 3-8　无组织废气排放监测点位、监测指标及最低监测频次

监测点位	监测指标	监测频次	备注
厂界	臭气浓度①	半年	适用于所有农副食品加工排污单位
	颗粒物	半年	适用于淀粉及淀粉制品制造的排污单位
	非甲烷总烃	半年	适用于淀粉及淀粉制品制造等生产过程涉及挥发性有机物排放的排污单位
	氨、硫化氢	半年	适用于建有污水收集处理设施的排污单位

续表

监测点位	监测指标	监测频次	备注
污水处理设施周边厂界下风向侧或有臭气方位的边界线上	臭气浓度、氨、硫化氢	半年	建有污水收集处理设施的排污单位选测

注：1. 若周边有环境敏感点或监测结果超标的，应适当增加监测频次。
　　2. 无组织废气监测须同步监测气象因子。
① 根据环境影响评价文件及其批复以及原辅用料、生产工艺等，确定是否监测其他臭气污染物。

（2）环境管理台账记录

淀粉工业排污单位环境管理台账应真实记录基本信息、生产设施运行管理信息、污染治理设施运行管理信息、监测记录信息、其他环境管理信息等内容。

① 基本信息。生产设施基本信息包括设施名称（清理筛、反应罐、干燥器等）、编码、主要技术参数及设计值等。

污染治理设施基本信息包括设施名称（除尘设施、脱硫设施、脱硝设施、污水处理设施等）、编码、设施规格型号、相关技术参数及设计值。对于防渗漏、防泄漏等污染防治措施，还应记录落实情况及问题整改情况等。

② 生产设施运行管理信息。淀粉工业排污单位应记录原料系统、主体生产、公用单元等生产设施运行管理信息，应记录正常工况、非正常工况相关信息。其中，正常工况部分记录信息如表 3-9 所列。

表 3-9　正常工况部分记录信息

记录项目	记录内容
运行状态	是否正常运行，主要参数名称及数值
生产负荷	主要产品产量与设计生产能力之比
主要产品产量	产品名称、产量
原辅料	名称、用量、硫元素占比、有毒有害物质及成分占比（如有）
燃料	名称、用量、硫元素占比、热值等
其他	用电量等

③ 污染治理设施运行管理信息。淀粉工业排污单位应记录废气、废水污染治理设施的运行管理信息。部分污染治理设施运行参数应记录以下内容。

Ⅰ. 有组织废气治理设施：如袋式除尘器应记录除尘器进出口压差、过滤风速、风机电流、实际风量等；静电除尘器应记录二次电压、二次电流、风机电流、实际风量等；水幕除尘应记录循环水量、水泵电机电流、干物含量、实际风量等；电袋复合除尘器应记录除尘器进出口压差、过滤风速、风机电流、二次电压、二次电流、风机电流、实际风量等；脱硫系统应记录标态烟气量、原烟气二氧化硫浓度（折标）、净烟气二氧化硫浓度（折标）、脱硫剂用量、脱硫副产物产量等。

Ⅱ. 无组织废气治理设施：厂区降尘洒水次数、抑尘剂种类、车轮清洗（扫）方式及原料或产品场地封闭、遮盖情况、是否出现破损等。

废水治理设施台账应包括所有环保设施的运行参数及排放情况等，如废水处理能力（t/d）、药剂名称及使用量、运行参数（包括运行工况等）、用电量、废水排放量、废水回用量、污泥产生量（含水率）及运行费用（元/t）、滤泥量及去向、出水水质（各因子浓度和水量等）、排水去向及受纳水体、排入的污水处理厂名称、故障及维护情况等。

④ 监测记录信息。淀粉工业排污单位应记录自动监测运维信息和手工监测信息。

自动监测运维信息包括：自动监测系统运行状况、系统辅助设备运行状况、系统校准和校验工作等；仪器说明书及相关标准规范中规定的其他检查项目；校准、维护保养、维修记录等。

对于无自动监测的大气污染物和水污染物指标，排污单位应当按照排污许可证中监测方案所确定的监测频次要求，记录开展手工监测的日期、时间、污染物排放口和监测点位、监测方法、监测频次、监测仪器及型号、采样方法、样品保存方式、质控措施等，并建立台账记录报告。

（3）执行报告要求

按报告周期分为年度执行报告、季度执行报告和月度执行报告。排污单位按照排污许可证规定的时间提交执行报告，实行重点管理的排污单位应提交年度执行报告和季度执行报告，实行简化管理的排污单位应提交年度执行报告。地方生态环境主管部门根据环境管理需求，可要求排污单位上报季度/月度执行报告，并在排污许可证中明确。

年度执行报告内容应包括：排污单位基本生产信息、污染防治设施运行情况、自行监测执行情况、环境管理台账记录执行情况、实际排放情况及合规判定分析、信息公开情况、排污单位内部环境管理体系建设与运行情况、其他排污许可证规定的内容执行情况、其他需要说明的问题、结论、附图附件等。

（4）污染防治可行技术运行管理要求

《排污许可证申请与核发技术规范　农副食品加工工业—淀粉工业》（HJ 860.2—2018）规定了污染防治可行技术的运行管理要求。该标准规定：淀粉工业排污单位应当按照相关法律法规、标准和技术规范等要求运行水和大气污染防治设施并进行维护和管理，保证设施运行正常，处理、排放水和大气污染物符合相关国家或地方污染物排放标准的规定。

以水污染防治设施运行管理为例，应符合以下要求：

① 应进行雨污分流、清污分流、污污分流、冷热分流，分类收集、分质处理，循环利用，污染物稳定达到排放标准要求。

② 加热器、蒸发罐等的清洗用水应回收利用。

③ 应分别建立冷凝器冷凝水闭合循环系统、汽轮机冷却水循环系统、锅炉冲灰水循环系统及其他废水循环系统，提高废水循环利用率。

④ 净化过滤应减少滤布洗水产生量，提高滤布洗水循环利用率，企业应根据自身生产状况选择无滤布真空吸滤机、全自动隔膜压滤机等高效、节能、节水设备。

⑤ 蒸发、烘干工段应根据企业自身生产状况选择喷雾真空冷凝器等高效节水设备。

⑥ 薯类淀粉生产废水土地利用时应进行前处理，消除异味，按国家和地方有关法律法规、标准及技术规范文件要求实施。

3.1.2　排污许可证核发现状

截至 2022 年年底，淀粉及淀粉制造行业许可信息公开企业共 1165 家，重点管理企业 210 家，简化管理企业 955 家。其中玉米淀粉企业 920 家、马铃薯淀粉企业 188 家、甘薯淀粉企业 19 家、木薯淀粉企业 35 家、小麦淀粉企业 3 家。淀粉及淀粉制造行业许可信息公开企业按品种分布情况如图 3-1 所示。

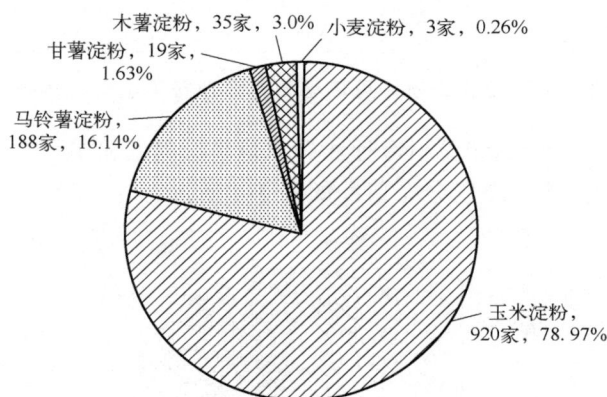

图 3-1　淀粉及淀粉制造行业许可信息公开企业按品种分布情况

从企业地区分布情况看，马铃薯淀粉企业主要分布在内蒙古（60 家）、黑龙江（21 家）、新疆（20 家）、宁夏（19 家）、甘肃（15 家）、河北（15 家）及其他（38 家），马铃薯淀粉许可信息公开企业按地区分布情况如图 3-2 所示。

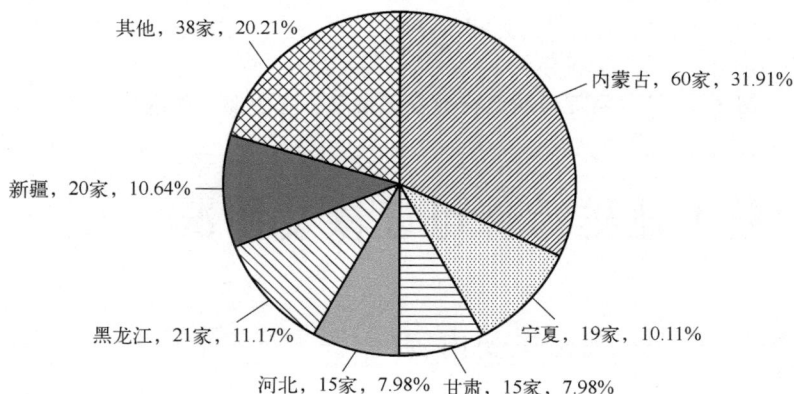

图 3-2　马铃薯淀粉许可信息公开企业按地区分布情况

甘薯淀粉主要分布在山东（5 家）、河北（3 家）、河南（2 家）、湖北（2 家），甘薯淀粉许可信息公开企业按地区分布情况如图 3-3 所示。

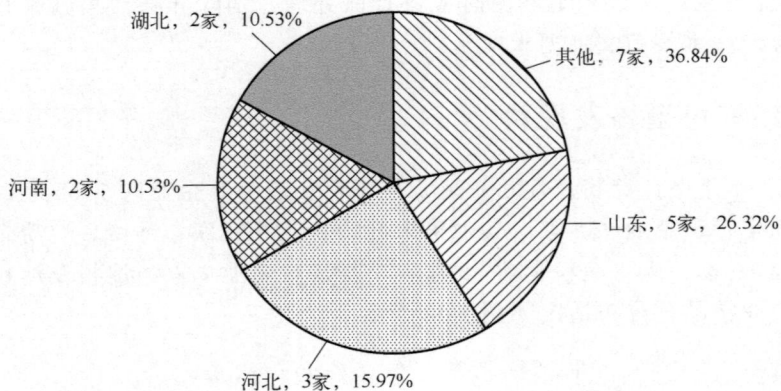

图 3-3　甘薯淀粉许可信息公开企业按地区分布情况

截至 2022 年底，淀粉及淀粉制造行业登记信息公开企业共 3271 家。淀粉及淀粉制造行业登记信息公开企业按地区分布情况如图 3-4 所示。

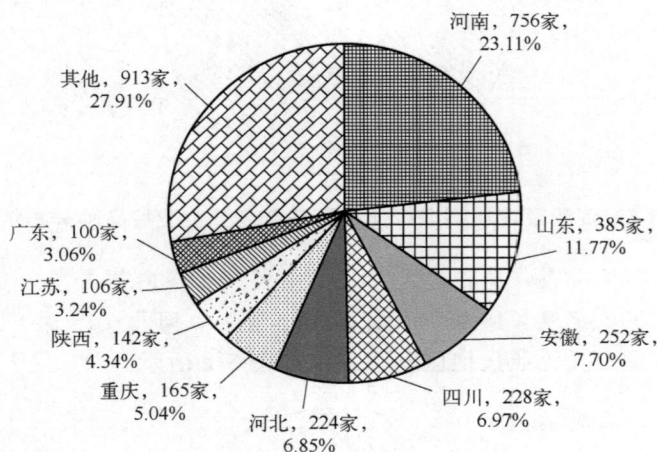

图 3-4　淀粉及淀粉制造行业登记信息公开企业按地区分布情况

3.2　制糖工业排污许可证核发情况

3.2.1　排污许可技术规范主要内容

3.2.1.1　适用范围

《排污许可证申请与核发技术规范　农副食品加工工业—制糖工业》（HJ 860.1—

2017）规定了制糖工业排污单位排污许可证申请与核发的基本情况填报要求、许可排放限值确定、实际排放量核算和合规判定的方法，以及自行监测、环境管理台账与排污许可证执行报告等环境管理要求，提出了制糖工业污染防治可行技术要求。该标准适用于指导制糖工业排污许可证的申请、核发与监管工作。

《排污许可证申请与核发技术规范　农副食品加工工业—制糖工业》（HJ 860.1—2017）适用于制糖工业排污单位排放的大气污染物和水污染物的排放管理。除蔗渣用于生物质燃料锅炉和甜菜制糖中的颗粒粕生产外，利用废糖蜜制酒精、酵母等产品，以及利用蔗渣造纸、利用蔗渣和滤泥生产肥料等制糖工业固体废物的综合利用不适用于该标准。

该标准未做出规定但排放工业废水、废气或者国家规定的有毒有害大气污染物的制糖工业排污单位其他产污设施和排放口，参照《排污许可证申请与核发技术规范　总则》（HJ 942—2018）执行。

根据《固定污染源排污许可分类管理名录（2019 年版）》（生态环境部令　第 11 号），日加工糖料能力 1000 吨及以上的原糖、成品糖或者精制糖生产属于排污许可重点管理单位，其他属于排污许可简化管理单位。

3.2.1.2　污染物许可浓度和排放量确定方法

（1）大气污染物许可浓度和排放量确定方法

依据《工业炉窑大气污染物排放标准》（GB 9078—1996）、《锅炉大气污染物排放标准》（GB 13271—2014）、《恶臭污染物排放标准》（GB 14554—1993）、《大气污染物综合排放标准》（GB 16297—1996）确定制糖工业排污单位废气许可排放浓度限值。地方有更严格排放标准要求的，按照地方排放标准从严确定。

大气污染防治重点控制区按照《关于执行大气污染物特别排放限值的公告》和《关于执行大气污染物特别排放限值有关问题的复函》要求执行。其他执行大气污染物特别排放限值的地域范围、时间，由国务院生态环境行政主管部门或省级人民政府规定。

若执行不同许可排放浓度的多台生产设施或排放口采用混合方式排放废气，且选择的监控位置只能监测混合废气中的大气污染物浓度，则应执行各许可排放浓度限值要求中最严格的限值。

制糖工业排污单位应明确颗粒物、二氧化硫、氮氧化物的许可排放量。制糖工业排污单位的大气污染物年许可排放量为各主要排放口年许可排放量之和。制糖工业排污单位废气的主要排放口是锅炉烟囱和甜菜糖颗粒粕生产中干燥器的废气排放口。

（2）水污染物许可浓度和排放量确定方法

对于制糖工业排污单位废水直接排向环境水体的情况，应依据《制糖工业水污染物排放标准》（GB 21909—2008）确定排污单位废水总排放口的水污染物许可排放浓度。地方有更严格排放标准要求的，按照地方排放标准从严确定。

若制糖工业排污单位的生产设施为两种及以上工序或同时生产两种及以上产品，可适用不同排放控制要求或不同行业国家污染物排放标准时，且生产设施产生的污水混合处理排放的情况下，应执行排放标准中规定的最严格的排放浓度限值。

对于制糖工业排污单位废水排入城镇污水处理厂的情况，按企业与城镇污水处理厂负责单位商定值确定许可排放浓度，无商定值时，按照《污水综合排放标准》（GB 8978—1996）中的三级排放限值、《污水排入城镇下水道水质标准》（GB/T 31962—2015）以及其他有关标准从严确定。对于制糖排污单位废水排入工业废水集中处理设施的情况，按照《污水综合排放标准》（GB 8978—1996）中的三级排放浓度限值以及其他有关标准从严确定。

制糖工业排污单位应明确化学需氧量、氨氮以及受纳水体环境质量年均值超标且列入《制糖工业水污染物排放标准》（GB 21909—2008）中的其他排放因子的年许可排放量。位于《"十三五"生态环境保护规划》及生态环境部正式发布的文件中规定的总磷、总氮总量控制区域内的制糖工业排污单位，还应分别申请总磷及总氮年许可排放量。地方生态环境主管部门另有规定的，从其规定。

制糖工业排污单位水污染物年许可排放量是指排污单位废水总排放口水污染物年排放量的最高允许值，分别按照以下两种方式进行计算，从严确定：一是依据水污染物许可排放浓度限值、单位产品基准排水量和产品产能核定；二是依据生产单位产品的水污染物排放量限值和产品产能核定。

制糖工业排污单位生产单位产品的水污染物排放量限值如表 3-10 所列。

表 3-10　制糖工业排污单位生产单位产品的水污染物排放量限值　单位：kg/t 糖

分类	COD$_{Cr}$		氨氮		总氮		总磷	
	执行特别排放限值排污单位	其他排污单位	执行特别排放限值排污单位	其他排污单位	执行特别排放限值排污单位	其他排污单位	执行特别排放限值排污单位	其他排污单位
甘蔗制糖	0.25	1	0.025	0.1	0.04	0.15	0.0025	0.005
甜菜制糖	0.75	2.4	0.075	0.24	0.12	0.36	0.0075	0.012

3.2.1.3　合规性判定方法

（1）废气污染物排放浓度合规性判定

1）正常情况

制糖工业排污单位无组织排放口的臭气浓度最大值达标是指"任一次测定均值满足许可限值要求"。除此之外，其余废气有组织排放口污染物或厂界无组织污染物排放浓度达标均是指"任一小时浓度均值均满足许可排放浓度要求"。废气污染物小时浓度均值根据排污单位自行监测（包括自动监测和手工监测）、执法监测进行确定。

其中，在执法监测时，按照监测规范要求获取的执法监测数据超过许可排放浓度限值的，即视为超标。根据《固定污染源排气中颗粒物测定与气态污染物采样方法》（GB/T 16157—1996）、《大气污染物无组织排放监测技术导则》（HJ/T 55—2000）、《固定源废气监测技术规范》（HJ/T 397—2007）确定监测要求。

采用自动监测时，将按照监测规范要求获取的有效自动监测数据计算得到的有效小时浓度均值与许可排放浓度限值进行对比，超过许可排放浓度限值的，即视为超标。对于应采用自动监测而未采用的排放口或污染物即视为不合规。自动监测小时浓度均值是指"整点 1 小时内不少于 45 分钟的有效数据的算术平均值"。

2）非正常情况

非正常情况包括锅炉、颗粒粕系统燃烧炉启停时段。

锅炉如采用干（半干）法脱硫、脱硝措施，冷启动 1 小时、热启动 0.5 小时内监测数据不作为氮氧化物达标判定的时段。

颗粒粕系统燃烧炉冷启动 1 小时、热启动 0.5 小时内，干燥器废气的排放监测数据不作为氮氧化物达标判定的时段。

若多台设施采用混合方式排放烟气，且其中一台处于启停时段，企业可自行提供烟气混合前各台设施有效监测数据的，按照企业提供数据进行达标判定。

（2）废气污染物排放量合规性判定

制糖工业排污单位各主要废气污染物许可排放量合规是指：

① 主要排放口实际排放量满足主要排放口年许可排放量；

② 排污单位实际排放量满足排污单位年许可排放量；

③ 对于特殊时段有许可排放量要求的，特殊时段实际排放量满足特殊时段许可排放量。

制糖工业排污单位开始生产、停止生产等非正常排放造成短时污染物排放量较大时，应通过加强正常运营时污染物排放管理、减少污染物排放量的方式，确保全厂污染物年排放量（正常排放与非正常排放之和）满足许可排放量要求。

（3）无组织排放控制要求合规性判定

制糖工业排污单位无组织排放合规性以现场检查无组织排放控制要求落实情况为主，必要时，辅以现场监测方式判定制糖工业排污单位无组织排放合规性。制糖工业排污单位无组织排放控制要求如表 3-11 所列。

表 3-11　制糖工业排污单位无组织排放控制要求

序号	生产单元	废气产污环节	无组织排放控制要求
1	原料系统	装卸料废气、转运废气	采用覆盖防风抑尘网或洒水抑尘、喷洒抑尘剂等抑尘措施；输送车辆采用封闭或覆盖等抑尘措施；原料场出口配备车轮清洗（扫）装置
2	清净系统	石灰消和机加料废气	对卸灰、加料设施作业车间采用加强密封等抑尘措施
		滤泥发酵臭气	及时清运、减少堆放量和堆放时间、防止日晒雨淋、加强通风
		硫熏燃硫炉尾气	采用自动控制的燃硫设施或设置二氧化硫吸收装置或就近接入有组织排放口
		石灰窑加料废气	加料控制、加强密封

续表

序号	生产单元	废气产污环节	无组织排放控制要求
3	结晶分蜜系统	糖粉	回收回溶或经集中收集处理后至排气筒排放
4	包装系统	振动筛选机废气、包装机废气	回收回溶或经集中收集处理后至排气筒排放
5	贮存系统	蔗渣堆放仓发酵臭气	堆场周围设置防尘棚、采取洒水等降尘措施；蔗渣堆场地面采取排水、硬化防渗措施
		煤尘	煤场周围设置防尘网、防尘棚、采取洒水等降尘措施
6	公用单元	厂区综合污水处理站臭气	产臭区域投放除臭剂，或加罩、加盖，或采用引风机引至生物脱臭装置（干法生物滤池）处理、设置喷淋塔除臭

注：制糖工业排污单位执行严于国家标准的地方标准时，可参照执行重点地区无组织排放控制要求。

（4）废水污染物排放浓度合规性判定

1）执法监测

按照监测规范要求获取的执法监测数据超过许可排放浓度限值的，即视为超标。

2）排污单位自行监测

① 自动监测。将按照监测规范要求获取的自动监测数据计算得到的有效日均浓度值（pH 值除外）与许可排放浓度限值进行对比，超过许可排放浓度限值的，即视为超标。对于应采用自动监测而未采用的排放口或污染物，即视为不合规。

对于自动监测，有效日均浓度是对应于以每日为一个监测周期内获得的某个污染物的多个有效监测数据的平均值。在同时监测污水排放流量的情况下，有效日均值是以流量为权的某个污染物的有效监测数据的加权平均值；在未监测污水排放流量的情况下，有效日均值是某个污染物的有效监测数据的算术平均值。

② 手工监测。对于未要求采用自动监测的排放口或污染物，应进行手工监测。按照自行监测方案、监测规范要求开展手工监测，当日各次监测数据平均值或当日混合样监测数据（pH 值除外）超过许可排放浓度限值的，即视为超标。

③ 若同一时段的执法监测数据与排污单位自行监测数据不一致，执法监测数据符合法定的监测标准和监测方法的，以该执法监测数据为准。

（5）废水污染物排放量合规性判定

废水排放口污染物排放量合规指制糖工业排污单位所有废水排放口污染物年实际排放量之和不超过相应污染物的年许可排放量。

3.2.1.4　排污许可环境管理要求

（1）企业自行监测

《排污许可证申请与核发技术规范　农副食品加工工业—制糖工业》（HJ 860.1—2017）废水、废气自行监测的要求如表 3-12～表 3-14 所列。

表 3-12　废水污染物最低监测频次

监测点位		污染物指标	监测频次[1]	
			直接排放	间接排放
重点管理排污单位废水排放口[2]	废水总排放口	流量、pH 值、化学需氧量	自动监测	自动监测
		氨氮	日	日
		悬浮物、五日生化需氧量	月	月
		总氮、总磷	月/日[3]	月
	雨水排放口	化学需氧量	日[4]	日[4]
简化管理排污单位废水排放口[2]	废水总排放口	流量、pH 值、悬浮物、化学需氧量、氨氮、总氮、总磷、五日生化需氧量、	每两个月 1 次	生产期内 1 次

①　设区的市级及以上环境保护主管部门明确要求安装自动监测设备的污染物指标，须采取自动监测。

②　重点管理与简化管理的排污单位依据《固定污染源排污许可分类管理名录》确定；废水总排放口监测指标和监测频次根据所执行的排放标准或当地环境管理要求参照本表确定。

③　水环境质量中总氮（无机氮）/总磷（活性磷酸盐）超标的流域或沿海地区，或总氮/总磷实施总量控制区域，总氮/总磷最低监测频次按日执行。

④　在雨水排放期间按日监测。

表 3-13　有组织废气污染物最低监测频次

污染源	监测点位	监测指标	监测频次
结晶分筛系统	结晶分筛系统装置排气筒	颗粒物	生产期内 1 次
包装系统	包装系统除尘装置排气筒	颗粒物	生产期内 1 次
颗粒粕系统	干燥器废气处理装置排气筒	颗粒物、二氧化硫、氮氧化物	在线监测或每周 1 次
	造粒机除尘装置排气筒	颗粒物	生产期内 1 次

表 3-14　无组织废气污染物最低监测频次

排污单位类型	监测点位	监测指标	监测频次[1]
有装卸料、转运、破碎、蔗渣堆场、滤泥堆场	厂界	臭气浓度	生产期内 1 次
有生化污水处理工序	厂界	臭气浓度、硫化氢、氨	生产期内 1 次

①　若周边有环境敏感点，或监测结果超标的，应适当增加监测频次。

《排污单位自行监测技术指南　农副食品加工业》（HJ 986—2018）废水、有组织废气、无组织废气自行监测要求如表 3-15～表 3-17 所列。

表 3-15　废水排放监测点位、监测指标及最低监测频次

排污单位级别	监测点位	监测指标	监测频次		备注
			直接排放	间接排放	
重点管理排污单位	废水总排放口	流量、pH 值、化学需氧量、氨氮	自动监测	自动监测	适用于所有农副食品加工排污单位；色度选测
		总磷	月/自动监测[1]	季度/自动监测[1]	
		总氮	月（日/自动监测）[2]	季度（日/自动监测[2]）	
		悬浮物、五日生化需氧量	月	季度	
		色度	月	季度	

排污单位级别	监测点位	监测指标	监测频次		备注
			直接排放	间接排放	
重点管理排污单位	废水总排放口	粪大肠菌群数	月	—	制糖业（以甜菜为原料）等生产过程涉及粪大肠菌排放的排污单位选测
		总余氯	月	—	生产过程或废水处理过程中使用含氯物质并直排环境的排污单位选测
	生活污水排放口	流量、pH 值、化学需氧量、氨氮	自动监测	—	适用于所有农副食品加工排污单位
		总磷	月/自动监测①	—	
		总氮	月（日/自动监测）②	—	
		悬浮物、五日生化需氧量	月	—	
		动植物油	月	—	适用于有职工食堂的排污单位
	雨水排放口	化学需氧量、悬浮物	日③		适用于所有农副食品加工排污单位
非重点管理排污单位	废水总排放口	流量、pH 值、化学需氧量、氨氮、总氮、总磷、悬浮物、五日生化需氧量	季度	半年	适用于所有农副食品加工排污单位
		色度、粪大肠菌群数、总余氯	半年	—	根据行业类型及原料工艺确定监测指标
	生活污水排放口	流量、pH 值、化学需氧量、氨氮、总氮、总磷、悬浮物、五日生化需氧量	季度	—	适用于所有农副食品加工排污单位
		动植物油	季度	—	适用于有职工食堂的排污单位

注：1. 设区的市级及以上环境保护主管部门明确要求安装自动监测设备的污染物指标，须采取自动监测。

2. 监测结果有超标记录的，应适当增加监测频次。

① 水环境质量中总磷实施总量控制区域及氮磷排放重点行业重点排污单位，总磷须采取自动监测。

② 水环境质量中总氮实施总量控制区域及氮磷排放重点行业重点排污单位，总氮最低监测频次按日执行，待自动监测技术规范发布后，须采取自动监测。

③ 雨水排放口有流动水排放时按日监测。若监测一年无异常情况，可放宽至每季度开展一次监测。

表 3-16　有组织废气排放监测点位、监测指标及最低监测频次

监测点位		监测指标	监测频次	备注
颗粒粕系统	干燥器排气筒或废气处理设施排放口	颗粒物、二氧化硫、氮氧化物	半月	适用于以甜菜为原料制糖的排污单位
	造粒机排气筒或废气处理设施排放口	颗粒物	半年	
物料储运、净化、破（粉）碎、脱皮（壳）、烘干、筛分、包装等工序车间排气筒或废气处理设施排放口		颗粒物	半年	适用于制糖业等涉及颗粒物排放的排污单位

续表

监测点位	监测指标	监测频次	备注
余热利用系统排气筒或废气处理设施排放口	二氧化硫	半年	适用于建有废气余热利用系统的排污单位。监测指标可根据热源性质进行调整

表 3-17　无组织废气排放监测点位、监测指标及最低监测频次

监测点位	监测指标	监测频次	备注
厂界	臭气浓度①	半年	适用于所有农副食品加工排污单位
	颗粒物	半年	适用于涉及颗粒物排放的排污单位
	氨	半年	适用于建有氨储罐的排污单位
	氨、硫化氢	半年	适用于建有污水收集处理设施的排污单位
污水处理设施周边厂界下风向侧或有臭气方位的边界线上	臭气浓度、氨、硫化氢	半年	建有污水收集处理设施的排污单位选测

① 根据环境影响评价文件及其批复以及原辅用料、生产工艺等，确定是否监测其他臭气污染物。

注：1. 若周边有环境敏感点或监测结果超标的，应适当增加监测频次。

2. 无组织废气监测须同步监测气象因子。

（2）环境管理台账记录

制糖工业排污单位环境管理台账应真实记录生产设施信息、污染治理设施信息、监测记录信息、其他环境管理信息等内容。

① 生产设施运行情况。制糖工业排污单位应记录生产设施基本信息及运行管理信息。生产设施基本信息如设施名称（压榨机、渗出器、硫熏中和器、饱充罐、蒸发罐等）、编码、生产能力等。

制糖工业排污单位应定期记录生产设施运行状况并留档保存，应按班次至少记录运行状态、生产负荷、原辅料及燃料使用情况、主要产品产量等内容。

② 污染治理设施运行情况。制糖工业排污单位应记录污染治理设施基本信息与运行管理信息。部分污染物治理设施运行参数应记录以下内容。

Ⅰ．有组织废气治理设施：如袋式除尘器应记录除尘器进出口压差、过滤风速、风机电流、实际风量等；静电除尘器应记录二次电压、二次电流、风机电流、实际风量等；脱硫系统应记录标态烟气量、原烟气二氧化硫浓度（折标）、净烟气二氧化硫浓度（折标）、脱硫剂用量、脱硫副产物产量等；脱硝系统应记录标态烟气量、原烟气氮氧化物浓度（折标）、净烟气氮氧化物浓度（折标）、脱硝剂用量等。

Ⅱ．无组织废气治理设施：应按天次至少记录以下内容：厂区降尘洒水次数、抑尘剂种类、车轮清洗（扫）方式及原料或产品场地封闭、遮盖情况、是否出现破损等。

废水治理设施台账应包括所有环保设施的运行参数及排放情况等，如：废水处理能力（t/d）、运行参数（包括运行工况等）、废水排放量、废水回用量、污泥产生量及运行费用（元/t）、滤泥量及去向、出水水质（各因子浓度和水量等）、排水去向及受纳水体、排入的污水处理厂名称等。

③ 监测记录信息。制糖工业排污单位应记录自动监测运维信息和手工监测信息。

自动监测运维信息包括：自动监测系统运行状况、系统辅助设备运行状况、系统校准和校验工作等；仪器说明书及相关标准规范中规定的其他检查项目；校准、维护保养、维修记录等。

对于无自动监测的大气污染物和水污染物指标，排污单位应当按照排污许可证中监测方案所确定的监测频次要求记录开展手工监测的日期、时间、污染物排放口和监测点位、监测方法、监测频次、监测仪器及型号、采样方法等，并建立台账记录报告。

（3）执行报告要求

制糖工业排污单位应按照排污许可证中规定的内容和频次定期上报执行报告。制糖工业排污单位原则上应至少每自然年上报一次排污许可证年度执行报告，年报应于次年一月底前提交至排污许可证核发机关。

年度执行报告内容应包括基本生产信息、遵守法律法规情况、污染防治设施运行情况、自行监测情况、台账管理情况、实际排放情况及合规判定分析、环境保护税缴纳情况、信息公开情况、排污单位内部环境管理体系建设与运行情况、其他排污许可证规定的内容执行情况、环境监察执法记录问题的反馈、其他需要说明的问题、结论、附图附件等。

（4）污染防治技术运行管理要求

《排污许可证申请与核发技术规范　农副食品加工工业—制糖工业》（HJ 860.1—2017）规定了污染防治可行技术的运行管理要求。该标准部分规定如下所述。

1）有组织排放控制要求

① 加强除尘设备巡检，消除设备隐患，保证正常运行。布袋除尘器应定期更换滤袋，保证滤袋完整无破损。电除尘器定期检修维护极板、极丝、振打清灰装置。

② 通过蔗渣干燥、粉碎、磨细等措施，提高蔗渣锅炉燃烧效率，减少污染物排放。

2）无组织排放控制要求

① 蔗渣输送廊道应为密封廊道，在输送交接部分应设置抑尘装置，蔗渣堆场、除髓打包间应设置防尘设施，有效抑制蔗渣扬尘。

② 有条件的企业应选用喷射式自控燃硫炉、汽化旋风低温燃硫炉等高效燃硫设备；使用传统燃硫炉的企业，应设置二氧化硫吸收装置，对生产不正常情况下溢出的二氧化硫进行吸收，或就近接入有组织排放口，防止二氧化硫泄漏。

③ 对于露天储煤场应配备防风抑尘网、喷淋、洒水、苫盖等抑尘措施，且防风抑尘网不得有明显破损。煤粉、石灰石粉等粉状物料须采用筒仓等封闭式料库存储。其他易起尘物料应苫盖。

3）废水处理可行技术运行管理要求

废水处理应符合以下要求。

① 应进行雨污分流、清污分流、污污分流、冷热分流，分类收集、分质处理，循环利用，污染物稳定达到排放标准要求。

② 甜菜制糖企业应建立封闭式压粕水回收系统，回用至渗出器。

③ 加热器、蒸发罐、煮糖罐的清洗用水应回收利用。

④ 应分别建立甜菜流送洗涤水循环系统、冷凝器冷凝水闭合循环系统、汽轮机冷却水循环系统、锅炉冲灰水循环系统及其他废水循环系统，提高废水循环利用率。

⑤ 澄清工段应减少滤布洗水产生量，提高滤布洗水循环利用率，企业应根据自身生产状况选择无滤布真空吸滤机、全自动隔膜压滤机等高效、节能、节水设备。

⑥ 蒸发、煮糖工段应根据企业自身生产状况选择高效捕汁器、喷雾真空冷凝器等高效节水设备。

3.2.2　排污许可证核发现状

截至 2022 年底，制糖工业核发排污许可证的企业共 497 家，其中甜菜制糖企业 30 家，甘蔗制糖企业 200 家，其余 267 家企业以成品制糖为主。其中，排污许可重点管理企业 250 家，简化管理企业 247 家。制糖工业许可信息公开企业按品种分布情况如图 3-5 所示。

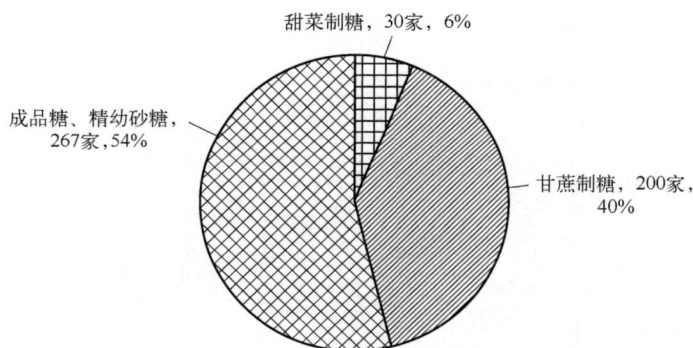

图 3-5　制糖工业许可信息公开企业按品种分布情况

从企业地区分布情况看，甘蔗制糖企业主要分布在广西（92 家）、云南（65 家）、广东（29 家）、海南（9 家）及其他 5 家；甜菜制糖企业主要分布在新疆（14 家）、内蒙古（6 家）、黑龙江（2 家）及其他 8 家；成品糖、精幼砂糖生产企业主要分布在山东、广东、浙江、陕西、云南、广西等地。甘蔗制糖工业许可信息公开企业按地区分布情况如图 3-6 所示，甜菜制糖工业许可信息公开企业按地区分布情况如图 3-7 所示。

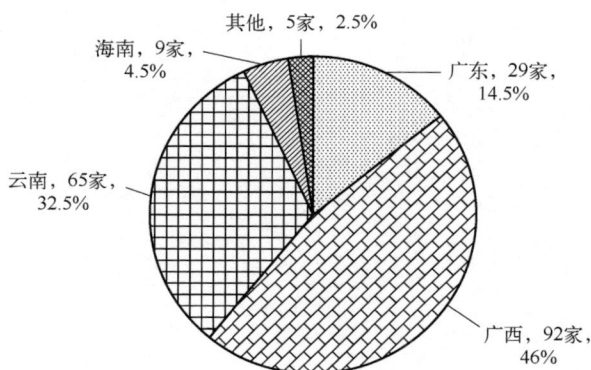

图 3-6　甘蔗制糖工业许可信息公开企业按地区分布情况

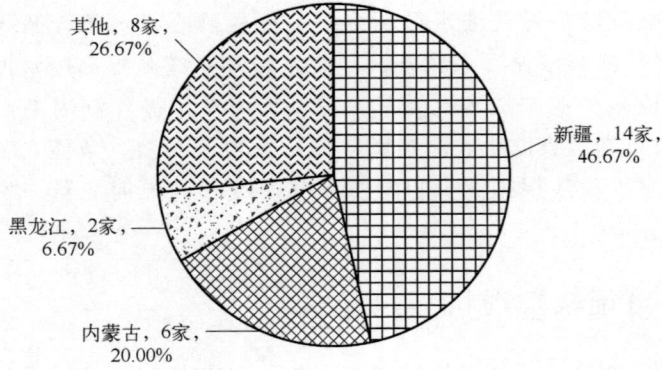

图 3-7　甜菜制糖工业许可信息公开企业按地区分布情况

　　截至 2022 年底，制糖行业登记信息公开企业共 190 家。制糖行业登记信息公开企业按地区分布情况如图 3-8 所示。

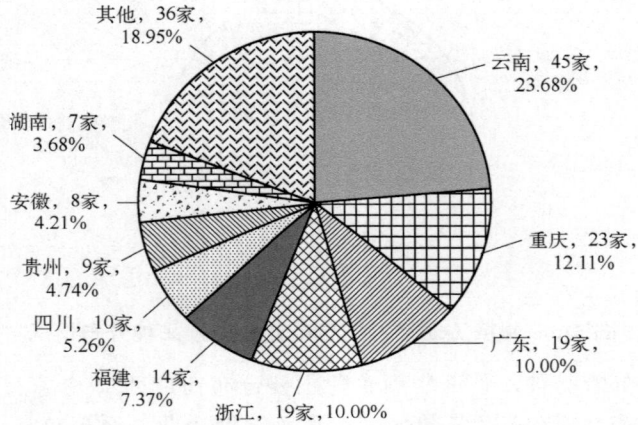

图 3-8　制糖行业登记信息公开企业按地区分布情况

4.1 排污许可证核发要点

4.1.1 材料的完整性审核

申报材料应包括以下几部分：

① 排污许可证申请表；

② 守法承诺书；

③ 申请前信息公开情况说明表（简化管理除外）；

④ 附图（工艺流程图和平面布置图）；

⑤ 相关附件等材料。

以下 3 种情况不予受理：

① 位于法律法规明确规定禁止建设区域内的淀粉和制糖排污单位或者生产装置。

② 属于国家或地方已明确规定予以淘汰或取缔的淀粉和制糖排污单位或者生产装置。

③ 既没有环评手续，也没有地方政府对违规项目的认定或备案文件的淀粉和制糖排污单位或者生产装置。

4.1.2 淀粉工业材料的规范性审核

本书仅对排污许可证申请表的规范性进行说明。

排污许可证申请表主要核查企业基本信息，主要生产装置、产品及产能信息，主要原辅材料及燃料信息，废气、废水等产排污环节，排放污染物种类及污染治理设施信息，执行的排放标准，许可排放浓度和排放量，申请排放量限值计算过程，自行监测及记录信息，环境管理台账记录等。部分审核要点如下所述。

4.1.2.1　生产能力填报

生产能力为主要产品设计产能（以商品计），计量单位为 t（最终产品，以商品计）/a，不包括国家或地方政府予以淘汰或取缔的产能。例如：《产业结构调整指导目录（2024年本）》将"年处理 15 万吨以下、总干物收率 97% 以下的湿法玉米淀粉生产线（特种玉米淀粉生产线除外）"列为淘汰类；淀粉糖酸法生产工艺已被列入《部分工业行业淘汰落后生产工艺装备和产品指导目录（2010 年本）》；还有地方政府规定，如《宁夏回族自治区人民政府批转关于淘汰生产工艺落后马铃薯淀粉企业实施意见的通知》（宁政发〔2012〕79 号），2013 年底全部淘汰 1 万吨以下马铃薯淀粉企业。

生产能力是排污许可量核算依据，是重点审核项之一。

实际产能与设计产能有变动的，依据《关于印发淀粉等五个行业建设项目重大变动清单的通知》（环办环评函〔2019〕934 号）规定：淀粉或淀粉制品生产能力增加 30% 及以上属重大变动，需要变更环评；生产能力增加 30% 以下的（不含 30%）不需要变更环评。排污许可证许可排放量按环评批复的产能核算，在不增加排污量前提下可以增加产能 30% 以下。

4.1.2.2　生产设施填报

排污许可证申请表填报时不必填报所有生产设施，可以从以下几个方面进行生产设施填报。

①《排污许可证申请与核发技术规范　农副食品加工工业—淀粉工业》（HJ 860.2—2018）（以下简称《技术规范》）中"表 1　淀粉工业排污单位主要生产单元、主要工艺及生产设施名称一览表"所列的生产设施（且企业具有的设施）基本都属于淀粉企业产污治污和表征生产单元生产能力的设施。根据技术规范的要求，结合企业实际情况，逐台列出，逐一填报，便于记录管理。设施参数及单位按《技术规范》填报，与《技术规范》中设施参数及单位不同的，换算后填报。一条生产线生产多品种产品的，共用生产设施只填报一次，并在其他信息中注明。

② 填报环评中的生产设施。环评中所列的生产设施一般都是环境影响评估的主要生产设施，填报后便于地方生态环境管理部门审核。

填报的基本要求是：生产线全覆盖；按产污设施（废水、废气、固体废物）到治污设施到达标排放的过程进行填报。地方生态环境管理部门如果对噪声有管理要求的，噪声产污生产设施也需要填报。

目前，排污许可申请系统暂不能排序，也不支持数据导入，填报内容较多时不易查找，为了便于填报、查找及修改，建议填报前准备好如下所述的三张表。

① 生产设施明细表。内容包括生产单元名称、主要工艺名称、生产设施名称、设施编号、设施参数及单位、参数值、安装位置等。

② 排污口对应产污设施明细表。内容包括排污口编号、排污口名称、对应设施名称、对应设施编号、对应产污环节名称、污染控制项目、污染治理设施编号、污染治理

设施名称、污染治理设施工艺等。

③ 有组织排气口统计表。内容包括排污口位置、废气产污环节、污染控制项目、治理技术、是否为可行技术、排放口编号、排放口名称、执行标准及排放浓度限值、排放速率、排气筒直径、排气筒高度、排放口经度、排放口纬度等。

4.1.2.3 大气污染物排放信息填报

大气污染物排放信息是淀粉工业排污许可证申请表填报及审核的难点之一，所占分量也最大。由于淀粉工业在2015年1月1日前建厂较多，也存在建厂时没有经过正规设计单位设计，很大一部分企业需要进行整改才能符合规范要求。《排污许可证申请与核发技术规范　农副食品加工工业—淀粉工业》（HJ 860.2—2018）中"表3　淀粉工业排污单位废气产污环节、污染控制项目、排放形式及污染治理设施一览表"列出了淀粉工业全部废气产污环节、污染控制项目、排放形式及污染治理设施。

技术规范对淀粉工业有组织废气要求较高，锅炉废气、净化废气、燃硫废气、浸泡废气、洗涤废气、粉碎废气、投料废气、反应废气、加药废气、干燥废气（各种干燥、风送）、冷却废气、筛分废气、废热利用废气（废热不利用则为玉米淀粉干燥废气且废热不利用废气）等为有组织废气。企业根据现状情况，建议按以下步骤进行填报。

（1）按《技术规范》填报

按《技术规范》中"表3　淀粉工业排污单位废气产污环节、污染控制项目、排放形式及污染治理设施一览表"列出需要填报的有组织和无组织废气清单，排除企业没有的废气。其中有组织废气可参考表4-1选填。

表4-1　有组织废气选填参考

生产单元		废气产污环节	污染控制项目	选填项	例外情况说明
淀粉生产	净化	净化废气	颗粒物	可选填	如玉米不筛选情况
	浸泡	燃硫废气	二氧化硫	可选填	如使用液体二氧化硫辅料
		浸泡废气	二氧化硫	必填	
	破碎	破碎废气	二氧化硫	必填	
	洗涤	洗涤废气	二氧化硫	必填	
	粉碎	粉碎废气	颗粒物	可选填	如密闭粉碎或与负压风送一体
	干燥	玉米淀粉干燥废气且废热不利用废气	颗粒物、二氧化硫	可选填	与废热利用废气，必选其一
		其他淀粉干燥废气	颗粒物	必填	所有风送、气流干燥等
	筛分	筛分废气	颗粒物	可选填	如密闭筛分不排气或不筛分
淀粉糖生产	投料	投料废气	颗粒物	可选填	如以淀粉乳为原料
	干燥	干燥废气	颗粒物	必填	
		冷却废气	颗粒物	可选填	如不用冷却装置

续表

生产单元		废气产污环节	污染控制项目	选填项	例外情况说明
变性淀粉生产	预处理	加药废气	氯化氢、非甲烷总烃、颗粒物	必填	根据产品工艺情况确定
		干燥废气	颗粒物	必填	
	反应	反应废气	氯化氢、非甲烷总烃、颗粒物	必填	
	干燥	干燥废气	颗粒物	必填	
	筛分	筛分废气	颗粒物	可选填	如密闭筛分不排气或不筛分
淀粉制品生产	干燥	干燥废气	颗粒物	可选填	如不用干燥机（如晾晒）及不用风送系统
公用单元		（锅炉）燃烧废气	颗粒物	可选填	如无锅炉外购蒸汽情况
			二氧化硫		
			氮氧化物		
			汞及其化合物		
			烟气黑度（林格曼黑度，级）		
		废热利用废气	二氧化硫	可选填	与废热不利用废气，必选其一

（2）有组织废气填报

① 有组织废气在环评文件中按有组织废气体现，且采用《技术规范》中"表8 淀粉工业排污单位废气治理可行技术"的排放口，在"排污单位登记信息—排污节点及污染治理设施"中按有组织废气填报，是否为可行技术选"是"。

② 有组织废气在环评文件中按有组织废气体现，但没采用《技术规范》中"表8 淀粉工业排污单位废气治理可行技术"（比如终端处理设施为旋风除尘器）的排放口，在"排污单位登记信息—排污节点及污染治理设施"中按有组织废气填报，是否为可行技术选"否"，是否需要在其他信息中注明"待改"，遵从当地生态环境管理部门规定。

③ 有组织废气在环评文件中按无组织废气体现或未体现的排放口，无论现状是有组织废气还是无组织废气，在"排污单位登记信息—排污节点及污染治理设施"中按无组织废气填报，在其他信息中注明"待改"，在改正规定中承诺改正措施及时限，改正完成后变更排污许可证。

④ 如果《技术规范》中为无组织废气，而环评文件中为有组织废气的排放口，在"排污单位登记信息—排污节点及污染治理设施"按有组织废气填报；如没采用《技术规范》中"表8 淀粉工业排污单位废气治理可行技术"的排放口，在"排污单位登记信息—排污节点及污染治理设施"按有组织废气填报，在其他信息中注明"待改"，在改正规定中承诺改正措施及时限。《技术规范》中为无组织废气而实际按有组织废气填报，从严执行，审核是可以通过的。

②、③两种情况，按《关于修改〈建设项目环境影响评价分类管理名录〉部分内容

的决定》（生态环境部令　第 1 号）附件《建设项目环境影响评价分类管理名录》修改单（行业类别：三十四、环境治理专业），需要变更环评，环评类别为报告表，变更报批备案后，再按《技术规范》"表 8　淀粉工业排污单位废气治理可行技术"进行整改。

以上有组织废气填报应遵从当地生态环境管理部门意见。

（3）无组织废气填报

《技术规范》中为无组织废气，环评中为无组织废气或没体现的，按无组织废气填报，在"排污单位登记信息—排污节点及污染治理设施"中不用填报，在"大气污染物排放信息—无组织排放信息"中填报。注意，上述②、③中的无组织废气也会自动带入"大气污染物排放信息—无组织排放信息"中，以后变更申请为有组织废气时会自动删除。

注意事项：

①"排污单位登记信息—排污节点及污染治理设施"中填报无组织废气，不需填报污染治理设施及排放口信息，更不能再填是可行技术，否则前后矛盾。

② 有组织排气筒高度、排放速率等按《大气污染物综合排放标准》（GB 16297—1996）规定执行，并按《排污口规范化整治技术要求（试行）》（环监〔1996〕470 号）进行整治。如果排放的废气污染控制项目相同，可以就近合并排放。如浸泡废气、破碎废气、洗涤废气等污染控制项目都是二氧化硫，可以就近合并排放，并在其他信息中注明。

③ 废气产污环节与污染控制项目必须与《技术规范》中"表 3　淀粉工业排污单位废气产污环节、污染控制项目、排放形式及污染治理设施一览表"对应，不容填错。如结晶糖、葡萄糖酸钠分离机废气，如在"排污单位登记信息—排污节点及污染治理设施"中填"分离废气"，污染控制项目填"颗粒物"，就属于填报错误，因为技术规范中"分离废气"对应的污染控制项目是"二氧化硫"，审核时会判错误，可以改填为"干燥废气"，对应污染控制项目填"颗粒物"。

④ 在填报"排污单位登记信息—排污节点及污染治理设施"时宜逐条添加，慎用"带入新增生产设施"，否则会把"主要产品及产能补充"生产设施全部带入，造成大量不需要信息，删除比较费时。

⑤《技术规范》中燃烧废气有组织排放口为主要排放口，而《排污许可证申请与核发技术规范　锅炉》（HJ 953—2018）中规定：单台出力 10t/h（7MW）以下且合计出力 20t/h（14MW）以下锅炉排污单位的所有有组织排放口为一般排放口，应按锅炉规范执行或由当地生态环境管理部门规定。

4.1.2.4　固体废物填报

《排污许可证申请与核发技术规范　农副食品加工工业—淀粉工业》（HJ 860.2—2018）规定："生产车间产生的玉米皮渣、薯皮、薯渣、滤泥、淀粉渣、糖化废渣、落地粉、母液等应尽可能进行综合利用。"需要填报单位对号进行排查，排除不产生的或不外排的（生产线内已利用），在工艺流程图中标明，产生的尽可能进行综合利用，不进行利用仍是固体废物。一般来说营业执照经营范围内的产品、列入农业农村部单一饲料产品目录（如喷浆玉米皮、淀粉渣、糖渣等）、有产品质量标准（企业标准需要备案及公示）的可以排除固体废物。也可以根据《固体废物鉴别标准　通则》（GB 34330—2017）进行鉴别固体废物或是副产品。是否属于危险废物可根据《危险废物鉴别标准》（GB 5085.1～GB 5085.7）及《危险废物鉴别技术规范》（HJ 298—2019）鉴别。

淀粉企业可能产生的固体废物如表 4-2 所列。

表 4-2　淀粉企业可能产生的固体废物汇总

生产单元	生产单元	工艺/设施	固体废物名称	固体废物分类	备注
淀粉生产	玉米净化	玉米筛选	玉米杂质	一般固体废物	可部分利用
		玉米除铁	铁类杂质	一般固体废物	
	浸泡除石	上料除石	砂石杂质	一般固体废物	
		放料除石		一般固体废物	
		砂石捕集器		一般固体废物	
	玉米浸泡	玉米浆蒸发	玉米浆	一般固体废物	可用于生产喷浆玉米皮
	纤维洗涤	纤维筛分	玉米皮渣、薯皮、薯渣	一般固体废物	综合利用
	分离前除砂	除砂器	细砂杂质	一般固体废物	
	过滤器	旋转过滤器	颗粒杂质	一般固体废物	可综合利用
淀粉糖生产	净化	除渣	糖渣	一般固体废物	可综合利用
		脱色	废活性炭	一般固体废物	
		离子交换	废树脂	危险废物	
	分离（结晶糖）	分离	母液	一般固体废物	综合利用
葡萄糖酸盐生产	净化	除渣	废渣	一般固体废物	
		脱色	废活性炭	一般固体废物	
	分离	分离	母液	一般固体废物	综合利用
公用工程	污水处理	污泥脱水	污泥	一般固体废物	
	锅炉	燃料燃烧	煤渣、炉灰	一般固体废物	
	仓储	破包、撒落	落地粉	一般固体废物	可综合利用
	厂内化验室	化验室	废弃物	危险废物	含液体、半液体

注：根据工艺不同，固体废物产生也有所不同。如综合利用的在备注中填一下具体如何利用的信息，废弃的危险化学品属危险废物。

4.1.2.5　水污染物排放信息填报

（1）水污染物控制指标确定

排污许可证申请表默认水污染物控制指标为化学需氧量和氨氮。位于《"十三五"

生态环境保护规划》及生态环境部正式发布的文件中规定的总磷、总氮总量控制区域内的重点管理淀粉工业排污单位，还应分别加上总磷及总氮控制指标。受纳水体环境质量年均值超标且列入《淀粉工业水污染物排放标准》（GB 25461—2010）中的其他相关排放因子，且地方生态环境管理部门明确要求对此类因子控制排放量的，这些因子应纳入控制指标。如重点管理的淀粉企业位于总氮控制区，不属于总磷控制区，受纳水体环境质量年均值总磷超标，总磷应纳入控制指标，这样该重点管理淀粉企业水污染物控制指标为化学需氧量、氨氮、总氮、总磷，并申请年许可排放量。

（2）年许可排放量计算

年许可排放量有两种计算方法，填报单位都要计算，结果取严。将通过计算得来的排放量与总量控制指标以及环评批复值（2015 年 1 月 1 日后通过环评的单位）比较取严，才能确定许可排放量。申请年排放量限值计算过程，如计算方法、公式、参数选取依据以及计算结果的描述等内容要填报或以附件上传。

① 基于淀粉（乳）进行计算，以淀粉（乳）设计产能（以商品计）作为产量。淀粉（乳）再加工与否，都不得重复计算。产品产能即设计淀粉（乳）产量。基准排水量根据原料按《淀粉工业水污染物排放标准》（GB 25461—2010）选取。如以玉米为原料，基准排水量为 $3m^3/t$ 淀粉。《淀粉工业水污染物排放标准》（GB 25461—2010）定义的排水量是指生产设施或企业向企业法定边界排放的废水量，包括与生产有直接或间接关系的各种外排废水（如厂区生活污水、冷却废水、厂区锅炉和电站排水等）。水污染物许可排放浓度限值按《淀粉工业水污染物排放标准》（GB 25461—2010）及修改单执行，地方有更严标准的从地方标准。

② 基于终产品进行计算，以各种终产品（不计副产品、不计中间体）设计产能（以商品计）作为产量。以商品出售的淀粉（乳）计算产量，进一步加工的淀粉（乳）不计算产量。

4.1.2.6　自行监测方案

自行监测方案可下载模板进行编写，主要内容为有组织废气自行监测内容表、废水自行监测内容表及无组织排放自行监测内容表，编写时需要注意以下几点。

① 监测内容：废气、废水及无组织排放监测项目如排水流量、排气的烟气参数（有组织排放时）或气象参数（无组织排放时），与排污许可证申请表中的每一排放口、无组织排放监测点一一对应，不能遗漏。

② 监测项目：逐一填报排放口、监测点位、监测频次、执行排放标准、标准限值、监测方法、分析仪器等信息。其中监测频次严格按技术规范要求执行，监测频次可以严于技术规范，废水要求在线监测的必须在线监测，不得更改；执行排放标准，填报完整的标准名称及标准号；标准限值，严格按标准执行，低于标准也不允许。在排污许可证有效期内标准值有变化的，或标准中规定按不同月份执行不同排放标准值的，同时要填写现行值和变化值，并在备注中注明时段节点；监测方法，采用标准规定的监测方法，填报完整的监测方法名称及标准号；分析仪器，填报监测方法中的主要

仪器。

③ 监测点位示意图：企业可根据具体情况自行确定比例，厂区较大的可以分多张图，标明工厂方位、四邻，标明办公区域、主要生产车间（场所）及主要设备的位置，标明各种污染治理设施的位置，标明污水排放口、雨水排放口及其监测点位的编号及其名称。

4.1.2.7　执行标准及许可排放浓度限值

执行标准及许可排放浓度限值是排污许可证申请表的核心内容，不容出错，一旦出错审核不会通过，需要特别谨慎填报。如果把握不准，企业管理人员务必要咨询当地生态环境管理部门。建议找到标准文件，仔细研读。

企业在填写执行标准时，应采用标准的现行有效版本，如有修改单的标准应注明修改单及文号，应确保每一项许可排放浓度限值在标准及修改单中都查有依据。

执行标准及排放浓度限值在排污许可证有效期内有变化或排放浓度限值按不同月份执行的要注明，涉及许可排放量的要分段计算。如山东省某淀粉企业（地处一般控制区）2018 年申请排污许可证时，颗粒物执行《山东省区域性大气污染物综合排放标准》（DB37/ 2376—2013）（该标准现已修订为 DB37/ 2376—2019）第三时段排放浓度限值 30mg/m³；2020 年 1 月 1 日起执行第四时段排放浓度限值 20mg/m³，2020 年 1 月 1 日在排污许可证有效期内，企业应在排污许可证申请表予以注明。再如河南省《省辖海河流域水污染物排放标准》（DB41/ 777—2013）中氨氮排放标准，4～10 月期间氨氮排放浓度限值与 1～3 月、11～12 月期间氨氮排放浓度限值不同，在申请表应注明。

4.1.2.8　其他

① 非甲烷总烃是变性淀粉生产过程中的监测项目，也是所有淀粉工业厂界无组织废气监测指标，无组织非甲烷总烃主要来源于干燥、风送、筛选、包装等环节。

② 颗粒炭再生系统废气污染物控制项目为颗粒物、二氧化硫、黑度、氮氧化物。颗粒物、二氧化硫、黑度执行《工业炉窑大气污染物排放标准》（GB 9078—1996），或从严执行地方工业炉窑大气污染物排放标准；氮氧化物执行《大气污染物综合排放标准》（GB 16297—1996），或从严执行地方大气综合污染物排放标准。

③ 填报无组织排放控制要求时，如技术规范中"转运废气"无组织排放控制要求为："输运车辆采用覆盖防风抑尘网或洒水抑尘，或者加强输运设施密封，或者原料场出口配备车轮清洗（扫）装置，或者收集送除尘装置处理（喷淋系统、旋风除尘、袋式除尘、旋风除尘+袋式除尘等）"。填报无组织排放管控现状时没必要将所有控制要求都填上，按企业实际控制情况填报即可。

④ 锅炉及火电废气污染物年许可排放量计算参照锅炉及火电排污许可技术规范执行。

4.1.3　制糖工业材料的规范性审核

从"全国排污许可证管理信息平台"选取部分制糖企业排污许可证，对其规范性进行分析，部分问题如下所述。

4.1.3.1 生产能力填报

部分制糖企业未填写产品生产能力及设计生产时间，无法确定其为重点管理或简化管理企业。根据《固定污染源排污许可分类管理名录（2019 年版）》相关规定，"日加工糖料能力 1000 吨及以上的原糖、成品糖或者精制糖生产企业"属于排污许可重点管理范畴。

4.1.3.2 生产设施填报

部分制糖企业生产设施、污染控制项目、污染治理设施名称、污染治理设施工艺等填报有误。如某企业漏填熏硫燃硫炉、石灰消和机、筛分机产生的颗粒物无组织排放及控制措施；某企业未对筛分机、包装系统等废气排放口进行填报和识别；某企业未填报污水处理站臭气无组织排放控制要求（如投放除臭剂、加盖、加罩、采用引风机引至生物脱臭装置、喷淋塔除臭等）。

4.1.3.3 大气污染物排放信息填报

① 部分制糖企业漏填部分生产设施大气污染物种类。如某企业漏填蔗渣堆放仓氨、硫化氢、臭气浓度；某企业漏填真空吸滤机氨、硫化氢；某企业漏填污水处理站臭气浓度；某企业生物质锅炉漏填"汞及其化合物"等。

② 大气污染物许可排放量核算依据不准确。某制糖企业生物质（蔗渣）锅炉的基准排气量直接选用燃煤锅炉的基准排气量，没有用外延法或内差法核算蔗渣对应的基准排气量，基准排气量偏大，导致污染物许可排放量偏大。某制糖企业计算废气许可排放量时未采用基准排气量，根据《技术规范》要求，制糖企业锅炉排放口大气污染物年许可排放量，依据大气污染物许可排放浓度限值、基准排气量和设计燃料用量相乘核定；颗粒粕干燥器排放口基准排气量为 11000m^3（标态，干烟气量）/t 颗粒粕。

4.1.3.4 水污染物排放信息填报

① 漏填水污染物排放信息。如部分制糖企业缺少生活污水、雨水排放、锅炉循环冷却水等废水排放及污染因子的填报。

② 水污染物许可排放量核算依据不准确。部分制糖企业 COD_{Cr}、氨氮等水污染物的许可排放量未按照《技术规范》要求按两种方式（第一种方式为依据水污染物许可排放浓度限值、单位产品基准排水量和产品产能核定；第二种方式为依据生产单位产品的水污染物排放量限值和产品产能核定）分别计算，应从严确定许可排放量。

4.1.3.5 自行监测方案

① 部分制糖企业废气二氧化硫，废水流量、COD_{Cr}、pH 值未按要求安装自动在线监测设施开展监测。

② 部分制糖企业漏填雨水排放口监测要求，根据《技术规范》要求，制糖企业雨水排放口应监测化学需氧量。

③ 部分制糖企业颗粒粕废气处理系统排放口自行监测频次不符合《技术规范》要求；缺少颗粒粕造粒系统废气排放口自行监测频次要求。

④ 部分制糖企业漏填厂界无组织排放的自行监测内容，根据《技术规范》要求，制糖企业装卸料、转运、破碎、蔗渣堆场、滤泥堆场应在厂界监测臭气浓度；生化污水处理设施应在厂界监测臭气浓度、硫化氢和氨。

⑤ 部分制糖企业自行监测频次填报有误。如某企业使用 20t/h 燃煤锅炉，根据《排污单位自行监测技术指南　火力发电及锅炉》（HJ 820—2017）的要求，颗粒物、氮氧化物和二氧化硫应安装自动在线监测设施，其他污染物监测频次要求为 1 次/季度，而不是 1 次/半年。

4.1.3.6　环境管理台账、附图、附件等

① 部分制糖企业附件提供的平面布置图分辨率低，生产废水、雨水等排水管线布置情况不清晰，缺少雨水、污水集输管线走向、排放口位置等。

② 部分制糖企业环境管理台账不齐全。如某制糖企业环境管理台账主要为锅炉废气治理设施相关运维记录，缺少制糖生产工艺废水、主要生产工序废气处理设施运行维护、其他环保信息等记录内容。

4.1.4　排污许可证信息填报样表

4.1.4.1　玉米淀粉排污单位填报样表

玉米淀粉排污单位排污许可证信息填报中生产废气和废水产排污节点、污染物及污染治理设施信息填报样表如表 4-3～表 4-5 所列。

4.1.4.2　薯类淀粉排污单位填报样表

薯类淀粉排污单位排污许可证信息填报中生产废气和废水产排污节点、污染物及污染治理设施信息填报样表如表 4-6～表 4-8 所列。

4.1.4.3　甜菜制糖排污单位填报样表

甜菜制糖排污单位排污许可证信息填报中生产废气和废水产排污节点、污染物及污染治理设施信息填报样表如表 4-9、表 4-10 所列。

4.1.4.4　甘蔗制糖排污单位填报样表

甘蔗制糖排污单位排污许可证信息填报中生产废气和废水产排污节点、污染物及污染治理设施信息填报样表如表 4-11、表 4-12 所列。

表 4-3　玉米淀粉排污单位废气产排污节点、污染物及污染治理设施信息

序号	生产设施名称	对应污染环节名称	污染物种类	排放形式	污染治理设施				有组织排放口名称	排放口设置是否符合要求	排放口类型	其他信息
					污染治理设施名称	污染治理设施工艺	是否为可行技术	污染治理设施其他信息				
1	料场	装卸料废气	颗粒物	无组织	加强密封		—	加强密封				
2	提机	运输料废气	颗粒物	无组织	加强密封		—	加强密封				
3	粮仓	装卸料废气	颗粒物	无组织	加强密封		—	加强密封				
4	传送带	运输料废气	颗粒物	无组织	加强密封		—	加强密封				
5	清理筛	净化废气	颗粒物	无组织	加强密封		—	加强密封				
6	浸泡装置	浸泡废气	二氧化硫	有组织	碱液喷淋	碱液喷淋	是		浸泡罐废气排放口	是	一般排放口	
7	燃硫设备	燃硫废气	二氧化硫	有组织	碱液喷淋	碱液喷淋	是		燃硫设备废气排放口	是	一般排放口	
8	玉米破碎机	破碎废气	二氧化硫	有组织	碱液喷淋	碱液喷淋	是		破碎废气排放口	是	一般排放口	
9	胚芽洗涤装置	洗涤废气	二氧化硫	无组织	加强密封	加强密封						
10	干燥系统	胚芽干燥	二氧化硫、颗粒物	有组织	除尘系统	旋风除尘+水幕除尘+碱液喷淋	是		胚芽干燥废气排放口	是	一般排放口	
11	干燥系统	淀粉干燥	颗粒物	有组织	除尘系统	旋风除尘+碱液喷淋除尘	是		淀粉干燥废气排放口	是	一般排放口	
12	麸质干燥及风送系统	麸质干燥	颗粒物	有组织	除尘系统	旋风除尘+水幕除尘	是		麸质干燥废气排放口	是	一般排放口	
13	精磨	破碎废气	二氧化硫	有组织	碱液喷淋	碱液喷淋	是		精磨废气排放口	是	一般排放口	
14	纤维洗涤装置	洗涤废气	二氧化硫	无组织	加强密闭		—	加强密闭				
15	预浓缩分离机	分离废气	二氧化硫	无组织	加强密闭		—	加强密闭				
16	胚芽洗涤装置	洗涤废气	二氧化硫	无组织	加强密闭		—	加强密闭				
17	胚芽包装线	包装废气	颗粒物	有组织	旋风除尘器	旋风除尘+水幕除尘+碱液喷淋	是		胚芽包装废气排放口	是	一般排放口	

续表

序号	生产设施名称	对应产污环节名称	污染物种类	排放形式	污染治理设施				有组织排放口名称	排放口设置是否符合要求	排放口类型	其他信息
					污染治理设施名称	污染治理设施工艺	是否为可行技术	污染治理设施其他信息				
18	铁质包装线	包装废气	颗粒物	无组织	加强密闭			加强密闭				
19	淀粉包装线	包装废气	颗粒物	无组织	加强密闭	—		加强密闭				
20	除渣过滤机	过滤废气	颗粒物	无组织	加强密闭	—		加强密闭				
21	葡萄糖包装线	包装废气	颗粒物	无组织	加强密闭	—		加强密闭				
22	板框压滤机	过滤废气	颗粒物	无组织	加强密闭	—		加强密闭				
23	蛋白库	存储废气	颗粒物	无组织	加强密闭	—		加强密闭				
24	淀粉成品库房	存储废气	颗粒物	无组织	加强密闭	—		加强密闭				
25	糊精库房	存储废气	颗粒物	无组织	加强密闭	—		加强密闭				
26	综合污水处理站	污水处理、污泥堆放和处理	臭气浓度、氨、硫化氢	无组织	产臭区域投放除臭剂	—		产臭区域投放除臭剂				

表 4-4　玉米淀粉排污单位废水产排污节点、污染物及污染治理设施信息

序号	排放口名称	排放口地理坐标		排放去向	排放规律	间歇排放时段	受纳污水处理厂信息			
		经度	纬度				污水处理厂名称	污染物种类	排水协议规定的浓度限值/（mg/L）	国家或地方污染物排放标准浓度限值/（mg/L）
1	废水总排放口	×××°××′××″	××××°××′××″	进入城市污水处理厂	连续排放，流量稳定	—	××污水处理厂	总氮（以N计）	55	55
								悬浮物	0	70
								pH值	6～9（无量纲）	6～9（无量纲）
								化学需氧量	500	300
								总磷（以P计）	5	5
								五日生化需氧量	300	70
								氨氮（NH₃-N）	40	35

表 4-5　玉米淀粉排污单位废水污染物排放执行标准

序号	排放口名称	污染物种类	国家或地方污染物排放标准		排水协议规定的浓度限值/（mg/L）	环境影响评价批复要求/（mg/L）	承诺更加严格排放限值/（mg/L）
			标准名称	浓度限值/（mg/L）			
1	废水总排放口	氨氮（NH3-N）	《淀粉工业水污染物排放标准》（GB 25461—2010）	35	40	40	—
2	废水总排放口	化学需氧量	《淀粉工业水污染物排放标准》（GB 25461—2010）	300	500	500	—
3	废水总排放口	总氮（以 N 计）	《淀粉工业水污染物排放标准》（GB 25461—2010）	55	55	55	—
4	废水总排放口	五日生化需氧量	《淀粉工业水污染物排放标准》（GB 25461—2010）	70	300	300	—
5	废水总排放口	悬浮物	《淀粉工业水污染物排放标准》（GB 25461—2010）	70	70	70	—
6	废水总排放口	总磷（以 P 计）	《淀粉工业水污染物排放标准》（GB 25461—2010）	5	5	5	—
7	废水总排放口	pH 值	《淀粉工业水污染物排放标准》（GB 25461—2010）	6～9（无量纲）	6～9（无量纲）	6～9（无量纲）	—

表 4-6　薯类淀粉排污单位废气产排污节点、污染物及污染治理设施信息

序号	主要生产单元名称	生产设施名称	对应产污环节名称	污染物种类	排放形式	污染治理设施				有组织排放口名称	排放口设置是否符合要求	排放口类型
						污染治理设施名称	污染治理设施编号	是否为可行技术	污染治理设施其他信息			
1	原料系统	装卸料设施	装卸料废气	颗粒物	无组织	—	—	—	—	—	—	—
		粮库（仓）		颗粒物	无组织	—	—	—	—	—	—	—
		料场		颗粒物	无组织	—	—	—	—	—	—	—
		运输设施	运输废气	颗粒物	无组织	—	—	—	—	—	—	—

续表

序号	主要生产单元名称	生产设施名称	对应产污环节名称	污染物种类	排放形式	污染治理设施			有组织排放口名称	排放口设置是否符合要求	排放口类型
						污染治理设施名称	是否为可行技术	污染治理设施其他信息			
2	淀粉生产	干燥	干燥废气	颗粒物	有组织	喷淋系统（或旋风除尘+碱液喷淋/旋风除尘+袋式除尘+碱液喷淋/旋风除尘+水幕除尘/其他）	是	—	干燥废气排放口	—	一般排放口
		筛分	筛分废气	颗粒物	有组织	喷淋系统（或旋风除尘+碱液喷淋/旋风除尘+袋式除尘+碱液喷淋/旋风除尘+水幕除尘/其他）	是	—	筛分废气排放口	—	一般排放口
		包装	包装废气	颗粒物	无组织	—	—	—	—	—	—
3	公用单元	锅炉	燃烧废气	颗粒物	有组织	静电除尘器（注明电场数，如三电场、四电场等）、袋式除尘器、电袋复合除尘器、旋风除尘器、多管除尘器、水洗除尘器、其他	是	—	—	—	一般排放口
				二氧化硫	有组织	石灰石/石灰-石膏法、氨法、氧化镁法、双碱法、循环流化床法、旋转喷雾法、密相干塔法、新型脱硫除尘一体化技术	是	—	—	—	一般排放口
				氮氧化物	有组织	SCR、SNCR、低氮燃烧	是	—	—	—	一般排放口
				烟气黑度	有组织	协同处置	—	—	—	—	—
				汞及其化合物	有组织	协同处置	—	—	—	—	—
		煤场	煤场煤尘	颗粒物	无组织	—	—	—	—	—	一般排放口
		产品仓库	存储废气	颗粒物	无组织	—	—	—	—	—	一般排放口
		污水处理设施	污泥处理、污泥堆放和处理	臭气浓度、氨、硫化氢	无组织	—	—	—	—	—	一般排放口

注：SCR—选择性催化还原脱硝；SNCR—选择性非催化还原脱硝。

表 4-7　达标排放薯类薯粉排污单位废水产排污节点、污染物及污染治理设施信息

序号	废水类别	污染物种类	污染治理设施				排放去向	排放方式	排放规律	排放口名称	排放口设置是否符合要求	排放口类型	其他信息
			污染治理设施名称	污染治理设施工艺	是否为可行技术	污染治理设施其他信息							
1	综合污水	pH 值、悬浮物、五日生化需氧量（BOD_5）、化学需氧量（COD_{Cr}）、氨氮、总氮、总磷	综合污水处理厂	（1）预处理：粗（细）格栅、沉淀、过滤；（2）生化法处理：厌氧处理（UASB）、好氧处理（MBR）；（3）深度处理：膜分离技术（超滤、反渗透）	是	—	直接进入江河、湖、库等水环境，直接进入海域	直接排放	连续排放，流量稳定	综合废水排放口	是	主要排放口	

注：UASB—升流式厌氧污泥床；MBR—膜生物反应器。

表 4-8　废水土地利用薯类薯粉排污单位废水产排污节点、污染物及污染治理设施信息

序号	废水类别	污染物种类	污染治理设施				排放去向	排放方式	排放规律	排放口名称	排放口设置是否符合要求	排放口类型	其他信息
			污染治理设施名称	污染治理设施工艺	是否为可行技术	污染治理设施其他信息							
1	综合污水	pH 值、悬浮物、五日生化需氧量（BOD_5）、化学需氧量（COD_{Cr}）、氨氮、总氮、总磷	—	经处理后土地利用	—	—	其他	—	—	—			

注：当废水排放去向选择"其他"时，废水排放口信息、废水污染物排放执行标准、废水自行监测信息填"—"。

表 4-9　甜菜制糖排污单位废气产排污节点、污染物及污染治理设施信息

序号	生产设施名称	对应污染环节名称	排放形式	污染物种类	污染治理设施				排放口设置是否符合要求	排放口类型	其他信息
					污染治理设施名称	污染治理设施工艺	是否为可行技术	污染治理设施其他信息			
1	循环流化床锅炉	锅炉烟气	有组织	二氧化硫	除尘器	其他	是		是	主要排放口	
2	循环流化床锅炉	锅炉烟气	有组织	氮氧化物						主要排放口	
3	循环流化床锅炉	锅炉烟气	有组织	烟尘	静电除尘		是		是	主要排放口	

续表

序号	生产设施名称	对应产污环节名称	污染物种类	排放形式	污染治理设施名称	污染治理设施工艺	是否为可行技术	污染治理设施其他信息	排放口设置是否符合要求	排放口类型	其他信息
4	循环流化床锅炉	锅炉烟气	汞及其化合物	有组织					是	一般排放口	
5	循环流化床锅炉	锅炉烟气	林格曼黑度	有组织					是	一般排放口	

表 4-10　甜菜制糖排污单位废水类别、污染物及污染治理设施信息

序号	废水类别	污染物种类	排放规律	排放去向	污染治理设施名称	污染治理设施工艺	是否为可行技术	污染治理设施其他信息	排放口编号	排放口设置是否符合要求	排放口类型	其他信息
1	生产废水	化学需氧量	连续排放，流量稳定	排至厂内综合污水处理站	工业废水处理系统	生化法	是					

表 4-11　甘蔗制糖排污单位废气产排污节点、污染物及污染治理设施

序号	生产设施名称	对应产污环节名称	污染物种类	排放形式	污染治理设施名称	是否为可行技术	污染治理设施其他信息	排放口编号	排放口设置是否符合要求	排放口类型	其他信息
1	液压翻板卸蔗系统	转运废气	颗粒物	无组织	洒水抑尘	是					
2	撕解机/切蔗机	破碎废气	颗粒物	无组织	加强密封	是					
3	压榨机	破碎废气	颗粒物	无组织	加强密封	是					
4	氧化钙消化器	石灰消和机器加料废气	颗粒物	无组织	喷水除尘	是					
5	干燥器	干燥废气	二氧化硫、氮氧化物、颗粒物	无组织	集中收集处理后至排气筒排放	是					
6	振动筛分机	振动筛分机糖粉	颗粒物	无组织	回收回溶，集中收集处理后至排气筒排放，加强密封	是					

续表

序号	生产设施名称	对应产污环节名称	污染物种类	排放形式	污染治理设施			排放口设置是否符合要求	排放口类型	其他信息
					污染治理设施名称	是否为可行技术	污染治理设施其他信息			
7	蔗渣堆放仓	蔗渣堆放仓发酵废气	臭气浓度、颗粒物、氨、硫化氢	无组织	洒水抑尘、加强密封，设置抑尘网，堆场地面采取水措施和硬化防渗措施	是				
8	生物质（蔗渣）锅炉	燃烧废气	颗粒物	有组织	湿式电除尘	是		是	主要排放口	
9	生物质（蔗渣）锅炉	燃烧废气	二氧化硫、氮氧化物	有组织	脱硝系统：SNCR	是		是	主要排放口	
10	综合污水处理厂	污水处理废气	臭气浓度、氨、硫化氢	无组织	产臭区域加盖密封，投放臭剂，集中收集至生物除臭装置脱臭处理	是				

表 4-12　甘蔗制糖排污单位排水类别、污染物及污染治理设施信息

序号	废水类别	污染物种类	排放去向	排放规律	污染治理设施			排放口设置是否符合要求	排放口类型
					污染治理设施名称	是否为可行技术	污染治理设施其他信息		
1	冷凝水、气凝水、冷却水、真空吸滤机水喷射采用循环水等循环水	化学需氧量、五日生化需氧量、氨氮、总氮、总磷、悬浮物、pH 值	不外排	间断排放，排放期间流量不稳定日无规律，不属于冲击型排放	直接回用，排入循环水池，经冷却塔冷却降温后回用	是			
2	生活污水	化学需氧量、五日生化需氧量、氨氮、总氮、总磷、悬浮物、pH 值	排至厂内综合污水处理站	间断排放，排放期间流量不稳定日无规律，不属于冲击型排放	排至厂内综合污水处理站	是		是	设施或车间废水排放口
3	综合污水	化学需氧量、五日生化需氧量、氨氮、总氮、总磷、悬浮物、pH 值	排至厂内综合污水处理站	间断排放，排放期间流量不稳定日无规律，不属于冲击型排放	生化处理：好氧处理	是		是	设施或车间废水排放口

4.2 常见问题说明

4.2.1 部分地区企业排污许可证过期现象明显

《排污许可管理条例》（中华人民共和国国务院令 第 736 号）第十四条规定：排污许可证有效期为 5 年。排污许可证有效期届满，排污单位需要继续排放污染物的，应当于排污许可证有效期届满 60 日前向审批部门提出申请。审批部门应当自受理申请之日起 20 日内完成审查；对符合条件的予以延续，对不符合条件的不予延续并书面说明理由。经全国排污许可证管理信息平台查询可知，部分地区淀粉企业排污许可证过期现象明显，如表 4-13 所列。

表 4-13 部分地区淀粉企业排污许可信息公开情况

省/直辖市	地市	许可证编号	单位名称	行业类别	有限期限	发证日期
略	略	略	某公司	淀粉及淀粉制品制造	2023-04-13 至 2028-04-12	2023-04-13
略	略	略	某公司	淀粉及淀粉制品制造	2023-04-13 至 2028-04-12	2023-04-07
略	略	略	某公司	淀粉及淀粉制品制造	2023-04-10 至 2028-04-09	2023-03-03
略	略	略	某公司	淀粉及淀粉制品制造	2023-04-14 至 2028-04-13	2023-03-07
略	略	略	某公司	淀粉及淀粉制品制造	2021-12-14 至 2026-12-13	2021-09-26
略	略	略	某公司	淀粉及淀粉制品制造	2021-01-29 至 2026-01-28	2021-01-29
略	略	略	某公司	淀粉及淀粉制品制造	2018-11-21 至 2021-11-20	2018-11-21
略	略	略	某公司	淀粉及淀粉制品制造	2018-12-22 至 2021-12-21	2018-12-21
略	略	略	某公司	淀粉及淀粉制品制造	2018-12-22 至 2021-12-21	2018-12-21
略	略	略	某公司	淀粉及淀粉制品制造	2018-12-22 至 2021-12-21	2018-12-21

4.2.2 许可排放量填报有误

某马铃薯淀粉企业生产能力 4 万吨，废水经处理后排放至地表水。按《淀粉工业水污染物排放标准》（GB 25461—2010）、《排污许可证申请与核发技术规范 农副食品加工工业—淀粉工业》（HJ 860.2—2018）核算许可排放量，排污许可证规定的许可排放量偏低。某马铃薯淀粉企业许可排放限值和建议许可排放量如表 4-14 所列。

表 4-14 某马铃薯淀粉企业许可排放限值和建议许可排放量

污染物种类	许可排放浓度/（mg/L）	许可排放量/（t/a）	按核算方法建议许可排放量/（t/a）
化学需氧量	100	13.58	16
氨氮	15	2.03	2.4

4.2.3　许可排放浓度填报有误

　　《排污许可证质量核查技术规范》（HJ 1299—2023）规定：依据现行有效的国家或地方污染物排放标准及其修改单中的排放浓度、排放速率、污染物去除效率等要求进行判定。应严格按照标准适用范围选用污染物排放标准，不应执行行政规范性文件等。同时，当企业污染物排放超过承诺执行更严格的排放浓度时，不应处罚，具体依据如下所述。

　　《中华人民共和国大气污染防治法》第九十九条规定：超过大气污染物排放标准或者超过重点大气污染物排放总量控制指标排放大气污染物的，由县级以上人民政府生态环境主管部门责令改正或者限制生产、停产整治，并处十万元以上一百万元以下的罚款……部分地方文件，如甘肃省生态环境厅《关于行政执法执行标准有关问题的复函》（甘环函〔2023〕120 号）规定：对企业生产过程中超过排污许可浓度排放污染物的行为作出行政处罚，只适用执行大气污染物排放标准（污染物排放标准均为强制性标准），对企业未履行承诺执行的更加严格的排放浓度限值的情形，不能实施行政处罚，可采用行政命令、行政指导、行政告诫等方式督促整改。

第 5 章
排污许可证后监管

5.1 证后监管总体情况

5.1.1 《环评与排污许可监管行动计划》相关要求

《环评与排污许可监管行动计划（2021—2023 年）》（环办环评函〔2020〕463 号）对排污许可证核发、执行情况提出了抽查要求。部分要求如表 5-1 所列。

表 5-1 《环评与排污许可监管行动计划》对排污许可证核发、执行情况的抽查要求

抽查内容		具体要求
核发情况抽查	检查对象	生态环境部对重点区域、重点流域内的重点行业排污许可证核发情况进行抽查。地方生态环境部门及其他核发部门按相关要求开展排污许可证核发，公开未依法申领排污许可证的排污单位信息；省级生态环境部门对本行政区域重点行业排污许可证核发情况进行抽查
	检查内容	按照《固定污染源排污许可分类管理名录》规定，检查全覆盖情况，即是否存在"应发未发""应登未登"排污单位；检查管理类别准确性，即是否存在发证类违规降为登记类、发证类重点管理违规降为简化管理等情况；检查发证登记质量，包括排污许可证中企业执行标准、污染物种类、许可排放量、许可排放限值、自行监测、台账记录、执行报告以及环境管理要求等内容规范性，排污登记表质量情况
执行情况抽查	检查对象	生态环境部对重点区域、重点流域内重点行业已发证排污单位的排污许可证执行情况进行抽查。地方生态环境部门对本行政区内已发证的排污单位排污许可证执行情况进行抽查，省级生态环境部门对本行政区域重点行业排污许可证执行情况进行抽查
	检查内容	重点检查排污许可证提出的自行监测、台账记录、环境管理等要求落实情况，执行报告提交频次及内容等要求落实情况；排污限期整改通知书中整改要求落实情况

5.1.2 《排污许可管理条例》相关要求

《排污许可管理条例》（中华人民共和国国务院令　第 736 号）于 2021 年 3 月 1 日起正式实施。《排污许可管理条例》第二十五条提出：生态环境主管部门应当加强对排污许可的事中事后监管，将排污许可执法检查纳入生态环境执法年度计划，根据排污

许可管理类别、排污单位信用记录和生态环境管理需要等因素，合理确定检查频次和检查方式。

为贯彻落实《排污许可管理条例》，构建以排污许可制为核心的固定污染源环境管理制度体系，我国各省市先后开展排污许可证后监管专项执法行动，强化固定污染源排污许可证后执法监管，规范排污单位的排污行为，增强企业"按证排污，自证守法"的理念，提升环境管理效能和环境监管执法水平。

5.1.3 《关于加强排污许可执法监管的指导意见》相关要求

2022 年，生态环境部印发《关于加强排污许可执法监管的指导意见》（环执法〔2022〕23 号）（以下简称《指导意见》）。《指导意见》提出：到 2023 年年底，重点行业实施排污许可清单式执法检查，排污许可日常管理、环境监测、执法监管有效联动，以排污许可制为核心的固定污染源执法监管体系基本形成。到 2025 年年底，排污许可清单式执法检查全覆盖，排污许可执法监管系统化、科学化、法治化、精细化、信息化水平显著提升，以排污许可制为核心的固定污染源执法监管体系全面建立。

《指导意见》聚焦目前排污许可执法监管过程中存在的问题和困难，明确了地方政府、有关部门、排污单位在排污许可执法监管中的责任，通过规范流程、强化跟踪监管、开展清单式执法检查、强化执法监测、健全执法监管联动机制、严惩违法行为以及加强行政执法与刑事司法衔接等七个方面切实加强排污许可执法监管工作。

5.1.4 《"十四五"环境影响评价与排污许可工作实施方案》相关要求

《"十四五"环境影响评价与排污许可工作实施方案》（环环评〔2022〕26 号）提出加强排污许可执法监管，部分要求如下所述。

构建以排污许可制为核心的固定污染源执法监管体系。推动出台关于加强排污许可执法监管的指导意见。推动将排污许可制度执行情况纳入深入打好污染防治攻坚战目标责任考核。将排污许可证后管理作为监督帮扶内容，突出问题线索按规定纳入生态环境保护督察。将排污许可证作为生态环境日常执法监管的主要依据，强化排污许可日常管理、环境监测、执法监管联动，构建发现问题、督促整改、问题销号的排污许可执法监管机制。加强行政执法与刑事司法衔接，严惩排污许可违法犯罪。试点推进排污许可证清单式执法检查。出台重点行业排污许可证执法手册或要点，明确重点行业依证监管的日常执法监督程序、流程，规范固定污染源执法监管方式、内容等。做好排污许可监管执法处罚信息公开。

强化排污许可证后监管。组织开展排污许可证后管理专项检查，加强对排放污染物种类、许可排放浓度、主要污染物年许可排放量、自行监测、执行报告和台账记录等方面的监督管理，督促排污单位依证履行主体责任。制修订排污许可证质量、台账记录、执行报告监管等技术性文件，印发实施排污许可提质增效行动计划，组织开展排污许可证质量核查，加强执行报告和台账记录检查。落实生态环境损害赔偿制度，对违反排污许可管理要求造成生态环境损害的依法索赔。

5.1.5 《排污许可证质量核查技术规范》相关要求

《排污许可证质量核查技术规范》（HJ 1299—2023）于 2023 年 6 月 7 日发布，2023 年 7 月 1 日起实施。该标准规定：排污许可证质量核查的基本方法包括资料依据核查、非现场核查和现场核查三类。

排污许可证质量核查方法基本要求如表 5-2 所列。

表 5-2　排污许可证质量核查方法基本要求

方法	具体要求
资料依据核查	查询排污许可证所适用的法律法规、政策文件、标准和技术规范性文件，对照核实核查依据的时效性、准确性、全面性
非现场核查	（1）通过审阅排污许可证及相关资料的完整性和规范性，核对排污许可证填报内容之间及相关材料之间的逻辑性和符合性以及对许可排放量进行重新计算等方式开展。 （2）智能核查可采用远程核查、智能比对、数据校验等方式开展。远程核查可依托全国排污许可证管理信息平台开展，通过污染源自动监控、视频监控、污染防治设施用水（电）监控等手段，核查排污单位污染物排放等情况，对排污许可证记载内容与实际情况的一致性进行远程识别。智能比对依托全国排污许可证管理信息平台，通过实现固定污染源排污许可信息与监测、执法和处罚等信息的自动对接和各数据系统之间的互联互通，自动比对排污单位排污许可证记载内容
现场核查	（1）根据排污单位行业类别，邀请行业领域的专家与核查人员共同实施现场核查工作； （2）查阅排污单位生产台账、环境管理台账、工艺流程图、平面布置图、监测点位布置图等资料； （3）邀请专业人员携带仪器设备开展现场测量、技术核对等

该标准还规定了非现场核查事项清单、现场核查事项清单等内容。其中，现场核查事项清单部分内容如表 5-3 所列。

表 5-3　现场核查事项清单部分内容

主要核查内容		问题认定
废气（废水）污染防治设施		排污许可证记载的废气（废水）污染防治设施数量、工艺等与实际情况是否一致
废气（废水）排放口	排放口位置、数量、污染物排放方式和排放去向	排污许可证记载的污染物排放口位置和数量、污染物排放方式和排放去向与实际情况是否一致
	排放口设置是否符合要求	排污许可证记载的"排放口设置是否符合要求"与实际情况是否一致
	产排污环节与排放口的对应关系	排污许可证记载的产排污环节和排放口的对应关系与实际情况是否一致
固体废物管理信息	固体废物种类	排污许可证记载的固体废物种类是否存在遗漏
	固体废物自行贮存和自行利用/处置设施	排污许可证记载的固体废物自行贮存和自行利用/处置设施与实际情况是否一致
自动监测设备安装及联网情况		排污许可证记载的自动监控设备数量、种类、安装位置等与实际情况是否一致
		应当依法安装污染物排放自动监测设施的，是否依法依规安装、正常运行并与生态环境主管部门联网

5.1.6　排污许可执法检查情况

近年来，各级生态环境部门全面落实《关于加强排污许可执法监管的指导意见》有关要求，不断深化《排污许可管理条例》（中华人民共和国国务院令　第 736 号）实施，持续加大对排污许可领域环境违法行为的打击力度。2022 年，各级生态环境部门开展各类排污许可执法检查 53.8 万次，实施行政处罚 1.7 万件，有效震慑违法行为。

排污许可证后检查发现的常见问题包括：排污许可申报不规范、排污许可证不及时变更、排污许可整改措施暂未落实、排污口设置不规范、超标排放、超总量排放、环评和环保"三同时"制度执行不到位（未批先建、未验先投等）、污染治理设施不完善、污染治理设施不正常运行或通过逃避监管方式排放污染物（渗坑、暗管等）、排放管控不到位、自行监测执行不到位、执行报告提交不规范、台账记录不规范等。

相关地区生态环境管理部门积极开展淀粉、制糖等企业专项环保整治工作。如 2023 年，某县针对长江经济带生态警示片通报问题，通过控源截污、原位整治等措施的落实，该区域水体环境明显改善。主要措施如下所述。

① 全面开展巡查。设立专项巡察组，实行"5+2、白+黑"巡查，对辖区内红薯淀粉、粉丝加工个体户、小作坊开展全方位巡查，务求全覆盖、无死角。

② 坚持严格执法。在全力支持、配合县粉丝加工问题专班工作，加大普法宣传和政策宣讲的同时，联合供电部门对非法加工粉丝、淀粉的加工作坊依法实施断电；对排查出的 27 家非法红薯淀粉、粉丝加工户责令停止生产，拆除非法生产设施并依法依规立案查处，并对其中 11 家粉丝加工作坊负责人移送公安机关实施行政拘留。

③ 密切关注水质变化。组织人员定期不定期对地表水体开展水质检测，及时掌握水质情况；同时，提醒提示有关乡镇和部门压实各级河长责任，及时开展巡河，第一时间发现和处理各类异常情况，封堵入河排污口，严防该区域水质恶化。

5.2　证后监管主要问题

我国根据《火电、造纸行业排污许可证执法检查工作方案》（环办环监〔2017〕66号），开展了两个行业排污许可证执法检查。随后，又相继出台了《关于在京津冀及周边地区、汾渭平原强化监督工作中加强排污许可执法监管的通知》（环办执法函〔2019〕329 号）等多个排污许可监管执法规范性文件，对证后监管作出部署，推动排污许可与行政执法相衔接，但能够实质开展的检查内容主要局限在打击无证排污、查处超标排污、督促企业落实自行监测要求等现行法律法规已明确且有相应罚则的环境管理要求上。持证企业不按证排污、不落实排污许可管理要求的情况普遍存在，企业主体责任未能得到全面有效落实。《排污许可管理条例》（以下简称《条例》）出台后，加强了依证监管法律依据，但要推动证后监管落实落地，还面临诸多问题。

（1）"全覆盖"有待拓展深化，证后监管基础薄弱

固定污染源排污许可管理"全覆盖"是证后监管的基础和依托。我国于 2020 年年底基本完成"全覆盖"工作，但其数量和质量有待进一步提升。一是排污许可内容暂不满足"一证式"管理目标要求。现阶段排污许可管理"全覆盖"主要针对《固定污染源排污许可分类管理名录（2019 年版）》（以下简称《名录》），但现行《名录》的制定有其历史局限性，固体废物、噪声等环境管理要素暂未全面纳入排污许可管理范围。二是排污许可证内容及其执行情况未达到全面规范要求。核发排污许可证不要求审批部门必须开展现场检查，仅需对申请材料进行审查，申报内容的真实性由企业负责，在大幅提高核发效率的同时，也给证后监管埋下了隐患。容易出现填报内容与企业实际情况不符的问题，甚至存在许可事项与规定不符的情况，导致企业按证执行脱离实际，生态环境主管部门依证监管基础不牢。三是台账记录、执行报告等环境管理要求有待全面落实。核查台账记录、执行报告是依证监管的重要途径，但由于技术指导和制度约束，相关环境管理要求未得到有效落实。

（2）基层环境执法部门依证监管意识和能力不足

基层环境执法部门前期少有参与排污许可审批，加之基层技术力量不足、未接受系统培训和缺乏相关经验，依证监管意识和能力普遍欠缺。一是地方环境执法部门对排污许可制在固定污染源监管制度体系中的核心地位普遍认识不足，认为排污许可证较为复杂，依证监管缺乏经验和操作性指导，环境执法思路和形式未发生根本转变。二是环境执法人员和技术能力不足，部分地方环境执法队伍专业化程度和技术能力难以支撑排污许可精细化管理需求。三是依证监管不到位，影响了排污许可证的权威性，导致部分企业持证按证排污意识欠缺，环境执法部门对证后监管重视程度不够，反过来又给依证监管增加了压力，形成了不良循环。

（3）证后监管缺乏系统的操作性指导和规制

排污许可依证监管工作技术要求高、管理界面宽、信息量庞杂，但目前缺乏系统配套的管理和技术支撑，依证监管工作难以落实。一是缺乏相关管理规制，依证监管执法的方式、流程、内容等亟待统一规范。二是缺乏重点行业依证监管技术指导。不同行业排污许可内容和监管技术要点差异较大，在依证监管基础薄弱、经验不足、行业众多、专业性强等现实情况下，如无操作性技术指导，依证监管难以深入开展。三是现有达标判定规定不一致，影响了监管效能。排污许可技术规范与排放标准之间，以及排放标准本身，都存在对于监测数据合规性判定不一致的情况，如两者均有直接或间接明确废水排放口污染物的排放浓度达标是指任一有效日均值均满足排放浓度限值要求，但在有些排放标准中又有"可以将现场即时采样或监测的结果，作为判断排污行为是否符合排放标准以及实施相关环境保护管理措施的依据"的相关规定，部分行业技术规范还明确了豁免时段，但执行排放标准中并未规定，导致在实际监管中，地方环境执法人员在将监测数据用于监督执法时存在困惑和质疑。

（4）依证监管亟须清理诸多历史遗留问题和欠账

在排污许可证核发过程中，暴露出诸多环境管理的历史遗留问题和欠账，迟滞了依托排污许可制改革将排污单位全面纳入法制化、规范化管理的进程。如企业位于禁止建设区域、"未批先建""批建不符"、超总量控制指标排污等问题。为此，2018 年 1 月发布的《排污许可管理办法（试行）》（以下简称《办法》）第六十一条规定可以核发带"改正方案"的排污许可证，将此类存在环境问题的企业纳入监管范围。2020 年 4 月，生态环境部发布了《关于固定污染源排污限期整改有关事项的通知》（环环评〔2020〕19 号），明确排污单位存在"不能达标排放""手续不全""未按规定安装使用自动监测设备和设置排污口"三类情形的，不予核发排污许可证，下达排污限期整改通知书。《条例》实施后，将环评手续作为核发排污许可证的前置和必要条件，并明确对《条例》实施前已实际排污，但暂不符合许可条件的单位，下达排污期限整改通知书。虽然清理历史遗留问题的管理要求逐步优化调整，效力层级也得到提升，但因牵扯法律红线、体制机制、民生保障、经济基础等，如何避免"一刀切"，分类妥善清算历史欠账，依然是将排污单位全面纳入管理范围、全面实施依证监管亟待解决的关键和难点问题。

（5）各项生态环境管理制度未形成有效监管合力

排污许可制改革是固定污染源监管体系的整体变革，但目前各相关环境管理制度的衔接整合滞后，尚未形成有效监管合力。一是排污许可证核发部门不参与监管执法，环境执法部门对核发要求不熟悉，监管执法与排污许可审批脱节，增加了依证监管实施的难度。二是现阶段排污许可排放限值的确定主要依据污染物排放标准，但部分行业执行的污染物排放标准已难以满足现状条件下排污许可精细化监督管理要求。三是以排污许可统一污染物排放数据尚未完成，固定污染源信息平台未实现有效的整合梳理和数据交互，数出多门、重复申报的情况依然存在。四是污染源监督性监测难以支撑依证监管执法，虽然监测部门获取了大量监测数据，但由于缺乏问题和目标导向，监管执法部门需要的数据却又不足，两者协同管理机制尚不健全。五是公众参与不深入，排污许可证所载信息量大、专业性强，一般公众难以具备识别企业是否持证按证排污的能力，环保组织虽有一定的技术力量且有参与和提起环境公益诉讼的权利，但由于缺乏具体机制、详细规制和宣传引导，公众参与排污许可监督的作用未能发挥。

5.3　自行监测监管技术要求

5.3.1　检查内容

针对淀粉和制糖企业，主要检查内容应包括企业是否开展自行监测，以及自行监测的点位、因子、频次是否符合排污许可证要求。重点检查以下内容。

① 排污许可证中载明的自行监测方案与相关自行监测技术指南的一致性；

② 排污单位自行监测开展情况与自行监测方案的一致性；

③ 自行监测行为与相关监测技术规范要求的符合性，包括自行开展手工监测的规范性、委托监测的合规性和自动监测系统安装和维护的规范性；

④ 自行监测结果信息公开的及时性和规范性。

当有以下情况发生时，企业应变更监测方案。

① 执行的排放标准发生变化；

② 排放口位置、监测点位、监测指标、监测频次、监测技术任一项内容发生变化；

③ 污染源、生产工艺或处理设施发生变化。

根据《关于印发〈2020 年排污单位自行监测帮扶指导方案〉的通知》（环办监测函〔2020〕388 号）相关要求，排污单位自行监测现场评估部分内容如表 5-4 所列。

表 5-4　排污单位自行监测现场评估部分内容

序号	分项内容		单项内容
1	监测方案制定情况		（1）监测方案的内容是否完整：包括单位基本情况、监测点位及示意图、监测指标、执行标准及其限值、监测频次、采样和样品保存方法、监测分析方法和仪器、质量保证与质量控制
			（2）监测点位及示意图是否完整
			（3）监测点位数量是否满足自行监测要求
			（4）监测指标是否满足自行监测的要求
			（5）监测频次是否满足自行监测的要求
			（6）执行的排放标准是否正确
			（7）样品采样和保存方法选择是否合理
			（8）监测分析方法选择是否合理
			（9）监测仪器设备（含辅助设备）选择是否合理
			（10）是否有相应的质控措施（包括空白样、平行样、加标回收或质控样、仪器校准等）
2	自行监测开展情况	基础考核	（1）排污口是否进行规范化整治，是否设置规范化标识，监测断面及点位设置是否符合相应监测规范要求
			（2）是否对所有监测点位开展监测
			（3）是否对所有监测指标开展监测
			（4）监测频次是否满足要求
		委托手工监测	（1）检测机构的能力项能否满足自行监测指标的要求
			（2）排污单位是否能提供具有 CMA 资质印章的监测报告
			（3）报告质量是否符合要求
			（4）采用的监测分析方法是否符合要求
		排污单位手工自测	（1）采用的监测分析方法是否符合要求
			（2）监测人员是否具有相应能力（如：技术培训考核等自认定支撑材料），是否具备开展自行监测相匹配的采样、分析及质控人员
			（3）实验室设施是否能满足分析基本要求；实验室环境是否满足方法标准要求；是否存在测试区域监测项目相互干扰的情况
			（4）仪器设备档案是否齐全，记录内容是否准确、完整；是否张贴唯一性编号和明确的状态标识；是否存在使用检定期已过期设备的情况

序号	分项内容	单项内容	
2	自行监测开展情况	排污单位手工自测	（5）是否能提供仪器校验/校准记录；校验/校准是否规范，记录内容是否准确、完整
			（6）是否能提供原始采样记录；采样记录内容是否准确、完整，是否至少 2 人共同采样和签字；采样时间和频次是否符合规范要求
			（7）是否能提供样品分析原始记录；对原始记录的规范性、完整性、逻辑性进行审核
			（8）是否能提供质控措施记录；记录是否齐全，记录内容是否准确、完整
		废水自动监测	（1）自动监测设备的安装是否规范：是否符合《水污染源在线监测系统（COD$_{Cr}$、NH$_3$-N 等）安装技术规范》（HJ 353—2019）等的规定，采样管线长度应不超过 50m，流量计是否校准
			（2）水质自动采样单元是否符合《水污染源在线监测系统（COD$_{Cr}$、NH$_3$-N 等）安装技术规范》（HJ 353—2019）等规范要求，应具有采集瞬时水样、混合水样、混匀及暂存水样、自动润洗、排空混匀桶及留样功能等
			（3）监测站房应不小于 15m^2，监测站房应做到专室专用，监测站房内应有合格的给、排水设施，监测站房应有空调和冬季采暖设备、温湿度计、灭火设备等
			（4）设备使用和维护保养记录是否齐全，记录内容是否完整
			（5）是否定期进行巡检并做好相关记录，记录内容是否完整
			（6）是否定期进行校准、校验并做好相关记录，记录内容是否完整，核对校验记录结果和现场端数据库中记录是否一致
			（7）标准物质和易耗品是否满足日常运维要求，是否定期更换，是否在有效期内，并做好相关记录，记录内容是否清晰、完整
			（8）设备故障状况及处理是否做好相关记录，记录内容是否清晰、完整
			（9）对缺失、异常数据是否及时记录，记录内容是否完整
			（10）核对标准曲线系数、消解温度和时间等仪器设置参数是否与验收调试报告一致
		废气自动监测	（1）自动监测设备的安装是否规范：是否符合《固定污染源烟气（SO$_2$、NO$_x$、颗粒物）排放连续监测技术规范》（HJ 75—2017）的规定，采样管线长度原则上不超过 70m，不得有"U"型管路存在
			（2）自动监测点位设置是否符合《固定污染源烟气（SO$_2$、NO$_x$、颗粒物）排放连续监测技术规范》（HJ 75—2017）等规范要求，手工监测采样点是否与自动监测设备采样探头的安装位置吻合
			（3）监测站房是否满足要求，是否有空调、温湿度计、灭火设备、稳压电源、UPS 电源等，监测站房应配备不同浓度的有证标准气体，且在有效期内，标准气体一般包含零气和自动监测设备测量的各种气体（SO$_2$、NO$_x$、O$_2$）的量程标气
			（4）设备使用和维护保养记录是否齐全，记录内容是否完整
			（5）是否定期进行巡检并做好相关记录，记录内容是否完整
			（6）是否定期进行校准、校验并做好相关记录，记录内容是否完整，核对校验记录结果和现场端数据库中记录是否一致
			（7）标准物质和易耗品是否满足日常运维要求，是否定期更换，是否在有效期内，并做好相关记录，记录内容是否清晰、完整
			（8）设备故障状况及处理是否做好相关记录，记录内容是否清晰、完整
			（9）对缺失、异常数据是否及时记录，记录内容是否完整

续表

序号	分项内容		单项内容
2	自行监测开展情况	废气自动监测	（10）自动监测设备伴热管线设置温度、冷凝器设置温度、皮托管系数、速度场系数、颗粒物回归方程等仪器设置参数是否与验收调试报告一致，量程设置是否合理
3	监测信息公开情况		（1）自行监测信息是否按要求公开（自行监测方案、自行监测结果等）
			（2）公开的排污单位基本信息是否与实际情况一致
			（3）公开的监测结果是否与监测报告（原始记录）一致
			（4）监测结果公开是否及时
			（5）监测结果公开是否完整（包括全部监测点位、监测时间、污染物种类及浓度、标准限值、达标情况、超标倍数、污染物排放方式及排放去向、未开展自行监测的原因、污染源监测年度报告等）

5.3.2 检查方法

在线检查主要检查监测情况与监测方案的一致性、监测频次是否满足许可证要求、监测结果是否达标等。

现场检查主要为资料检查，资料包括：自动监测、手工监测记录，环境管理台账，自动监测设施的比对、验收等文件。对于自动监测设施，可现场查看运行情况、标准气体有效期限等。

5.3.3 常见问题

企业自行监测常见问题主要包括以下几方面。

（1）自行监测方案制定方面

① 采用的质控措施不规范；
② 监测方案内容不完整，如缺少监测点位示意图；
③ 监测指标不满足自行监测指南的要求，如缺少噪声、水和废气监测指标等；
④ 监测分析方法选择不合理，未采用国家或行业标准分析方法。

（2）自行监测信息公开方面

① 监测结果公开不完整，如缺少污染物排放方式和排放去向、缺少未开展自行监测的原因、未公开污染源监测年度报告等；
② 公开的监测结果和监测报告不一致。

（3）企业手工监测方面

① 采样记录、交接记录、分析记录等不规范、不完整；
② 质控措施记录内容不准确、不完整；

③ 仪器设备档案不齐全，未张贴唯一性编号和明确的状态标识，存在使用鉴定期已过期设备的情况。

（4）企业自动监测方面

① 异常数据未及时记录、记录内容不完整；
② 缺乏设备故障状况及处理相关记录。

5.4　执行报告监管技术要求

5.4.1　检查内容

针对淀粉和制糖企业，主要检查内容应包括执行报告上报频次、时限和主要内容是否满足排污许可证要求。

5.4.2　检查方法

在线或现场查阅淀粉和制糖排污单位执行报告文件及上报记录。重点核实执行报告中污染物排放浓度、排放量是否真实，是否上传污染物排放量计算过程。

5.4.3　问题及建议

5.4.3.1　企业重视程度不够

部分企业对排污许可执行报告的填报工作不够重视，企业申领完排污许可证后，就认为许可证相关工作已经完成。然而，申领到排污许可证只是第一步，后期证后监管的环节也至关重要。企业轻视了执行报告填报的重要性，填报过程中缺乏主动性和积极性，导致未能及时提交执行报告。

5.4.3.2　监管脱节，处罚不到位

证后监管重视不够，处罚依据尚不健全。对于已核发排污许可证企业的证后监管力度不足，缺乏持续有效的监管。对于企业未能及时提交执行报告及报告内容填写不规范等情况，基层监督部门督促其整改后，未能及时再次复核。同时，执行报告上载明的超标排放情况缺乏有效的处罚依据，降低了排污许可对企业的约束。

5.4.3.3　宣传力度不够

排污许可证核发工作难度大、任务重，生态环境主管部门往往重视前期的核发工作，而忽视证后监管，缺少证后监管填报的相关培训，以及向企业宣传执行报告等证后监管的重要性方面尚有不足，间接导致部分企业误认为拿到许可证即可，缺乏依证排污的法

律意识，出现执行报告未按要求填报等情况。

5.4.4 执行报告编制流程

企业执行报告编制流程可参照表 5-5 执行。

表 5-5 执行报告编制流程

序号	阶段	工作内容
1	资料收集与分析阶段	（1）收集排污许可证及申请材料、历史排污许可证执行报告、环境管理台账等相关资料； （2）全面梳理排污单位在报告周期内的执行情况
2	编制阶段	（1）汇总梳理依证排污的依据； （2）分析不按证排污的情形及原因，提出整改计划； （3）在平台填报相关内容
3	质量控制阶段	（1）开展执行报告质量审核； （2）确保执行报告内容真实、有效； （3）单位技术负责人签字确认
4	提交阶段	（1）平台提交电子版执行报告； （2）向核发部门提交通过平台印制的书面执行报告； （3）报告需法定代表人或实际负责人签字并加盖公章； （4）电子版执行报告与书面执行报告应保持一致

5.5 环境管理台账监管技术要求

5.5.1 检查内容

针对淀粉和制糖企业，主要检查内容应包括企业是否有环境管理台账、环境管理台账是否符合相关规范要求。

应重点检查企业生产设施的基本信息、污染防治设施的基本信息、监测记录信息、运行管理信息和其他环境管理信息等的记录内容、记录频次和记录形式。

企业环境管理台账档案包括静态管理档案和动态管理档案，部分清单如表 5-6 所列。

表 5-6 企业环境管理台账档案部分清单

档案类型	文件资料
静态管理档案	（1）企业营业执照复印件； （2）法人机构代码证，法人代表、环保负责人、污染防治设施运营主管等的身份证及工作证复印件； （3）环保审批文件； （4）排污许可证； （5）污染防治设施设计及验收文件； （6）环保验收监测报告； （7）在线监测（监控）设备验收意见； （8）工业固体废物及危险废物收运合同； （9）危险废物转移审批表； （10）清洁生产审核报告及专家评估验收意见； （11）排污口规范化登记表；

档案类型	文件资料
静态管理档案	（12）生产废水、生活污水、回用水、清下水管道和生产废水、生活污水、清下水排放口平面图； （13）固定污染源排污登记表； （14）环境污染事故应急处理预案； （15）生态环境部门的其他相关批复文件等
动态管理档案	（1）污染防治设施运行台帐； （2）原辅材料管理台账； （3）在线监测（监控）系统运行台账； （4）环境监测报告； （5）排污许可证管理制度要求建立的排污单位基本信息记录、生产设施运行管理信息记录、监测信息记录等各种台账记录及执行报告； （6）危险废物管理台账及转移联单； （7）环境执法现场检查记录、检查笔录及调查询问笔录； （8）行政命令、行政处罚、限期整改等相关文书及相关整改凭证等

5.5.2　检查方法

现场查阅环境管理台账，对比排污许可证要求，核查台账记录的及时性、完整性、真实性。

5.5.3　问题及建议

管理部门对企业的环境执法监管越来越日常化、精细化，监管手段也逐渐从末端监管走向过程监管。环境管理台账作为环境监管的主要手段之一，主要表现为对企业内部基础数据的有效管理、了解污染防治设施运行维护情况等。目前仍有部分企业存在重结果达标而轻过程管理的现象。因此，如何更好地监管企业环境管理台账，是今后需要不断解决和完善的问题。

① 建章立制。在日常监管充分运用法律法规的基础上，不断完善地方性法规条例，完善环境管理台账技术规范，明确管理要求。在法律法规的保障下，企业高度重视并迅速建设完善环境管理台账，为污染源系统监管、排污许可证发放和证后监管等工作打下坚实基础。

② 明确主体。强化企业主体意识，通过前期宣传和执法监管，强调环境治理的过程化管控。企业应建立环境管理文件和档案管理制度，明确责任部门、人员、流程、形式、权限及各类环境管理档案保存要求等，确保企业环境管理规章制度和操作规程编制、使用、评审、修订符合有关要求，应保持环境管理资料齐全。

③ 政府参与。长期以来，政府一直在管理模式上不断创新，探索建设优质的服务型政府是根本初衷。针对企业自身专业能力不足、建立规范化环境管理台账难度大等问题，当地生态环境部门应给予大力指导。如通过政府竞标等手段购买社会第三方服务，向大、中型企业发放标准统一、内容规范的环境管理台账，上门开展服务；针对小型企业，由当地政府部门牵头，生态环境部门介入指导，积极开展业务培训，确保工作做实、做细。

5.6 信息公开情况检查

5.6.1 检查内容

企业环境信息公开相关规定如表 5-7 所列。

表 5-7 企业环境信息公开相关规定

序号	公开方式	时间节点	公开内容
1	国家排污许可证管理信息平台	企业在规定的期限内提交自行监测信息、执行报告之后	自行监测信息、执行报告中相关内容
2	企业环境信息依法披露系统	纳入重点排污单位名录内的企业于每年 3 月 15 日前披露上一年度 1 月 1 日至 12 月 31 日的环境信息	（1）企业基本信息，包括企业生产和生态环境保护等方面的基础信息； （2）企业环境管理信息，包括生态环境行政许可、环境保护税、环境污染责任保险、环保信用评价等方面的信息； （3）污染物产生、治理与排放信息，包括污染防治设施，污染物排放，有毒有害物质排放，工业固体废物和危险废物产生、贮存、流向、利用、处置，自行监测等方面的信息； （4）碳排放信息，包括排放量、排放设施等方面的信息； （5）生态环境应急信息，包括突发环境事件应急预案、重污染天气应急响应等方面的信息； （6）生态环境违法信息； （7）本年度临时环境信息依法披露情况； （8）法律法规规定的其他环境信息
3	企业环境信息依法披露系统	自收到相关法律文书之日起五个工作日内	按照《企业环境信息依法披露管理办法》执行，企业在企业名单公布前存在本办法第十七条规定的环境信息的，应当于企业名单公布后十个工作日内以临时环境信息依法披露报告的形式披露本年度企业名单公布前的相关信息

5.6.2 检查方法

在线检查为通过企业公开网址进行信息公开内容检查。现场检查为现场查看信息亭、电子屏幕、公示栏等场所。

5.7 现场执法检查要求

5.7.1 现场检查要点清单

以制糖企业为例，排污许可证现场执法检查要点清单如表 5-8 所列。

表 5-8 制糖企业排污许可证现场执法检查要点清单

检查环节		检查要点
废水、废气排放合规性检查	排放口合规性检查	（1）污染物主要排放口、一般排放口基本情况，包括：废水排放口和废气有组织排放口地理坐标、数量，废气排放内径、高度，排放污染物种类等与许可要求的一致性； （2）排放口设置的规范性等

检查环节		检查要点
废水、废气排放合规性检查	排放浓度与许可浓度一致性检查	（1）采用的废水、废气治理设施与排污许可登记事项的一致性。 （2）废水、废气治理设施运行及维护情况。 （3）各主要排放口和一般排放口化学需氧量、颗粒物、二氧化硫、氮氧化物等污染物排放浓度是否低于许可排放限值
	实际排放量与许可排放量一致性检查	化学需氧量、颗粒物、二氧化硫、氮氧化物的实际排放量是否符合年许可排放量的要求
环境管理合规性检查	自行监测情况检查	废水、废气自行监测的执行情况；废水、废气自行监测点位、因子、频次是否符合排污许可证要求
	环境管理台账执行情况检查	环境管理台账（内容、形式、频次等）是否符合排污许可证要求
	执行报告上报执行情况检查	执行报告内容和上报频次等是否符合排污许可证要求
	信息公开情况检查	排污许可证中涉及的信息公开事项等是否公开

5.7.2　废水、废气排放合规性检查

5.7.2.1　排放口合规性检查

现场核实废水排放口、废气排放口（主要排放口和一般排放口）地理位置、数量，废气排放口内径、高度，排放污染物种类等与许可要求的一致性。根据《排污口规范化整治技术要求（试行）》（环监〔1996〕470 号）等国家和地方相关文件要求，检查废水及废气排放口、采样口、环境保护图形标志牌、排污口标志登记证是否符合规范要求。例如：排气筒应设置便于采样、监测的采样口，采样口的设置应符合相关监测技术规范的要求；排污单位应按照《环境保护图形标志　排放口（源）》（GB 15562.1—1995）的规定，设置与之相适应的环境保护图形标志牌等。

以废气排放口为例，部分检查内容如下所述。

① 废气排放口高度应不低于国家和地方大气污染物排放标准及环评批复规定的高度，如有锅炉的，锅炉烟囱排放高度应不低于 15m，并且应和排污许可证记载高度一致。

② 废气排放口是否设置有不少于 1 个采样口；采样口高于 2m 时是否建设有采样平台。

③ 采样孔数目原则上不少于 1 个；采样点位应优先选择在烟囱上，避开烟道弯头和断面急剧变化的部位。

④ 是否设置便于站立的采样平台；是否设置通往采样平台的爬梯；采样平台是否设置不低于 1.1m 的护栏等。

某企业不符合规范要求的排放口如图 5-1 所示。

该企业采样平台狭窄，不方便操作；采用直爬式楼梯，采样平台易被腐蚀，存在安全隐患；废气监测口位置未安装固定电源插座，不利于开展监测工作。

以废水排放口为例，部分检查内容如下所述。

图 5-1　某企业不符合规范要求的排放口

① 废水排放口位置应根据实际地形和排放污染物的种类确定，原则上应设置一段长度不小于 1m 的明渠。

② 废水排放口标志的图形颜色、辅助标志内容、标志牌尺寸等应符合标准要求。

5.7.2.2　排放浓度与许可浓度一致性检查

（1）采用污染治理设施情况

以核发的排污许可证为基础，现场核实淀粉、制糖企业污染治理设施是否与登记事项一致，设施名称、工艺、设施参数等必须符合排污许可证的登记内容。对污染治理设施是否属于污染防治可行技术进行检查，利用可行技术判断企业是否具备符合规定的污染防治设施或污染物处理能力。在检查过程中发现废水、废气治理设施不属于可行技术的，需在后续的执法中关注排污情况，重点对达标情况进行检查。

（2）废气治理设施运行情况

检查各废气治理设施是否正常运行，以及运行和维护情况。主要从以下几个方面进行检查。

① 查看烟囱处的烟气温度，判断旁路是否完全关闭。

② 查阅脱硫剂台账，核实使用量是否合理；查看脱硫剂系统风机电流是否大于空负荷电流，判断脱硫设施是否正常启用。

③ 查阅中控系统或台账等工作记录，检查静电除尘电流、电压是否正常，以及布袋除尘器压差、喷吹压力等数据是否有异常波动及其原因，判断设施是否正常运行。

④ 查看电场数量，判断运行电场数量的比例是否正常。

⑤ 查看烟温是否达到脱硝反应窗口温度，烟温低于催化剂要求温度时无法保证脱硝效率。

⑥ 检查正常工况下实际喷氨量与设计喷氨量是否一致，判定脱硝设施是否正常运行。

⑦ 检查脱硝设施运行参数的逻辑关系是否合理，如入口氮氧化物变化不大的情况

下，还原剂流量与出口氮氧化物浓度是否呈反向关系；负荷较低、烟温达不到脱硝反应窗口温度时间段曲线中出口氮氧化物浓度是否与入口氮氧化物浓度基本一致（由于停止加入还原剂，出口氮氧化物浓度会逐步上升至与入口氮氧化物浓度一致）。通过分布式控制系统（DCS）实时数据和历史曲线判断还原剂流量、稀释风机或稀释水泵电流是否正常。

⑧ 现场检查无组织管控措施是否符合规定。检查原料破碎系统、备料与储存系统、配料系统、燃料供应单元、液氨/氨水储存系统的密闭情况以及切换备用设备时的运行情况。

（3）废水治理设施运行情况

参照《淀粉废水治理工程技术规范》（HJ 2043—2014）、《制糖废水治理工程技术规范》（HJ 2018—2012）等标准检查淀粉、制糖等企业废水治理设施是否正常运行，以及运行和维护情况。主要从以下几个方面进行检查。

① 检查中控系统建设及运行情况（数据采集、数据存储、数据显示、数据管理、在线联网及数据有效性等）。

② 检查废水处理量、进出水水质与生产工况是否相匹配。

③ 查阅台账，核实酸、碱等药剂使用量是否合理。

④ 检查停留时间、污泥负荷、容积负荷、污泥回流比等参数是否符合设计要求。

⑤ 检查污泥脱水等设备是否正常运行，污泥贮存是否规范，污泥产生量及去向，污泥处理处置台账记录与转移联单是否符合要求。

⑥ 检查废水处理设施的污泥处理、沼气利用、恶臭处理措施是否符合规定。

（4）污染物排放浓度满足许可浓度要求情况

检查各主要排放口和一般排放口化学需氧量、氨氮、颗粒物、二氧化硫、氮氧化物等污染物浓度是否低于许可限值要求。

排放浓度以资料核查为主，通过登录在线监测系统查看废气排放口自动监测数据，结合执法监测数据、自行监测数据进一步判断排放口的达标情况。

5.7.2.3　实际排放量与许可排放量一致性检查

实际排放量为正常和非正常排放量之和。根据检查获取的废气和废水排放口有效自动监测数据，计算废气有组织排放口颗粒物、二氧化硫、氮氧化物实际排放量，计算废水排放口化学需氧量、氨氮等污染物实际排放量，进一步判断是否满足年许可排放量要求。在检查过程中，对于应采用自动监测的排放口或污染物而未采用的，实际排放量采用物料衡算法或产排污系数法核算污染物的实际排放量，且均按直接排放进行核算。淀粉和制糖行业排污单位如含有适用其他行业排污许可技术规范的生产设施，大气和水污染物的实际排放量为涉及各行业生产设施实际排放量之和。

5.7.3 环境管理合规性检查

5.7.3.1 自行监测情况检查

主要核查排污单位是否按《排污单位自行监测技术指南 农副食品加工业》（HJ 986—2018）等相关要求严格执行大气污染物监测制度，以及是否自行监测大气污染物的产生情况，是否按照排污许可证的要求确定污染物的监测点位、监测因子与监测频次。尤其是废水、废气自动监测设施的检查，包括采样及预处理单元、分析单元、公用工程单元等按照《固定污染源烟气（SO_2、NO_x、颗粒物）排放连续监测技术规范》（HJ 75—2017）、《固定污染源烟气（SO_2、NO_x、颗粒物）排放连续监测系统技术要求及检测方法》（HJ 76—2017）、《水污染源在线监测系统（COD_{Cr}、$NH_3\text{-}N$ 等）安装技术规范》（HJ 353—2019）、《水污染源在线监测系统（COD_{Cr}、$NH_3\text{-}N$ 等）运行技术规范》（HJ 355—2019）、《污水监测技术规范》（HJ 91.1—2019）、《固定源废气监测技术规范》（HJ/T 397—2007）、《污染源自动监控设施现场监督检查技术指南》（环办〔2012〕57 号）等标准和相关文件的要求，结合在线监测设施的运维记录，核查废水及废气污染源在线自动监测设施的安装、联网以及定期校核等运维情况，水和大气污染物在线监测数据的达标情况等。

5.7.3.2 环境管理台账执行情况检查

主要检查企业环境管理台账的执行情况，包括是否有专人记录环境管理台账，环境管理台账记录内容的及时性、完整性、真实性以及记录频次、形式的合规性。重点检查淀粉和制糖企业产生废水、废气的生产设施的基本信息，废水、废气治理设施的基本信息，废水、废气监测记录信息、运行管理信息和其他环境管理信息等。

5.7.3.3 执行报告上报执行情况检查

查阅排污单位执行报告文件及上报记录，检查执行报告上报频次和主要内容是否满足排污许可证要求。企业应根据《排污许可证申请与核发技术规范 农副食品加工工业—制糖工业》（HJ 860.1—2017）、《排污许可证申请与核发技术规范 农副食品加工工业—淀粉工业》（HJ 860.2—2018）相关规定，编制执行报告。报告分年度执行报告、半年执行报告、季度/月度执行报告。

某淀粉企业年度执行报告中,对有组织废气污染物超标时段小时均值的记录如表 5-9 所列。

表 5-9 某淀粉企业年度执行报告中有组织废气污染物超标时段小时均值

超标时段（略）	生产设施编号（略）	排放口编号（略）	超标污染物种类	实际排放浓度（折算）/（mg/m³）	超标原因说明
20××-××-××～20××-××-××	××	××	二氧化硫	157.0	脱硫系统反吹脉冲阀故障
20××-××-××～20××-××-××	××	××	颗粒物	26.7	脱硫系统反吹脉冲阀故障

续表

超标时段（略）	生产设施编号（略）	排放口编号（略）	超标污染物种类	实际排放浓度（折算）/（mg/m³）	超标原因说明
20××-××-××～20××-××-××	××	××	二氧化硫	200.0	设备故障
20××-××-××～20××-××-××	××	××	颗粒物	42.4	设备故障
20××-××-××～20××-××-××	××	××	氮氧化物	1732.0	设施升级改造
20××-××-××～20××-××-××	××	××	氮氧化物	828.0	设备检修
20××-××-××～20××-××-××	××	××	二氧化硫	226.0	校表
20××-××-××～20××-××-××	××	××	氮氧化物	1332.0	校表

资料来源："全国排污许可证管理信息平台"。

某制糖企业年度执行报告中，对污染治理设施异常情况的记录如表 5-10 所列。

表 5-10　某制糖企业年度执行报告中污染治理设施异常情况

超标时段 开始时段～结束时段（略）	故障设施（省略设施编号）	故障原因	污染因子	排放浓度/（mg/m³）	应对措施
20××-××-××～20××-××-××	布袋除尘	设备故障	颗粒物	268.3	及时修复
20××-××-××～20××-××-××	旋风除尘、湿式除尘	文丘里管路堵塞	二氧化硫	425.8	及时修复
20××-××-××～20××-××-××	旋风除尘、湿式除尘	天气寒冷，粉尘仪镜片冻坏，仪器被冰砸坏而导致粉尘值异常增大	颗粒物	88.5	修复，更换分析仪电源线及插座
20××-××-××～20××-××-××	厂界	数采仪传输故障，导致分析仪与数采仪二氧化硫数据不符，数据平台上的数据过高	二氧化硫	444	修复
20××-××-××～20××-××-××	旋风除尘、湿式除尘	文丘里管内衬板脱落，造成烟气受阻	二氧化硫	401	减产，停运抢修
20××-××-××～20××-××-××	旋风除尘、湿式除尘	锅炉脱硫塔折板除雾器堵塞	二氧化硫	687	修复
20××-××-××～20××-××-××	旋风除尘、湿式除尘	虹吸桶出现泄漏现象，导致上水量不足	二氧化硫	423	修复
20××-××-××～20××-××-××	脱硫系统	脱硫塔上水泵虹吸罐故障，导致上水量不足	二氧化硫	400	修复
20××-××-××～20××-××-××	旋风除尘、湿式除尘	循环水泵故障，导致上水量不足	二氧化硫	409	修复

资料来源："全国排污许可证管理信息平台"。

5.7.3.4　信息公开情况检查

针对淀粉和制糖企业，主要检查内容应包括企业是否开展了信息公开、信息公开是否符合相关规范要求。主要核查信息公开的方式、时间节点、公开内容与排污许可证要求的相符性。公开内容应包括但不限于化学需氧量、氨氮、颗粒物、二氧化硫、氮氧化物等污染物排放浓度、排放量、自行监测结果等。

第6章
污染防治可行技术

6.1 淀粉工业污染防治可行技术

6.1.1 一般要求

淀粉工业污染防治可行技术依据《排污许可证申请与核发技术规范 农副食品加工工业—淀粉工业》（HJ 860.2—2018）等技术规范。淀粉工业排污单位废水治理可行技术如表 6-1 所列，废气治理可行技术如表 6-2 所列。

表 6-1 淀粉工业排污单位废水治理可行技术

废水类别	污染物种类	排放去向	污染物排放监控位置	可行技术①	
				一般排污单位	执行特别排放限值排污单位
生活污水	pH 值、悬浮物、五日生化需氧量（BOD₅）、化学需氧量（CODCr）、氨氮、总氮、总磷	直接排放②	生活污水排放口	预处理：除油、沉淀、过滤 二级处理+除磷处理	预处理：除油、沉淀、过滤 二级处理+除磷处理 深度处理：生物滤池、过滤、混凝沉淀（或澄清）等
厂内综合污水处理站的综合污水（生产废水、生活污水、初期雨水等）	pH 值、悬浮物、五日生化需氧量（BOD₅）、化学需氧量（CODCr）、氨氮、总氮、总磷、总氰化物（以木薯为原料的淀粉生产）	直接排放②	排污单位废水总排放口	预处理：除油、沉淀、过滤 二级处理+化学除磷：厌氧（UASB、EGSB、IC 等）+ 好氧+化学除磷	预处理：除油、沉淀、过滤 二级处理+化学除磷：厌氧（UASB、EGSB、IC 等）+好氧+化学除磷 深度处理：生物滤池、过滤、混凝沉淀（或澄清）等
		间接排放③		预处理：除油、沉淀、过滤等 二级处理：厌氧（UASB、EGSB、IC 等）+好氧	预处理：除油、沉淀、过滤等 二级处理+化学除磷：厌氧（UASB、EGSB、IC 等）+好氧+化学除磷等

资料来源：摘自《排污许可证申请与核发技术规范 农副食品加工工业—淀粉工业》（HJ 860.2—2018）。

① 排污单位针对排放的废水类别，至少应采取表中所列的措施之一。

② 直接排放指直接进入江河、湖、库等水环境，直接进入海域，进入城市下水道（再入江河、湖、库），进入城市下水道（再入沿海海域），以及其他直接进入环境水体的排放方式。

③ 间接排放指进入城镇污水集中处理设施、进入工业废水集中处理设施，以及其他间接进入环境水体的排放方式。

表 6-2 淀粉工业排污单位废气治理可行技术

产排污环节	废气类别	污染控制	可行技术①
玉米淀粉生产的玉米清理筛	净化废气	颗粒物	袋式除尘；旋风除尘+袋式除尘
喷浆玉米皮粉碎机、薯渣粉碎机	粉碎废气	颗粒物	袋式除尘；旋风除尘+袋式除尘
玉米淀粉生产的燃硫设备	燃硫废气	二氧化硫	全自动燃硫设备；两级吸收塔+碱液喷淋；两级吸收塔+真空吸收机；两级吸收塔+过氧化氢（双氧水）喷淋
玉米淀粉生产的浸泡装置	浸泡废气	二氧化硫	碱液喷淋
玉米淀粉生产胚芽分离的破碎机、纤维分离的精磨装置	破碎废气	二氧化硫	碱液喷淋
玉米淀粉生产的胚芽洗涤装置、纤维洗涤装置	洗涤废气	二氧化硫	碱液喷淋
玉米淀粉生产的干燥机或烘干机（废热不利用）及风送系统	干燥废气	颗粒物、二氧化硫	袋式除尘+碱液喷淋；旋风除尘+水幕除尘+碱液喷淋
除玉米淀粉生产以外其他生产的干燥机或烘干机及风送系统	干燥废气	颗粒物	水幕除尘②；袋式除尘；旋风除尘+袋式除尘
冷却装置	冷却废气	颗粒物	水幕除尘②；袋式除尘；旋风除尘+袋式除尘
成品筛	筛分废气	颗粒物	袋式除尘；旋风除尘+袋式除尘
淀粉糖生产的投料机	投料废气	颗粒物	袋式除尘；旋风除尘+袋式除尘
变性淀粉生产中预处理的调浆罐（或釜）、混合机	加药废气	氯化氢、非甲烷总烃、颗粒物	碱液喷淋；双氧水喷淋
变性淀粉生产中反应环节的连续加药混合机、反应罐	反应废气	氯化氢、非甲烷总烃、颗粒物	碱液喷淋；双氧水喷淋
玉米淀粉生产中废热利用装置	废热利用废气	二氧化硫	袋式除尘+碱液喷淋；旋风除尘+水幕除尘+碱液喷淋
锅炉	燃烧废气（执行 GB 13271 表 1）	颗粒物	电除尘；袋式除尘；湿式除尘
		二氧化硫	石灰石/石灰-石膏等湿法脱硫；喷雾干燥法脱硫；循环流化床法脱硫
		氮氧化物	—
		汞及其化合物	高效除尘脱硫脱氮脱汞一体化技术
	燃烧废气（执行 GB 13271 表 2）	颗粒物	电除尘技术；袋式除尘技术；陶瓷旋风除尘技术
		二氧化硫	石灰石/石灰-石膏等湿法脱硫技术；喷雾干燥法脱硫技术；循环流化床法脱硫技术
		氮氧化物	低氮燃烧；选择性非催化还原脱硝（SNCR）
		汞及其化合物	高效除尘脱硫脱氮脱汞一体化技术
	燃烧废气（执行 GB 13271 表 3）	颗粒物	四电场以上电除尘；袋式除尘
		二氧化硫	石灰石/石灰-石膏等湿法脱硫；喷雾干燥法脱硫；循环流化床法脱硫
		氮氧化物	低氮燃烧；选择性催化还原脱硝（SCR）
		汞及其化合物	高效除尘脱硫脱氮脱汞一体化技术

资料来源：摘自《排污许可证申请与核发技术规范 农副食品加工工业—淀粉工业》（HJ 860.2—2018）。

① 淀粉工业排污单位针对含有的废气产排污环节，至少应采取表中所列的措施之一。

② 适用于淀粉糖、葡萄糖酸盐生产。

6.1.2　清洁生产技术

6.1.2.1　玉米浸泡液综合利用技术

玉米浸泡液是玉米浸泡后携带玉米中可溶性物质的稀浆。玉米浸泡液中干物质包括多种可溶性成分，主要为水溶性蛋白质及其降解物（肽类、氨基酸），此外还含有乳酸、植酸、可溶性糖、矿物质、维生素等。玉米浸泡液的营养成分非常丰富，其化学成分参考值如表 6-3 所列。将玉米浸泡液浓缩至干物质含量 40%以上，可作抗生素、味精、酵母、酶制剂等发酵制品的培养基料；制成干粉可用作蛋白饲料；玉米浸泡液也是生产单细胞蛋白、提取乳酸、制取植酸和肌醇的原料。

表 6-3　玉米浸泡液化学成分参考值

项目	含量/%
悬浮固体	<10
可溶固体	>80
蛋白质	41.9
氨基酸	4.0
乳酸	12.1
酸度（按 HCl 计算）	10.9
还原糖	1.9
维生素	1.2
SO_2	0.2
总灰分	21.2
总磷	3.6
溶磷	1.5
铁	0.05

（1）玉米浸泡液制备玉米浆

将玉米浸泡液浓缩可以回收玉米浆。玉米浆质量的主控指标为干物质含量，其余指标受原料和浸泡工艺影响较大，国内外玉米浆质量相关标准如表 6-4 所列。

表 6-4　国内外玉米浆质量相关标准

项目	美国参考标准	国内通用标准
外观	黄色至暗褐色，浓稠液体，有玉米浸泡液固有气味	
干物质/%	50	≥40
蛋白质（干基）/%	46～52	≥40
酸度（以 HCl 计）/%		≤14
乳酸（干基）/%	26	
碳水化合物/%	2.5	

项目	美国参考标准	国内通用标准
植酸（干基）/%	7.5	
灰分（干基）/%	≤18	
钾/%	4.5	
镁/%	2.0	
磷/%	3.3	
SO_2（干基）/%		≤0.3

　　制取玉米浆的常规方法是加热蒸发浓缩法。玉米浸泡液中含有多种热敏性成分，为了防止玉米浆中的蛋白质变性和其他化学反应的发生，浓缩需要在真空条件下进行，以便降低汽化温度。为了充分利用二次蒸汽，节约能源，多数采用多效蒸发工艺。

　　一般要求用于制备玉米浆的玉米浸泡液干物质含量为 5%～8%，乳酸含量为 0.7%～1.2%。玉米浆的浓度视用途而定。用作饲料的玉米浆，可浓缩至干物质含量为 33%～40%；生产抗生素的玉米浆，应浓缩至干物质含量不低于 48%。玉米浆可直接装桶运输和销售，或与脱水后的纤维混合，干燥后生产饲料。

　　目前，国内玉米淀粉生产企业主要采用多效蒸发器处理玉米浸泡液，浓缩至干物质含量为 50% 的浓玉米浆，不仅可以提高玉米淀粉生产过程中副产物的利用率，还有效降低了废水的污染负荷，减小了废水污染物的产生浓度。某企业玉米浸泡液三效降膜蒸发器如图 6-1 所示。

图 6-1　玉米浸泡液三效降膜蒸发器

　　玉米浆的主要用途为添加到玉米纤维中作为蛋白饲料或作为发酵原料销售给其他发酵企业或制药企业。玉米浸泡液中含有丰富的蛋白质和其他营养物质，但由于固形物含量低、数量大且容易变质等特点，成为困扰玉米深加工行业的一个隐痛。作为饲料，由于玉米浸泡液中含有植酸钙镁盐，动物在食用饲料时不容易消化，产生不利于生长的影响。

（2）玉米浸泡液制取植酸

　　植酸化学名称为肌醇六磷酸，分子式为 $C_6H_{18}O_{24}P_6$，易与金属离子形成复合盐，在玉米浆中约占干物质质量的 6%。植酸具有抗氧化、去除金属杂质、改善食品品质等作用。在食品工业中可用植酸去除酒类和食醋中的金属盐类，抑制酶的活性从而防止酶导致的食品变性，防止海产品中磷酸铵镁盐的结晶和硫化物引起的色变，防止食品氧化变色和油脂变性等。

植酸与钙、镁离子形成的复合盐称植酸钙镁，简称植酸钙，又称菲汀，化学名称为肌醇六磷酸钙镁，分子式为 $C_6H_6Ca_5MgO_{24}P_6$。菲汀水解可获得肌醇。植酸、菲汀和肌醇在食品、医药、化工等方面有着广泛的应用，生产中利用植酸、菲汀和肌醇之间的化学转换来生产所需产品。

目前，从玉米浸泡液中提取菲汀制取植酸和肌醇的工艺有三种，分别为中和沉淀法、离子吸脱法和电渗析法。

中和沉淀法是传统的菲汀提取方法，玉米浸泡液中提取菲汀工艺流程如图 6-2 所示，菲汀酸解制植酸工艺流程如图 6-3 所示。

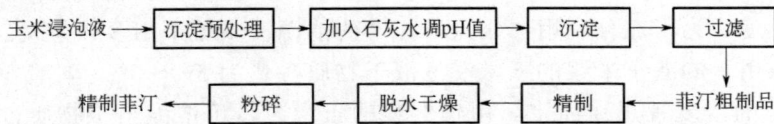

图 6-2　玉米浸泡液中提取菲汀工艺流程

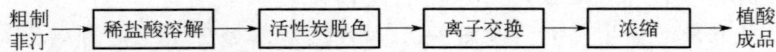

图 6-3　菲汀酸解制植酸工艺流程

中和沉淀法存在以下问题：菲汀沉淀的 pH 值接近蛋白质的等电点，在菲汀沉淀的同时大量蛋白质随之析出，在以后的菲汀水解和肌醇精制过程中，蛋白质很难被分离出去，并会产生糊状结晶物，在水解锅壁结成硬块，因此导致无法获得高纯度肌醇产品，肌醇产品收率低、成本高，不具有市场竞争力。

离子吸脱法是利用阴离子交换树脂对植酸的吸附作用，将玉米浸泡液直接送入阴离子交换柱，植酸被吸附，蛋白质、糖等其他成分通过交换柱，然后再用碱液洗脱交换柱上的植酸，获得植酸盐。这种方法获得的植酸盐中蛋白质等杂质含量较少，利用其制取植酸或肌醇精制流程短，产品纯度高，生产成本低，玉米浸泡液综合利用性好。

玉米浸泡液离子吸脱法制取植酸和肌醇的工艺流程如图 6-4 所示。

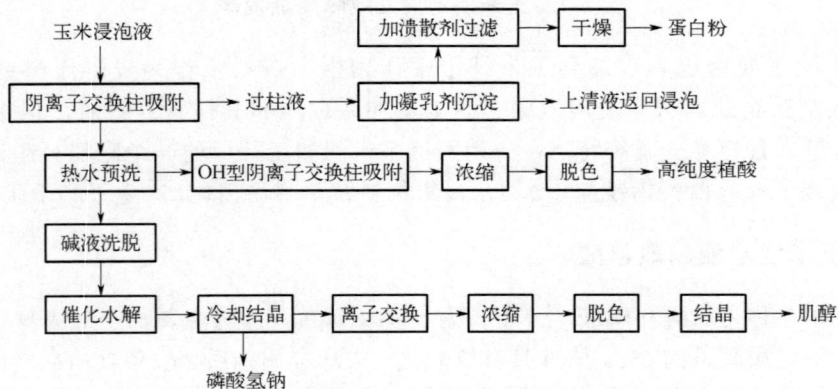

图 6-4　玉米浸泡液离子吸脱法制取植酸和肌醇工艺流程

一般电渗析器两电极间交替排列着多组阴、阳离子交换膜，在电场的作用下，阳离子交换膜显示负电场，溶液中阴离子受排斥，而阳离子在电场力推动下透过阳离子交换膜向负极方向移动；相反，阴离子交换膜显示正电场，阴离子可在外电场作用下透过阴离子交换膜向正极方向移动，这样就可以使溶液中的阴、阳离子与非电解质成分分开。

经电渗析分离出植酸后的玉米浸泡液中加入凝沉剂，可以分离出蛋白质，经干燥得到饲用蛋白粉。与离子吸脱法相比，电渗析法加工时间短，运行费用低，但设备投资大，且需要高性能的离子交换膜。

部分玉米淀粉生产企业对玉米浸泡液进行蒸发浓缩制玉米浆之前，先提取玉米浸泡液中的植酸，这样可以有效降低玉米浸泡液蒸发浓缩时蒸发冷凝水中的总磷含量，总磷含量一般可以减少 50% 左右，从而减少综合废水中总磷含量。

6.1.2.2　亚硫酸氢盐替代技术

玉米淀粉生产过程中需要对玉米进行浸泡。玉米浸泡是玉米淀粉生产中的重要环节，对产品收率、产品质量影响较大。目前，玉米淀粉生产企业多以硫黄为原料生产亚硫酸，使用亚硫酸浸泡玉米。硫黄在燃烧炉中燃烧生成二氧化硫气体，被吸收塔中的水吸收而生成亚硫酸溶液。采用该法进行玉米浸泡，在生产过程中的亚硫酸制备工序、浸泡工序、破碎工序、洗涤工序、分离工序均会产生二氧化硫（SO_2）废气。

以亚硫酸氢盐替代亚硫酸，可以减少 SO_2 的产生量。亚硫酸氢盐有两种，即中性盐和酸式盐，生产中应用的是酸式盐亚硫酸氢钠（$NaHSO_3$），其生产方法是将 SO_2 通入氢氧化钠溶液中，直至饱和。如果碱液过量，则得到亚硫酸钠，因此需要控制碱液不得过量。

采用亚硫酸氢盐和亚硫酸浸泡玉米的效果对比如表 6-5 所列，所用亚硫酸氢盐浓度（以 SO_2 计）为 0.12%，加入量为 0.95m^3/t 玉米，浸泡温度为 50～52℃，浸泡时间为 32～36h；对照工艺亚硫酸浓度（以 SO_2 计）为 0.25%，加入量为 1.1m^3/t 玉米，浸泡温度为 50～52℃，浸泡时间为 48～52h。

表 6-5　亚硫酸氢盐和亚硫酸浸泡玉米效果对比

浸泡后玉米指标	亚硫酸浸泡	$NaHSO_3$ 浸泡
水分含量/%	42.7	43.1
SO_2 含量/%	0.0343	0.0338
可溶物含量/%	2.85	2.78
可溶性蛋白质含量/%	1.14	1.05

使用亚硫酸氢盐浸泡玉米可以缩短浸泡时间，浸泡后的玉米水分高、残留物少、浸泡效果好且产品白度高。但是也给系统带入了较多的钠离子，增加了灰分，增加了洗涤负担。系统中 SO_2 含量较低，在筛分、洗涤等系统需要适当补充亚硫酸，以免杂菌滋生。

目前，国内已有玉米淀粉生产企业采用亚硫酸氢钠替代亚硫酸浸泡玉米。采用该方法可以减少燃硫、浸泡等工序 SO_2 的产生与排放量。

6.1.2.3　蒸发冷凝水回用技术

某玉米淀粉生产企业将玉米浸泡液蒸发浓缩产生的蒸发冷凝水通过离子交换系统进行处理，处理后的蒸发冷凝水可以回用到工厂冷却水补水，这样可以有效减少废水产生量以及降低废水 COD_{Cr} 浓度。根据该企业统计数据，在未回用玉米浆蒸发冷凝水时，该企业废水处理量约为 $12000m^3/d$，而对玉米浆蒸发冷凝水进行回用后，废水处理量减少至 $9000m^3/d$ 左右，减少约 25%。

此外，淀粉糖生产过程中，在蒸发浓缩工序产生的蒸发冷凝水也可以进行回用。进行长链生产的玉米淀粉企业，可以将该段工序产生的蒸发冷凝水进行处理后与新鲜水混合，从而回用到前段生产的玉米淀粉精制洗涤工序中。这样既可以减少新鲜水的使用量，也减少了废水产生量。

6.1.2.4　淀粉糖母液回用技术

淀粉糖生产过程中会产生分离母液，母液中含有蔗糖、低聚糖、单糖等，如果直接排入污水处理站，会增加污水处理压力与成本，同时单糖未获得充分综合利用，浪费了资源，并增加了废水末端治理负担。

近年来，分离技术如色谱分离技术、膜过滤分离技术在淀粉糖行业得到越来越多的应用，国内已有淀粉糖生产企业采用分离技术对淀粉糖母液进行回用。

《水污染防治重点行业清洁生产技术推行方案》（工信部联节〔2016〕275 号）将色谱分离技术列为清洁生产技术。色谱分离技术可以实现多种组分的同时分离，可同时分离提纯结晶葡萄糖母液中的葡萄糖、低聚糖和果糖，将结晶葡萄糖的收率由 85%提高至 98%，原料利用率达 99%以上。该技术实施后淀粉糖吨产品 COD_{Cr} 产生量减少约 20%。

膜过滤分离技术也可以对淀粉糖母液进行处理。某淀粉企业采用纳滤膜分离回收淀粉糖母液，在分离料液的过程中通过泵的加压，料液以一定流速沿着纳滤膜的表面流过，大于纳滤膜截留分子量的物质或分子回流到料罐，小于纳滤膜截留分子量的物质或分子形成透过液。采用纳滤膜可以很好地实现单糖透过、低聚糖截留，从而实现从分离母液中去除单糖的目的。采用该法处理淀粉糖母液，透过液中含有约 98%的单糖，可将其作为生产果葡糖浆的原料进行回用；截留液可与蔗糖进行混配，作为生产 F55 果葡糖浆的原料进行回用。

对淀粉糖母液进行回收利用，不仅充分利用了资源，还可以减少废母液的产生量，降低废水中 COD_{Cr} 的产生浓度。

6.1.2.5　麸质分离设备技术

分离纤维后的细淀粉乳中还含有较多的蛋白质、脂肪、灰分等非淀粉类物质，特别是蛋白质含量较高，必须将其进行分离，才能得到较纯净的淀粉。细淀粉乳中所含的淀粉及麸质在相对密度、粒径等方面有很大差别，利用这些差别可采用不同的方法进行分离。其中以离心分离法（离心机）应用最为普遍。

该工艺将细淀粉乳经除砂、过滤后送入串联的多级分离机或者分离机—旋流器进行洗涤，得到精制淀粉乳。分离机和浓缩机的清液送入气浮槽，经气浮分离，工艺水回用，麸质脱水干燥。目前，国内多采用两相碟片喷嘴分离机。

三相分离机是 20 世纪 90 年代开发出的专门用于淀粉加工的新型分离机，在欧美等国家和地区的淀粉行业已得到广泛应用。与目前广泛使用的两相碟片喷嘴分离机相比，三相分离机有一个进料口三个出料口，即除了底流和溢流外，还增加了中相。三相分离机应用于玉米淀粉加工中，底流是精制淀粉乳，溢流是澄清后的工艺水，中相是蛋白质和细纤维类物质，但含量（可达 5%～7%）比两相分离机（通常 1%～1.5%）高很多。

三相分离机最大的优点是溢流中含有的悬浮固体很少、可溶性物质比较多，固形物质含量很低（约 2.5%），可不经处理直接用于工艺中的过程水使用，减少了气浮槽处理工序，改善了工作条件，提高了生产效率，且中相的蛋白质含量比两相分离机的高很多，可不经浓缩直接进入离心机脱水生产蛋白粉，提高生产效率。

6.1.2.6　膜分离技术

膜分离技术应用在玉米湿磨工业中，不仅能提高蒸发器的生产能力，而且节能、节水、减少污染。可用于玉米淀粉生产中的膜分离技术有微滤、超滤、纳滤及反渗透等，主要应用在玉米浸泡液浓缩、蒸发器顶部流出物处理、玉米胚芽油加工、玉米蛋白质分离、玉米淀粉洗涤、脱水和浓缩等工段。从能耗的角度来看，膜分离技术具有相当优势。首先，它不同于蒸发和蒸馏，在脱水和脱溶过程中，不涉及相变，因此无需潜热；其次，由于膜分离技术无需热能，应用膜分离技术生产出来的产品比应用传统工艺生产的产品品质更佳。

如在玉米淀粉生产过程中，利用反渗透浓缩玉米浸泡水，可使含固形物 6% 的玉米浸泡水浓缩至含固形物 14%～18%，然后采用机械式蒸汽再压缩（MVR）蒸发器进一步浓缩，可减少能源消耗，降低生产成本。同时，将渗透液循环利用到淀粉洗涤工段，代替部分清水使用，可降低淀粉生产的水耗，减少排污量。

6.1.2.7　马铃薯清洗水回用技术

马铃薯淀粉生产过程中的原料清洗废水是在原料水力输送、清洗过程中产生的，主要含有泥砂、腐烂马铃薯残渣、皮屑、叶、草等杂物。清洗废水经过处理后，可进行循环利用（回用率可以达到 90% 左右），从而达到节水和减少废水排放量的目的。

马铃薯清洗水处理技术流程基本包括：调节池+筛滤+絮凝沉淀池+清水池+污泥池+污水脱水机。其中，筛滤是对污水池中的污水进行初步处理，筛除其中的大块马铃薯皮和泥砂；筛滤处理后的污水进入絮凝沉淀池，通过加药装置加入聚丙烯酰胺（PAM）絮凝剂；沉降处理后的上清液进入清水池，下层淤泥排入污泥池。

目前，多数马铃薯淀粉生产企业已将原料清洗废水进行处理后循环利用。如内蒙古某马铃薯淀粉生产企业对原料清洗废水采用过滤、泥砂沉降处理后回用，回用率在 80%～90%。使用该技术既可减少原料输送、清洗工序的新鲜水用量，也可减少清洗废水的产生量。当清洗废水经多次循环回用后的水质不能满足生产要求时，再将较高浓度的清洗废水排出和其他生产废水合并处理。

6.1.3 马铃薯淀粉汁水蛋白质提取技术

6.1.3.1 总体情况说明

淀粉生产中副产品利用率的高低决定了水污染物排放水平及污水处理难度。无论是以玉米、薯类还是小麦为原料生产淀粉，都只能利用其中大部分的淀粉成分，其他成分如蛋白质、脂肪、纤维素、可溶性碳水化合物等均成为副产物排出或利用。

以马铃薯为例，淀粉含量仅在 10%～20%，水分含量 75%～85%，蛋白质含量 1%～2%，纤维素含量 1.5%～2.5%。我国大多数马铃薯淀粉企业以提取淀粉为主要目标，即使淀粉提取率达 100%，仍有很多原料不能成为淀粉产品。这部分原料如果不加以利用，将以高浓度的废水（渣）排放，不但会增加废水的污染负荷与治理难度，而且会造成资源浪费。

在 J.N.贝米勒和 R.L.惠斯特勒所著的《淀粉化学与技术》中有提到，在工业化加工马铃薯的早期阶段，含有蛋白质的马铃薯汁水直接排到渠道中，形成大量泡沫，散发臭味，造成环境污染。环境污染问题的日益严峻以及马铃薯汁水回收蛋白质技术的开发，促生了始于 1977 年的蛋白质加工技术。

将马铃薯淀粉加工废水进行资源化利用的循环经济发展模式在北欧发达国家已经实施已久。丹麦、德国、英国等国家的淀粉生产企业将提取马铃薯蛋白质后的脱蛋白质水直接与农户进行交易，废水由农户用罐车直接运往农田进行均匀施用。《淀粉化学与技术》中提到：利用热絮凝技术回收马铃薯淀粉汁水中的蛋白质后，仍有 1/2 的蛋白质留在脱蛋白质的马铃薯汁液中，瑞典、法国和德国把这种马铃薯汁液喷洒在田间。

从马铃薯淀粉汁水中回收蛋白质的研究已有近百年历史，提取方法有热絮凝法、絮凝沉淀法、扩张床吸附法、超滤法等。在日本科学家二国二郎所著的《淀粉科学手册》中也提到了马铃薯淀粉汁水蛋白质提取的相关情况，并列出了当时已产品化的马铃薯蛋白质的成分分析数据，如表 6-6 所列。

表 6-6 马铃薯蛋白质的一般成分与氨基酸组成　　　　　　单位：%

成分	日本某企业			荷兰某企业			法国某企业	
水分	8.61	10.69	9.07	8.9	8.72	11.16	6.8	8.73
粗蛋白质	74.59	73.69	75.73	85.7	75.12	71.52	77.2	75.35
粗脂肪	3.61	6.07	3.95		1.35	0.80		2.24
粗纤维	1.25	0.32	0.00		0.03	1.84		0.81
粗灰分	2.48	2.80	1.97		3.02	2.63		2.31
可溶性无氮物	9.45	6.43	9.28		11.76	12.04		10.55
蛋白质中氨基酸含量								
天门冬氨酸	11.9			11.0			11.8	

续表

成分	日本某企业	荷兰某企业	法国某企业
蛋白质中氨基酸含量			
苏氨酸	5.7	4.8	5.6
丝氨酸	5.8	4.2	5.3
谷氨酸	11.4	12.2	10.1
脯氨酸	4.6	9.0	3.8
甘氨酸	4.9	4.5	5.0
丙氨酸	1.8	4.1	4.6
胱氨酸	1.5	—	1.2
缬氨酸	5.7	5.5	6.9
蛋氨酸	1.6	2.1	2.0
异白氨酸	5.1	5.3	5.4
白氨酸	9.8	9.2	10.2
酪氨酸	5.2	4.7	5.6
苯丙氨酸	6.2	5.2	6.5
赖氨酸	7.5	8.3	8.2
组氨酸	2.1	3.8	2.2
氨	1.0	1.2	—
精氨酸	5.2	4.9	5.1

《淀粉科学手册》介绍了荷兰 AVEBE 公司和 Scholten 公司对马铃薯淀粉汁水进行蛋白质提取的方式，提到 Scholten 公司在 1974 年以前采取的蛋白质提取方式为热絮凝法；从 1974 年开始使用膜处理技术，在蛋白质的浓缩方面采用了超滤方式，超滤出来的透过液进一步经反渗透浓缩，采用该方法进行蛋白质提取所得产品包括马铃薯蛋白质和马铃薯汁粉两种。

《淀粉科学手册》提到，在进行蛋白质提取时，为了生成容易分离的絮凝物而采用加热、加酸的方法，即热絮凝法，提取出的马铃薯蛋白质会变性，用途几乎都是用作配合饲料的原料，蛋白质含量虽然高，但是价格却比较低。从有效利用资源和增大附加价值的角度出发，若能防止蛋白质的变性，即可将马铃薯蛋白质作为食品原料而扩大用途，以未变性的形态对马铃薯蛋白质加以分离的技术有膜处理技术。

从环境保护角度而言，从马铃薯淀粉分离汁水中回收蛋白质可以有效降低废水中的 COD_{Cr} 浓度，COD_{Cr} 浓度可下降约 50%，降低了废水的污染负荷、处理难度以及废水处理成本。目前，我国部分马铃薯淀粉企业进行汁水蛋白质提取前后废水中的 COD_{Cr} 浓度对比如表 6-7 所列。

表 6-7 我国部分马铃薯淀粉生产企业进行汁水蛋白质
提取前后废水 COD_{Cr} 浓度对比 　　　　单位：mg/L

企业编号	提取蛋白质前 COD_{Cr} 浓度	提取蛋白质后 COD_{Cr} 浓度
1	＞40000	18000～22000
2	46200	20513
3	47530	22366.7
4	41233	21499
5	56720	31733
6	42310	20000
7	30000～55000	15000～30000
8	20000	8000～10000
9	30000	10000～12000
10	26000	5000～6000
11	35000	15000
12	30000	10000～12000

6.1.3.2 马铃薯蛋白质产品及标准情况

（1）饲料用马铃薯蛋白质产品

我国蛋白质饲料资源短缺，对外依存度高，这已成为我国饲料行业发展的主要限制因素之一。促进蛋白质原料多元化发展，利用国内现有农产品和副产品资源加工成为工业化饲料原料，提高资源利用率，是蛋白质原料可持续发展的重要保证。农产品副产物中蛋白质等营养物质丰富，我国农产品加工副产物每年产生超过 5 亿吨，但是综合利用率较低，农产品副产物加工综合利用率只有 40%，农产品副产物等饲料资源的发展空间很大。高效开发利用农产品副产物中饲用蛋白质资源，既可以丰富国内蛋白质饲料资源，又可以有效解决大量资源的浪费以及环境污染等问题。

马铃薯蛋白质是以马铃薯为原料，生产马铃薯淀粉得到的以蛋白质为主的副产物。马铃薯蛋白质属于植物蛋白质原料，且已经被列入《饲料原料目录》中。植物性蛋白质源是畜禽养殖领域最主要的构成部分，豆粕、菜籽粕等植物蛋白质饲料进口来源占比较高，在这些植物蛋白质饲料十分短缺的情况下，马铃薯蛋白质作为马铃薯淀粉加工的副产物，提高其综合利用率既有利于缓解我国饲料用蛋白质资源短缺的压力，又可以避免资源浪费。

马铃薯蛋白质是一种优质植物蛋白质资源，其氨基酸组成合理、营养价值高，其食物利用率、蛋白质净利用率、蛋白质功效比值等评价指标均与酪蛋白质接近。此外，马铃薯蛋白质中富含其他粮食作物所缺乏的赖氨酸，可与大豆蛋白和各类谷类蛋白质互补。马铃薯蛋白质中氨基酸组成和含量如表 6-8 所列。

表 6-8　马铃薯蛋白质的氨基酸组成和含量

氨基酸	含量/%
丙氨酸	4.62～5.32
精氨酸	4.74～5.70
天冬氨酸	11.90～13.90
半胱氨酸	0.20～1.25
谷氨酸	10.20～11.80
甘氨酸	4.30～6.05
组氨酸	2.10～2.50
异亮氨酸	3.73～5.80
亮氨酸	9.70～10.30
赖氨酸	6.70～10.10
蛋氨酸	1.20～2.15
苯丙氨酸	4.80～6.53
脯氨酸	4.70～4.83
丝氨酸	4.90～5.92
苏氨酸	4.60～6.50
色氨酸	0.30～1.85
酪氨酸	4.50～5.68
缬氨酸	4.88～7.40

受原料、蛋白质提取技术等限制，目前国内马铃薯淀粉企业提取的马铃薯蛋白质均作为饲料原料卖出，用于制作配合饲料等饲料产品。我国部分马铃薯淀粉企业提取出的饲料用马铃薯蛋白质产品成分如表 6-9 所列，部分马铃薯淀粉企业饲料用马铃薯蛋白质产品如图 6-5 所示。

表 6-9　我国部分马铃薯淀粉企业提取出的饲料用马铃薯蛋白质产品成分

指标	样品 1	样品 2	样品 3	样品 4	样品 5	样品 6
粗蛋白（干基）/%	69.4	72.7	69.3	70.2	67.0	63.9
粗灰分（干基）/%	3.5	4.2	2.8	3.5	3.4	5.0
水分/%	7.4	4.8	6.8	11.8	8.2	6.7

图 6-5　部分马铃薯淀粉企业饲料用马铃薯蛋白质产品

马铃薯蛋白质用作饲料可明显促进动物的生长发育，其营养价值不亚于酪蛋白质，是一种天然的优良蛋白质，可开发利用。有研究表明，马铃薯蛋白质是仔猪优质蛋白质来源，可饲喂 5 周龄前仔猪，马铃薯蛋白质的营养价值优于大豆粉或相当于脱脂奶粉。在欧洲，马铃薯蛋白质已经广泛应用于断奶仔猪饲粮中。

（2）食品和医药用马铃薯蛋白质产品

按照分子量大小，马铃薯蛋白质可分为马铃薯储藏蛋白质、马铃薯高分子量蛋白质、马铃薯蛋白酶抑制剂 3 类，其中马铃薯储藏蛋白质约占蛋白质总量的 40%，马铃薯蛋白酶抑制剂占蛋白质总量的 50%。近年来，研究发现马铃薯蛋白酶抑制剂具有抗癌和调节饮食等功效；马铃薯储藏蛋白质是马铃薯特有的一种糖蛋白，含有 5% 的中性糖和 1% 的氨基己糖，该蛋白质能预防心血管系统的脂肪沉积，保持动脉血管的弹性，防止动脉粥样硬化的过早发生，防止肝脏中结缔组织的萎缩，保持呼吸道和消化道的润滑等，此外还具有抗氧化、抗肿瘤、预防紫外线对皮肤伤害等多种药理活性。蛋白酶抑制剂很久以来一直被认为是抗营养因子，可以抑制胰岛素和胰凝乳蛋白酶的活性［蛋白 C 抑制物（PCI）除外］。也有研究发现，蛋白酶抑制剂应用于食品中具有良好的起泡性、泡沫稳定性和乳化性等，PCI 可以抑制癌细胞的生长、扩散以及转移，是一种抗癌因子。

马铃薯蛋白质是全价蛋白质，含有人体 8 种必需氨基酸，其中赖氨酸和色氨酸含量较其他粮食作物高。马铃薯蛋白质具有酯酰基水解活性、凝胶性、起泡性、乳化性等多种优良加工特性，在食品、保健品以及制药行业具有较高的潜在利用价值。吴娜等（2015）、刘素稳（2007）多项研究结果也表明，马铃薯蛋白质的必需氨基酸含量高于大豆分离蛋白质，比例也优于大豆分离蛋白质。

荷兰某企业专门从马铃薯汁水中回收生产用于食品和医药工业的高品质马铃薯蛋白质，其主要工艺路线如下：

马铃薯汁水 → 预处理 → 吸附 → 高分子量蛋白质 → 浓缩 → 干燥 → 食品用马铃薯蛋白质

该工艺加工条件温和，能保留马铃薯蛋白质的天然活性和功能性，还能去除马铃薯含有的生物碱，有利于确保食品用马铃薯蛋白质的安全性。该工艺得到的高分子量马铃薯蛋白质的主要组成是马铃薯储藏蛋白质，吸附过程分离出的低分子量马铃薯蛋白质主要组成是马铃薯蛋白酶抑制剂，低分子量马铃薯蛋白质可用于皮肤发炎、皮肤过敏和伤口愈合类的医药中。

目前，国内马铃薯淀粉生产企业多采用热絮凝或絮凝沉淀法提取马铃薯淀粉汁水中的蛋白质，回收的马铃薯蛋白质只能用作饲料原料，不能用作食品或医药等用途。而国内采用膜技术回收食品加工用马铃薯蛋白质的研究暂时还停留在实验研究阶段，还没有马铃薯淀粉企业进行实际应用。

（3）马铃薯蛋白质产品标准

1）国外相关标准

荷兰、丹麦等国家已经实现从马铃薯淀粉汁水中提取蛋白质的产业化应用，并且已有马铃薯蛋白质的相关产品标准。丹麦马铃薯蛋白质产品标准部分内容如表 6-10 所列。

表 6-10　丹麦马铃薯蛋白质产品标准部分内容

项目	标准
外观	棕色粉末
水分	≤11%
蛋白质	≥75%
粗脂肪	≤5%
粗纤维	≤3%
茄碱	≤1500 mg/kg
赖氨酸	≥5.4%
甲硫氨酸	≥1.5%
胱氨酸、半胱氨酸	≥0.8%
缬氨酸	≥4.8%

欧盟关于马铃薯蛋白质的质量标准中明确规定了马铃薯蛋白质及其水解物糖苷生物碱和赖氨酸、丙氨酸的含量，标准部分内容如表 6-11 所列。

表 6-11　欧盟马铃薯蛋白质标准部分内容

项目	含量/（mg/kg）
干物质	≥800
蛋白质（干基）	≥600
灰分（干基）	<400
糖苷生物碱（总）	<150
赖氨酸、丙氨酸（总）	<500
赖氨酸、丙氨酸（游离）	<10

波兰的饲料用马铃薯蛋白质标准（PN R64811—1992）中对马铃薯蛋白质的性状、色泽、气味、粒度、湿度、总蛋白质含量（干基）、易消化蛋白质含量（干基）、灰分、杂质等指标进行了规定，标准部分内容如表 6-12 所列。

表 6-12　波兰饲料用马铃薯蛋白质标准部分内容

项目	标准
性状	呈粉末状
色泽	灰色
气味	具有马铃薯蛋白质固有气味
粒度	100%通过直径 2mm 筛
相对湿度	≤10%
总蛋白质含量（干基）	≥70%
易消化蛋白质含量（干基）	≥60%
灰分	≤5%
杂质	不含杂质

2）我国相关标准

《食品安全国家标准 食品加工用植物蛋白》（GB 20371—2016）中对用于食品加工用途的马铃薯蛋白质产品的质量要求进行了规定，其中感官指标包括色泽、滋味、气味、状态，理化指标规定了蛋白质和水分含量，具体指标值如表 6-13 和表 6-14 所列。

表 6-13　GB 20371—2016 感官指标要求

项目	要求	检验方法
色泽	具有产品应有的色泽	取适量试样置于洁净的白色盘（瓷盘或同类容器）中，在自然光下观察色泽和状态。闻其气味，用温开水漱口，品其滋味
滋味、气味	具有产品应有的滋味和气味，无异味	
状态	具有产品应有的状态，无正常视力可见外来异物	

表 6-14　GB 20371—2016 理化指标要求（马铃薯蛋白质部分）

项目	指标		
	粗提蛋白质①	浓缩蛋白质②	分离蛋白质③
蛋白质④（以干基计）/（g/100g）	$40 \leqslant X < 65$	$65 \leqslant X < 90$	$X \geqslant 90$
水分/（g/100g）	$\leqslant 10.0$		

① 通过初级提取，部分去除植物原料中的非蛋白质成分（如水分、脂肪、碳水化合物等）而制得的产品。

② 通过提取、浓缩、分离等工艺，去除或部分去除植物原料中的非蛋白质成分（如水分、脂肪、碳水化合物等）而制得的产品。包括通过提取、加热凝固等工艺制得的马铃薯凝固蛋白质。

③ 通过提取、浓缩、分离、精制等工艺，去除或部分去除植物原料中的非蛋白质成分（如水分、脂肪、碳水化合物等）而制得的产品。

④ 氮换算为蛋白质的系数均以 6.25 计。

目前，国内尚未颁布实施饲料用马铃薯蛋白质相关国家或地方标准。

为了规范饲料原料马铃薯蛋白质市场，提高产品质量，推动饲料原料马铃薯蛋白质市场的健康发展，并使其能够适应国内现行饲料标准，中国淀粉工业协会组织制定了团体标准《饲料原料 马铃薯蛋白质粉》（T/SIACN 03—2019）。该标准规定了饲料原料马铃薯蛋白粉的术语和定义、要求、抽样、试验方法、检验规则、标签、包装、运输、贮存和保质期。标准中对产品感官指标和理化指标的规定分别如表 6-15 和表 6-16 所列。

表 6-15　T/SIACN 03—2019 感官指标要求

项目	指标要求
性状	呈粉状或颗粒状，无发霉、结块、虫蛀
气味	具有马铃薯蛋白粉固有气味、无腐败变质气味
色泽	浅灰色、浅棕色或浅黄色
杂质	不含砂石等杂质，不得掺入非蛋白氮等物质

表 6-16　T/SIACN 03—2019 理化指标要求

项目	指标		
	优级	一级	二级
粗蛋白质（以干基计）/%	≥70	≥65	≥60
粗灰分（以干基计）/%	≤5		≤6
水分/%	≤10	≤11	

注：低于二级为等外品。

6.1.3.3　热絮凝技术

目前，热絮凝技术是马铃薯淀粉汁水蛋白质提取技术中工艺较为成熟且已经产业化的技术。热絮凝技术回收蛋白质的过程就是对马铃薯淀粉加工分离汁水进行酸热处理，将蛋白质絮凝沉淀，然后离心分离蛋白质，再进行干燥，得到马铃薯蛋白质。热絮凝技术工艺流程如图 6-6 所示。

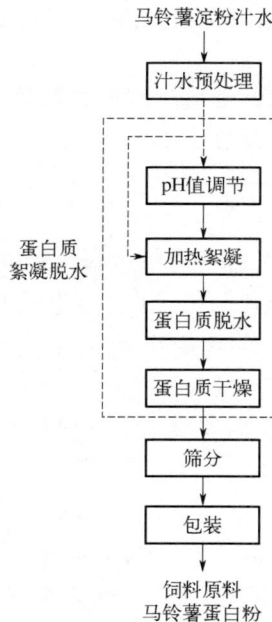

图 6-6　热絮凝技术工艺流程

热絮凝技术提取马铃薯淀粉汁水蛋白质工艺流程介绍如下所述。

（1）汁水预处理

汁水预处理主要包括去除马铃薯淀粉汁水中的少量微小粒径淀粉和细小纤维。马铃薯淀粉汁水中仍含有少量微小粒径淀粉和细小纤维，这些物质的存在会对热絮凝工艺提取马铃薯蛋白质产生不利影响，需要采取有效措施去除残存淀粉和纤维。此外，残存淀粉和纤维的去除可以提高产品中蛋白质的含量。

淀粉颗粒的去除可以采用消沫罐自然沉降、卧式螺旋离心机离心分离、旋液分离器组旋流分离等处理方式，纤维的去除可采用离心机筛分、压力曲筛筛分等方法。较为常用的预处理方法有消沫罐处理、离心机处理。

消沫罐处理过程是将马铃薯淀粉汁水泵送至消沫罐，小颗粒重相淀粉自然沉降至锥形罐底排出，轻相部分泡沫及细纤维上浮至罐顶排出并筛分分离，从而去除汁水中微小粒径淀粉和细小纤维；离心机处理过程是将马铃薯淀粉汁水泵送至卧式螺旋离心机，细小纤维和小颗粒淀粉作为固相从离心机排出，预处理后的马铃薯汁水从液相口排出。

（2）蛋白质絮凝脱水

蛋白质絮凝脱水包括 pH 值调节、加热絮凝、蛋白质脱水以及蛋白质干燥等步骤。企业可根据实际需求选择是否设置 pH 值调节工序。

1）pH 值调节

企业如果设置 pH 值调节工序，则需符合以下操作规范。

① 在马铃薯淀粉汁水泵送管道上持续加酸，将汁水 pH 值调节至 4.8～5.2。酸液应符合食品级要求。

② pH 值调节使用的酸在存储、使用时应严格按照《危险化学品安全管理条例》的相关规定执行，避免发生安全生产事故。

2）加热絮凝

加热絮凝具体过程如下所述。

① 一级预热。马铃薯淀粉汁水通过高压进料泵输送至螺旋换热器进行一级预热。

② 二级预热。经一级螺旋换热器预热后的汁水进入二级螺旋换热器进一步加热升温。

③ 蒸汽加热。将蒸汽注入经二级螺旋换热器加热的汁水中，将汁水温度升至 120℃以上。

④ 保温絮凝。高温汁水进入保温絮凝器，保温停留时间 4min 以上，蛋白质经充分絮凝后进入脱水工序。

3）蛋白质脱水

蛋白质脱水分为汁水降温以及离心脱水两个步骤，具体过程如下所述。

① 汁水降温。保温絮凝器中的汁水通过二级螺旋换热器降温，从而达到卧式螺旋离心机进料温度的要求。

② 离心脱水。降温后的汁水进入卧式螺旋离心机脱水，湿蛋白质作为固相排出，分离后的废液作为液相排出。

在卧式螺旋离心机进行固液分离的过程中，料液的液相固含量以及固相的含水率均会对离心效果造成影响。离心后物料的固相含水率是体现离心机分离效果、影响蛋白质干燥效果的关键参数。

为了保证卧式螺旋离心机对蛋白质脱水的效果，对汁水进料温度、液相固含量以及固相的含水率 3 项指标均有一定要求，如表 6-17 所列。

表 6-17 卧式螺旋离心机离心分离工艺指标要求

项目	指标要求
汁水进料温度	85~95℃
液相固含量（体积分数）	≤0.5%
固相的含水率	≤70%

4）蛋白质干燥

脱水后的湿蛋白质进入蛋白质干燥单元。干燥单元可根据实际需求采用闪蒸干燥或者闪蒸与气流组合干燥。

5）产品筛分、包装

产品的指标、包装和贮存等应符合相关标准要求。

某企业热絮凝技术主要生产设备如图 6-7 所示。

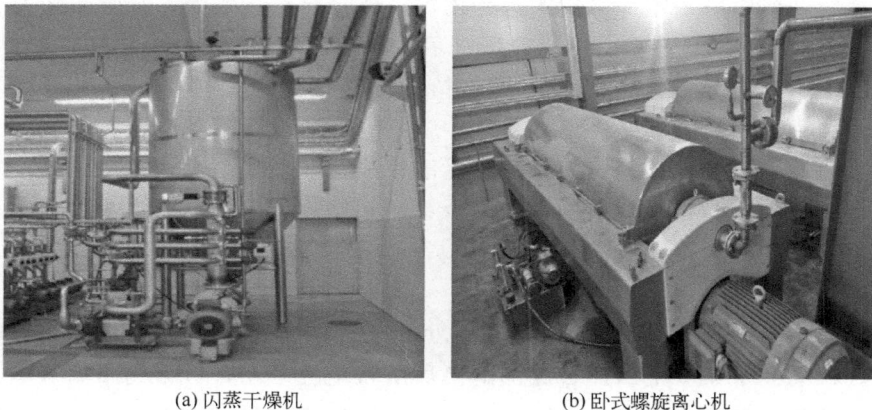

(a) 闪蒸干燥机　　　　　　　　(b) 卧式螺旋离心机

图 6-7 某企业热絮凝技术主要生产设备

为规范马铃薯淀粉汁水蛋白质提取热絮凝操作技术，引导行业技术进步，中国淀粉工业协会组织制定了团体标准《马铃薯淀粉汁水蛋白提取操作技术规范》（T/SIACN 04 — 2019）。该标准规定了从马铃薯淀粉汁水中提取蛋白质的术语和定义、基本要求、工艺流程、操作步骤、汁水的处理要求、主要工艺设备和材料以及质量管理。该项标准适用于采用热絮凝技术从马铃薯淀粉汁水中提取饲料用马铃薯蛋白质的工艺过程。

热絮凝技术的主要缺点是：需要消耗大量能量；加热会导致蛋白质发生变性，影响其价值；在絮凝过程中杂质会被蛋白质絮状物包裹而沉淀，影响产品纯度。

6.1.3.4 絮凝沉淀技术

絮凝沉淀是在马铃薯淀粉汁水中加入一定量的絮凝剂，使汁水中的蛋白质发生脱稳并凝聚成大颗粒从水中分离出来。絮凝沉淀技术对蛋白质的回收效果很大程度上取决于所使用的絮凝剂。

絮凝剂具有破坏胶体的稳定性和促进胶体絮凝的功能，按其化学成分可分为无机絮凝剂和有机絮凝剂两大类。其中无机絮凝剂包括无机低分子絮凝剂和无机高分子絮凝剂；有机絮凝剂包括合成有机高分子絮凝剂、天然有机高分子絮凝剂和微生物絮凝剂。

（1）无机絮凝剂

① 无机低分子絮凝剂。是一类低分子无机盐，主要有铝盐和铁盐类无机低分子絮凝剂。其中铝盐主要有硫酸铝、十二水硫酸铝钾（明矾）、铝酸钠、三氯化铝及碱式氯化铝等，铁盐主要有三氯化铁、硫酸亚铁以及硫酸铁等。无机低分子絮凝剂具有制备工艺简单、价格低廉、使用简单等优点，但存在投加量大、聚集速度慢、形成的絮体小、腐蚀性强、处理效果差等缺陷。

② 无机高分子絮凝剂。主要包括聚合硫酸铝、聚合氯化铝、聚合硫酸铁、聚合氯化铁等。与无机低分子絮凝剂相比，无机高分子絮凝剂可提供更多的络合离子，在增强网捕作用的同时，能较好破坏胶体稳定性，大幅提升水处理的效果。但是研究表明，铝盐类无机絮凝剂使用后残留在水中的铝会诱发人体神经系统病变、骨骼系统发育不良、肾脏和心脑血管疾病等。铁盐类无机絮凝剂虽然对人体相对安全，但是有一定的腐蚀性，且残留在水中的铁化合物若达到一定浓度时，会影响水的色、嗅、味等感官性状，使其在应用中受到了一定的限制。

近年来，对传统无机高分子絮凝剂进行改性或开发环保型无机高分子絮凝剂成了研究的热点，以期在提高絮凝效果的同时减少铝盐和铁盐类絮凝剂所带来的危害。

（2）有机絮凝剂

① 合成有机高分子絮凝剂。具有用量小、产泥少、絮凝能力强、沉淀速度快等优点。合成有机高分子絮凝剂按照官能团解离后所带电性不同，可分为阳离子型、阴离子型、非离子型和两性离子型。其中阳离子型合成有机高分子絮凝剂主要有聚丙烯酰胺及其衍生物、二甲基二烯丙基氯化铵的均聚物等，主要适用于处理废水中表面带负电的胶体颗粒物；阴离子型合成有机高分子絮凝剂主要用于加快无机质悬浮液，特别是重金属氢氧化物等阳离子带电粒子的沉降、悬浮分离；非离子型合成有机高分子絮凝剂主要通过质子化作用在水溶液中产生短暂性电荷，形成的絮体小且不稳定，主要用于加快无机悬浮液沉降，其絮凝效果较差；两性离子型合成有机高分子絮凝剂同时具有带正、负电荷的官能团，兼具阳离子型和阴离子型合成有机高分子絮凝剂的综合性能，可用于处理正负电荷颗粒共存的废水。

② 天然有机高分子絮凝剂。常用的主要有淀粉基絮凝剂、壳聚糖基絮凝剂、纤维素基絮凝剂等。天然有机高分子絮凝剂具有绿色环保、无毒、价格低廉、易于生物降解等优点，也存在电荷密度小、分子量较低、易发生生物降解而失去活性等缺点，可采用醚化法、酯化法、氧化法等化学方法对天然有机高分子絮凝剂进行改性以克服这些缺点。汪苹等在其所编著的《食品发酵工业废弃物资源综合利用》中提到，采用天然有机高分子絮凝剂如壳聚糖絮凝剂、海藻絮凝剂等处理含蛋白质的食品废水，不会引入有毒物质，回收的粗蛋白质经进一步处理，可作为动物饲料或食品添加剂。裴兆意（2007）研究了壳聚糖作为絮凝剂对马铃薯淀粉废水中蛋白质的回收效果，发现当 pH 值为 4.5，壳聚糖

投加量为 0.05g/L 时，蛋白质回收率为 62.7%。Vikelouda 等（2004）利用羧甲基纤维素作为絮凝剂，在 pH 值为 2.5 的条件下回收工业废水中的蛋白质，蛋白质产品纯度为 74.4%。Gonzalez 等（1991）用羧甲基纤维素作为絮凝剂分离马铃薯淀粉废水中的蛋白质，研究了羧甲基纤维素与蛋白质的比例、温度、pH 值、羧甲基纤维素的取代度对絮凝效果的影响，结果表明羧甲基纤维素与蛋白质的比例为 0.05∶1.00、温度为 4~25℃、pH 值为 1.5~4.0、羧甲基纤维素的取代度为 0.85~0.95 时絮凝分离效果最好，分离得到的蛋白粉中蛋白质含量为 76.6%，羧甲基纤维素含量为 17.6%，水分含量为 3.66%，灰分含量为 2.17%。

③ 微生物絮凝剂。微生物絮凝剂属于天然有机高分子絮凝剂，是利用微生物技术，通过发酵、提取、精制而得到的一种可生物降解的、新型的高安全性、高效率、低成本的无毒水处理生物。微生物絮凝剂主要由具有两性多聚电解质特性的糖蛋白、蛋白质、多糖、纤维素和脱氧核糖核酸等生物高分子化合物组成。

微生物絮凝剂具有易于生物降解、絮凝效率高、安全无毒、无二次污染等特点，是一种绿色环保的絮凝剂，可广泛应用于给水及污、废水的处理。微生物絮凝剂加入水中后，主要通过双电层压缩、电荷的中和作用、吸附架桥作用和网捕作用降低颗粒间排斥能，最终发生絮凝。王有乐等（2009）进行了复合型微生物絮凝剂处理马铃薯淀粉废水的研究，分离出了具有高絮凝性的两株根霉 M9 和 M17，研究了其复配产生的复合型微生物絮凝剂 CMBF917 的絮凝特性，并优化了其对马铃薯淀粉废水的絮凝条件。该研究表明在絮凝剂投入量小、无须调节 pH 值、投入助凝剂氯化钙的情况下，废水经过絮凝后 COD_{Cr} 去除率为 54.09%，可回收蛋白质 1.1g/L，且该蛋白质无毒无害，可作为动物饲料。

尽管微生物絮凝剂在水处理领域有诸多优点，但在实际生产和使用过程中，微生物絮凝剂存在菌种对环境要求较高、稳定性差、防腐保质期短、生产成本高等缺点，一定程度上制约了其规模化应用。

絮凝沉淀技术回收马铃薯蛋白质价格低廉、回收能力强，符合高效、廉价、低能耗的原则，但是絮凝剂会被带入蛋白质产品中，影响蛋白质产品的色泽和纯度，若要得到高纯度的产品还需将絮凝剂与蛋白质分离。

6.1.3.5　膜分离技术

膜分离技术兼有分离、浓缩、纯化和精制的功能，又具有高效、节能、环保、分子级过滤及过滤过程简单、易于控制等特征，已广泛应用于各行业中。在食品分离领域，膜分离作为一种有利于保持热敏性食品品质的分离技术，在液体食品分离领域的应用已经非常广泛，应用于农副食品加工副产物回收蛋白质的研究也有很多。

目前，国外常用超滤膜分离技术回收马铃薯蛋白质。超滤膜分离技术应用于食品工业废水中回收蛋白质、淀粉等十分有效，国外已大规模用于实际生产。超滤是以压力或浓度为驱动力，依据功能半透膜的物理化学性能，进行固液分离，或者将大分子与小分子溶质分级的膜分离技术。即当具有一定压力的液体经过超滤装置内部表面时，根据超滤膜的物理化学性能，选择性地使溶剂、无机盐和小分子物质透过成为透过液，而截留溶液中的悬浮物、胶体、微粒、有机物、细菌和其他微生物等大分子物质成为浓缩液，达到液体净化、分离、浓缩的目的。常用的超滤膜有醋酸纤维素膜、聚砜膜、聚酰胺膜等，超滤装置主要有板框式、管式、卷式和中空纤维式等。

与热絮凝技术以及絮凝沉淀技术相比，采用膜分离技术回收马铃薯淀粉汁水中的蛋白质，回收过程中未受到其他化学成分、热处理等因素的影响，产品的纯度、口感、功能特性等都优于热絮凝技术以及絮凝沉淀技术回收的蛋白质，使得回收的马铃薯蛋白质有望应用于食品加工，从而扩大马铃薯蛋白质的用途，既有效地利用了资源，又增加了产品的附加价值。但是膜组件在使用过程中会发生膜孔堵塞等问题，需要及时进行膜组件的清洗，从而保证运行效果，而且设备价格高，不适合中小企业使用。

目前，国内对膜分离技术回收马铃薯汁水中的蛋白质研究暂时还停留在实验阶段，包括对膜分离条件、膜孔径以及膜材质对回收效果的影响，膜集成技术及膜分离蛋白质的性能等研究。

（1）膜分离条件研究

吕建国等（2008）采用超滤膜对马铃薯淀粉废水进行了回收蛋白质的中试实验，研究了超滤膜在回收工艺中的温度、压力、流速、浓度与通量之间的关系，同时也研究了超滤膜在回收工艺中的温度、压力、流速、浓度与蛋白质截留率之间的关系。回收蛋白质工艺流程如图 6-8 所示，中试设备采用的是平板超滤膜设备，膜材料为聚乙烯（PE）。

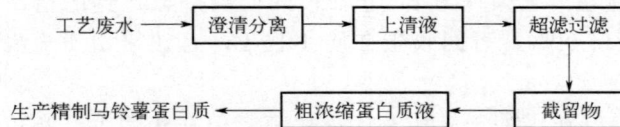

工艺废水 → 澄清分离 → 上清液 → 超滤过滤

生产精制马铃薯蛋白质 ← 粗浓缩蛋白质液 ← 截留物 ← 超滤过滤

图 6-8　工艺废水超滤膜法蛋白质回收工艺流程

中试实验研究过程如下所述。

① 通过分析测试数据，选用切割分子量为 2 万的超滤膜对废水中蛋白质进行回收试验。

② 在操作温度控制在 25℃，进料流速控制在 160L/min 的条件下进行的工作压力与蛋白质截留率和膜通量之间关系的实验中发现，膜通量随压力变化比较明显的阶段在 0.05～0.2MPa，随着工作压力的增加，膜通量也有所增加。此外，工作压力在 0.2MPa 以下时，超滤膜对蛋白质的截留率基本没有发生变化；超过 0.2MPa 以后，截留率出现下降趋势，因此，采用 0.2MPa 的工作压力较为合理。

③ 控制操作温度在 25℃，操作压力在 0.2MPa 的运行条件下进行进料流速与膜通量关系的实验，发现超滤膜的通量随着进料流速的增加而升高，当进口流速超过 160L/min 之后，膜通量不再升高，因此，进料流速选择 160L/min 较为合适。

④ 控制操作压力为 0.2MPa，进料流速为 160L/min，研究不同温度条件下的膜通量与截留率的关系，发现随着温度的升高，膜通量不断增加，截留率不断下降，但是在 20～25℃时膜通量与截留率较为合理。

⑤ 随着超滤浓缩马铃薯废水倍数的增加，蛋白质的浓缩倍数和含量也随之升高，

蛋白质的浓缩倍数与含量的升高与废水的浓缩倍数成正比关系，因此可以有效地实现浓缩马铃薯淀粉生产工艺废水中的蛋白质，从而进行回收利用。

通过中试实验得出以下结论。

① 采用平板式超滤膜回收马铃薯淀粉生产废水中的蛋白质在技术上是可行的，蛋白质截留率高，浓缩效果明显。平板式超滤膜可将废水中的马铃薯蛋白质浓缩至半固形物状态，有利于冷冻或烘干干燥。

② 采用平板式超滤膜系统回收马铃薯蛋白质具有运行温度低、生产效率高、可实现自动控制等优点。

③ 污染后的超滤膜清洗方法简单，清洗效果较好，膜通量恢复率高。

④ 通过中试实验，可以认为采用平板式超滤膜工艺回收马铃薯淀粉生产废水中的蛋白质是一种稳定、浓缩度高、浓缩效果好、安全、可靠、自动化程度高的马铃薯蛋白质回收工艺。

陈钰等（2010）也进行了超滤法回收马铃薯淀粉加工废水中蛋白质的可行性研究，并以蛋白质截留率和渗透通量为指标进行综合考虑，得出超滤法的最佳条件。在实验中使用的为聚砜中空纤维内压式超滤膜组件。在操作压力以及温度对渗透通量和蛋白质截留率的影响研究中，关于超滤膜的渗透通量以及对蛋白质的截留率随操作压力和温度的变化趋势研究结果基本与吕建国等（2008）相同。

此外，陈钰等（2010）还研究了 pH 值对超滤膜渗透通量和蛋白质截留率的影响。由于马铃薯蛋白质是混合蛋白质，在一定 pH 值条件下，各自带不同的电荷，超滤膜表面也呈现一种特定电荷，只有与膜的电性相反的蛋白质才能被吸附，而带其他电荷的蛋白质不能被吸附，只能在膜表面形成极化层或凝胶层。研究发现，在 pH 值为 3.8～4.8 时，pH 值小于或等于蛋白质组分的等电点，大部分蛋白质带正电荷，与表层带负电荷的聚砜膜呈电荷异性，膜表面对蛋白质的吸附最大，渗透通量最低。

陈钰等（2010）通过研究得出以下结论。

① 采用超滤法回收马铃薯淀粉加工废水中的蛋白质在技术上是可行的，蛋白质截留率高，浓缩效果明显。

② 以蛋白质截留率和渗透通量为指标进行综合考虑，得出超滤（使用聚砜中空纤维内压式超滤膜组件）的最佳条件为：操作压力 0.10MPa，室温 22℃，pH 值 5.8。在此条件下，超滤回收蛋白的截留率高达 80.46%。

③ 根据实验研究可以认为采用超滤法回收马铃薯淀粉加工废水中的蛋白质是一种稳定、浓缩效率高、安全、自动化程度高的蛋白质回收方法。

（2）膜孔径、膜材质研究

张泽俊等（2004）研究了利用界面分离技术、超滤技术分离回收马铃薯淀粉生产工艺废水中蛋白质的工艺参数，工艺废水的处理路线如图 6-9 所示。

张泽俊等（2004）对不同材质的超滤膜截留马铃薯蛋白质的效果进行了研究，选择了聚砜（PS）、聚丙烯腈（PAN）、醋酸纤维素平面膜三种超滤膜进行实验。在实验压

工艺废水 → 精密过滤 → 调整pH值 → 泡沫分离 → 汁水

泡沫分离 → 泡沫　　　汁水 → 调整pH值

泡沫 → 破沫　　　调整pH值 → 膜超滤

破沫 → 粗浓缩蛋白质液 ← 截留物　　　膜超滤 → 截留物

粗浓缩蛋白质液 → 精制生产马铃薯蛋白粉

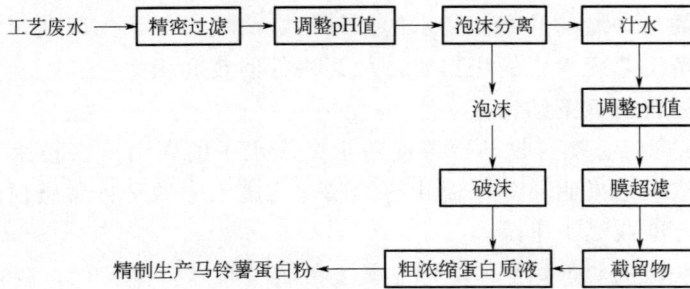

图 6-9　工艺废水的处理路线

力、流速等因素相同的条件下，分别测量三种超滤膜截留物中马铃薯蛋白质的浓度，实验数据如表 6-18 所列。三种材料的膜对马铃薯蛋白质的截留率均随膜切割分子量的增加而减小；在膜切割分子量相同的情况下，醋酸纤维素膜对蛋白质的截留率最大，而聚丙烯腈膜对蛋白质的截留率最小。通过实验发现切割分子量 1.5 万的醋酸纤维素膜对马铃薯蛋白质的截留率最大，可以截留超过 85% 的蛋白质，适合处理马铃薯淀粉生产工艺废水，回收马铃薯蛋白质。

表 6-18　不同材料的膜、不同切割分子量对马铃薯蛋白质的截留率　　单位：%

膜材料	聚砜膜	聚丙烯腈膜	醋酸纤维素膜
切割分子量 1.5 万	80.27	78.27	86.73
切割分子量 3 万	77.49	72.11	81.89
切割分子量 6 万	65.21	63.46	80.09
切割分子量 10 万	64.15	60.82	79.43

Harmen 等（2002）利用超滤法从马铃薯淀粉废水中回收蛋白质，首先对马铃薯淀粉废水进行预浓缩，然后采用截留分子量为 5～150ku 的亲水聚醚砜、亲水聚偏氟乙烯和新型再生纤维素 3 种膜材料对马铃薯淀粉废水中的蛋白质进行回收，蛋白质回收率均在 82%以上。

（3）膜集成技术研究

顾春雷等（2004）在研究如何实现马铃薯加工废水中蛋白质和低聚糖的回收以及生产废水的达标排放和回用等问题时，认为超滤法回收马铃薯淀粉汁水中的蛋白质可以大幅节省后续干燥工序的运行费用，并且可以保持蛋白质原味。但是仅仅用超滤膜（截留分子量为 10 万和 1.5 万的蛋白质）处理，不能满足工业生产的要求。

顾春雷等（2004）开发了膜集成技术废水处理工艺，达到了在降低废水化学需氧量的同时回收马铃薯蛋白质、低聚糖的目的。具体工艺简述如下。

马铃薯淀粉生产废水经过丝网过滤除去泥沙等悬浮物后，调节滤液 pH 值为 4.5，再通过微滤膜回收蛋白质，清液进入超滤膜继续分离蛋白质，超滤渗透液先后通过纳滤膜和反渗透膜回收低聚糖。该研究考察了该过程中压力对渗透通量和截留率的影响，结果表明利用该膜集成技术可以回收马铃薯蛋白质总量的 97% 和低聚糖总量的 90%。

（4）膜分离蛋白质性能研究

吴娜等（2015）采用膜分离技术回收得到马铃薯淀粉汁水中的蛋白质，并采用十二烷基硫酸钠-聚丙烯酰胺凝胶电泳（SDS-PAGE）、高效液相色谱（HPLC）等方法分析了膜分离技术回收得到的马铃薯蛋白质的分子质量分布、氨基酸含量、功能性质及生物碱含量等。

通过马铃薯蛋白质的电泳图谱带，并与新鲜马铃薯块茎中的蛋白质对比，吴娜等（2015）发现膜分离技术保留了马铃薯中的两类主要蛋白质：马铃薯储藏蛋白质（patatin）和多种蛋白酶抑制剂（protease inhibitors，PI）。

此外，吴娜等（2015）以大豆分离蛋白质为对照品，分析了马铃薯蛋白质的氨基酸组成，结果如表 6-19 所列。马铃薯蛋白质氨基酸总量为 72.78%，其中必需氨基酸为 35.04%，占总氨基酸的 48%，与鸡蛋蛋白质（49%）相当；大豆分离蛋白质的必需氨基酸含量占总氨基酸的 40%。马铃薯蛋白质的必需氨基酸比例优于大豆分离蛋白质。

表 6-19　马铃薯蛋白质和大豆分离蛋白质的氨基酸组成

氨基酸种类		氨基酸含量/（g/100g）	
		马铃薯蛋白质	大豆分离蛋白质
必需氨基酸	异亮氨酸	3.52	4.09
	亮氨酸	7.51	6.76
	赖氨酸	5.19	4.79
	蛋氨酸+胱氨酸	1.93	1.69
	苯丙氨酸+酪氨酸	8.3	7.06
	苏氨酸	3.82	3.01
	色氨酸	0.90	1.01
	缬氨酸	3.87	4.27
必需氨基酸总量		35.04	32.68
非必需氨基酸	谷氨酸	8.11	17.10
	甘氨酸	3.51	3.47
	丙氨酸	3.62	3.55
	丝氨酸	3.98	3.84
	天门冬氨酸	10.02	8.94
	组氨酸	1.66	2.48
	精氨酸	3.46	6.17
	脯氨酸	3.38	3.14
非必需氨基酸总量		37.74	48.69

吴娜等（2015）还对马铃薯蛋白质中的生物碱含量进行了分析。马铃薯块茎中茄啶糖苷生物碱（SGA）的含量为 30～100mg/kg，SGA 可溶解在马铃薯汁水中，因此从马铃薯汁水中回收马铃薯蛋白质的安全性风险主要来自马铃薯原料带入的生物碱。其生物碱种类主要为 α-茄碱和 α-卡茄碱。欧洲采用热絮凝法回收的饲料用马铃薯蛋白质中，SGA 含量为 1500～2500mg/kg，吴娜等（2015）采用膜分离技术回收的马铃薯蛋白质中 SGA 的含量在 500mg/kg 左右，远低于用热絮凝法得到的饲料用马铃薯蛋白质中 SGA 的含量。由此可见，与热絮凝法相比，膜分离技术回收所得马铃薯蛋白质中 SGA 的含量降低，提高了产品的安全性，使马铃薯蛋白质用于食品配料成为可能。

6.1.4　废水治理技术

6.1.4.1　淀粉生产废水生化法治理技术

淀粉企业生产废水中的 COD_{Cr}、BOD_5、悬浮物（SS）、氨氮、总氮和总磷等各项污染物指标的含量均较高，在进行工艺设计时必须考虑在去除有机污染物的同时，能够去除氨氮、总氮和总磷。目前对污水中总氮和氨氮脱除的主要方法为生物脱氮，而对总磷的去除方法既有化学除磷工艺，也有生物除磷工艺。以下介绍几种主要处理工艺的流程和处理效率。

（1）厌氧（UASB）-缺氧-A²/O 工艺

该工艺的处理流程如图 6-10 所示，主要水污染物处理效率如表 6-20 所列。

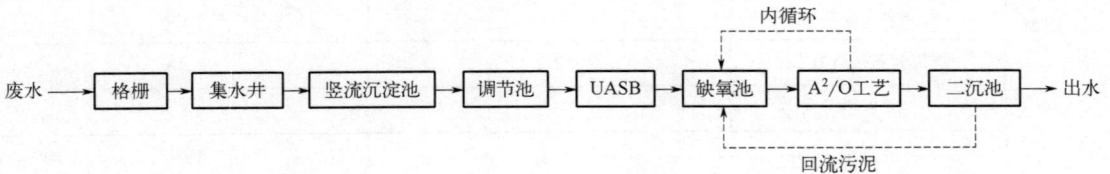

图 6-10　淀粉废水厌氧（UASB）-缺氧-A²/O 生化处理工艺流程

UASB—升流式厌氧污泥床；A²/O—厌氧-缺氧-好氧法

表 6-20　厌氧（UASB）-缺氧-A²/O 工艺处理效率

指标	COD_{Cr}	BOD_5	SS	氨氮	总氮	总磷
去除率	≥99%	>98%	≥85%	>80%	>80%	80%

利用该工艺处理淀粉废水，日处理量 1000t，总投资为 400 万元，直接运行费用为 1.0 元/吨废水。若考虑厌氧过程中沼气作为能源用于发电的效益，则沼气产生的效益可等于或大于污水处理的费用。

此工艺除对有机污染物有良好的处理效果外，还具有同步脱氮除磷作用，其中厌氧段主要作用是去除有机污染物和释放磷，缺氧段的主要作用是反硝化脱氮。由于具有同步去除有机污染物、脱氮、除磷作用，目前该工艺广泛应用在需要脱氮除磷的污水处理方案中。该工艺内部存在较大的回流量，因此相对来说，污水处理的运行成本略高。

（2）厌氧（EGSB)-SBR 工艺

该工艺的处理流程如图 6-11 所示，主要水污染物处理效率如表 6-21 所列。

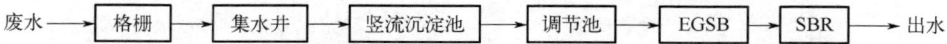

废水 → 格栅 → 集水井 → 竖流沉淀池 → 调节池 → EGSB → SBR → 出水

图 6-11　淀粉废水厌氧（EGSB)-SBR 生化处理工艺流程

EGSB—膨胀颗粒污泥床；SBR—序批式活性污泥法

表 6-21　厌氧（EGSB)-SBR 生化处理工艺处理效率

指标	COD$_{Cr}$	BOD$_5$	SS	氨氮	总氮	总磷
去除率	>98%	>98%	≥91%	>80%	>80%	80%

利用厌氧（EGSB)-SBR 工艺处理淀粉废水，日处理量为 1000t，总投资为 350 万元，直接运行费用为 0.75 元/吨废水。与厌氧（UASB)-缺氧-A²/O 工艺相似，本工艺若考虑厌氧发酵产生沼气的效益，可大幅节省污水处理费用。

此工艺的厌氧处理工序 EGSB 具有较好的去除有机污染物的效果，SBR 可通过调节其运行程序，从而达到脱氮除磷的效果。目前 SBR 具有多种变异工艺，脱氮除磷率可超过 80%。如果在指标磷还不能达标的情况下，则需增加化学除磷工艺。

（3）厌氧（EGSB/UASB)-A²/O 工艺

该工艺的处理流程如图 6-12 所示，主要水污染物处理效率如表 6-22 所列。

废水 → 格栅 → 集水井 → 沉淀池 → 调节池 → EGSB/UASB → A²/O工艺 → 化学除磷 → 出水

图 6-12　淀粉废水厌氧（EGSB/UASB)-A²/O 处理工艺流程

表 6-22　厌氧（EGSB 或 UASB)-A²/O 工艺对淀粉废水的处理效率

指标	COD$_{Cr}$	BOD$_5$	SS	氨氮	总氮	总磷
去除率/%	≥98	>98	≥91	>80	>80	90

该淀粉废水处理工艺日处理量为 1000t，总投资为 370 万元，直接运行费用为 1.4 元/吨废水。此工艺对淀粉废水的有机污染物、氮、磷均有较好的处理效果，厌氧阶段既可以采用 EGSB 工艺，也可采用 UASB 工艺，主要用于去除有机污染物，氧化段在去除有机污染物的同时，具有较好的脱氮功能。本工艺的一个特点就是采用化学除磷的方法，化学除磷是较为彻底的除磷方式，但因为需要投加絮凝剂（铝盐、铁盐和石灰等），从而提高了污水处理的成本。

某淀粉生产企业生化处理工艺废水处理设施如图 6-13 所示。

图 6-13 某淀粉生产企业生化处理工艺废水处理设施

淀粉行业企业废水生化法处理技术的技术参数等可以参照《淀粉废水治理工程技术规范》（HJ 2043—2014）的相关要求执行。

6.1.4.2 马铃薯淀粉废水膜法治理技术

《淀粉废水治理工程技术规范》（HJ 2043—2014）推荐的淀粉废水治理工艺为：预处理+厌氧生物处理+好氧生物处理+深度处理。马铃薯淀粉生产企业废水产生量大、COD_{Cr} 浓度高，且大部分马铃薯淀粉加工企业主要在"三北"（西北、东北、华北）地区的 9～11 月和次年的 3～5 月生产，生产季气温一般在-5～15℃，生化处理技术如不额外采用加温保温措施，微生物活力将无法保证。在"三北"地区冬季极端低温条件和次年 5～9 月份停产期，各工艺阶段微生物如何保存和快速启动仍属于技术难题。

某马铃薯淀粉生产企业将废水进行蛋白质提取后，采用"加药气浮-膜生物反应器（MBR）处理系统-纳滤（NF）-反渗透（RO）-活性炭吸附"组合工艺对马铃薯淀粉废水进行处理，可实现马铃薯淀粉废水稳定达标排放。该处理工艺流程如图 6-14 所示，主要处理设备如图 6-15 所示。

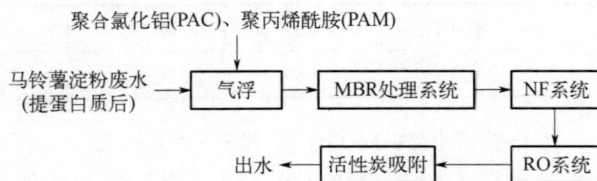

图 6-14 马铃薯淀粉企业膜法废水处理工艺流程

马铃薯淀粉生产废水进行蛋白质提取后，对蛋白质提取后的废水进行处理，各工序对污染物的去除效率如表 6-23 所列。从工艺的整体处理效果看，对马铃薯淀粉废水的中 COD_{Cr}、悬浮物、氨氮、总氮、总磷的去除效率分别为 99.83%、94.68%、91.75%、99.62%、99.76%。

(a) 气浮工序设备

(b) MBR工序设备

(c) NF工序设备

(d) RO工序设备

图 6-15 马铃薯淀粉企业膜法废水处理工艺主要设备

表 6-23 膜处理工艺各工序对马铃薯淀粉生产废水中各污染物的去除效率

单位：%

污染物	热絮凝	气浮	MBR	纳滤	反渗透	活性炭吸附	整体工艺
悬浮物	69.96	—	78.05	11.02	—	14.93	94.68
COD_{Cr}	38.12	66.20	60.63	52.08	83.97	73.29	99.83
氨氮	22.24	31.20	46.09	47.40	29.15	23.23	91.75
总氮	38.13	67.05	89.44	50.37	47.90	32.64	99.62
总磷	27.63	81.13	91.16	69.14	22.76	16.51	99.76

该废水处理工艺设备总投资为 331 万元，运行费用包括电费、人工费、药剂费、活性炭更换费用、膜清洗费用等，每吨废水的处理成本约 10 元。

6.1.5 马铃薯淀粉生产有机肥水还田技术

6.1.5.1 国外相关行业生产废水土地利用情况

国外在食品加工生产废水土地利用方面已积累较多成功经验，特别是在美国、欧盟等发达国家和地区，食品加工行业生产废水土地利用非常广泛，并已形成一定规模。

（1）美国

1972 年，美国颁布了《清洁水法》（Clean Water Act, CWA），提倡并鼓励应用"零排放"的水资源回用技术。其中，废水土地处理被认为是一项投资少、耗能低且处理效率高的实用技术，因而得到了广泛的认同。为了指导、规范废水资源的土地利用，在 1981 年及 1984 年，美国环境保护局分别发布了《废水土地处理工艺设计指南》（Process Design Manual for Land Treatment of Municipal Wastewater）以及《快速渗滤及地面水流补充要求》（Supplement on Rapid Infiltration and Overland Flow），明确了食品加工废水可以土地利用，此后多次对该指南进行更新。2006 年发布的最新版（Process Design Manual for Land Treatment of Municipal Wastewater Effluents, EPA/625/R-06/016），其对土地利用机理、选址、废水预处理及储存、灌溉系统等进行了详细的阐述，其中明确了马铃薯加工废水可以土地利用，并详细介绍了艾奥瓦州某企业自 1973 年起将 2650m³/d 的马铃薯加工有机肥水施用于 190ha 土地的情况。

美国各州相继颁布了具体的废水土地处理法规及指导条例。以加利福尼亚州（简称加州）为例，有统计数据表明，早在 1994 年，该州全年就已有超过 800 家食品加工企业对所排放的废水采取土地利用工艺进行处理。加利福尼亚食品加工协会（California League of Food Processors，CLFP）统计数据显示，目前加州已经有超过 70%的食品加工/洗涤废水用于土地消纳，实现了废水有效再利用，主要适用的作物有玉米、大麦、小麦、棉花、大豆、马铃薯、甜菜、牧草、速生林木及苜蓿等。

2002 年开始，加利福尼亚州相关管理部门召集学者研究发布了《食品加工/洗涤废水土地利用技术指南》（Manual of Good Practice for Land Application of Food Processing/Rinse Water），对该类废水的水质特征、还田土地、作物选择、还田量、施用技术、监测等方面进行了规定和指导。2007 年，加利福尼亚州发布了《食品加工/洗涤废水土地利用的良好实践》（Manual of Good Practice for Land Application of Food Processing/Rinse Water）。

此外，加州还颁布了《水质控制法案》（Porter-Cologne Water Quality Control Act），法案要求加州各地区制定保护水质的流域规划，并以排污许可证的形式对水污染物排放进行管控，废水的土地利用也被纳入排污许可证管理中，要求企业在实施废水土地利用时提交相关申请，申请中必须说明废水特征、生产工艺、地表水和地下水情况、废水施用管理措施、监测计划等，获得排污许可证后可以按计划进行施用。

（2）欧盟

关于废水在农业灌溉中的再利用，由于利益相关方及公众对其优点了解较少，以及缺乏支持性和连续性的政策体系（欧盟尚未发布相关指令），目前在欧盟各国尚未得到大规模应用。但是欧盟认为废水的再利用可以作为水资源的有效补充，其不会受气候、天气影响，可以实现平稳的农业灌溉。同时，其中的部分营养物质可以被农业利用，进而减少化肥的施用量、减轻化肥污染等。鉴于此，为了能够进一步推进废水在农业灌溉等领域的再利用，欧盟于2017年提出"废水在农业灌溉及含水层补给的最低要求"（legislation on minimum requirements for water reuse in irrigation and aquifer recharge）。

目前，可供借鉴的指令有硝酸盐指令（Nitrate Directive 91/676/EEC），其中对于动物粪便等有机肥料的使用量规定每年不可超过 170kg/ha，同时须定期进行评估，上报当地地下水和地表水监测情况、农业活动情况、相关环境保护措施等。

此外，欧盟通过综合污染预防与控制（IPCC）指令对工业污染源排放进行管理控制。该指令规定了对空气、水和土壤的工业源污染物排放的防治及事故预防等内容。2010 年，该指令升级为工业排放指令（IED），要求为行业制定最佳可行技术参考文件（BATBRFE），作为制定排污许可的重要参考，进而用于水污染物排放控制。目前，欧盟已发布了食品、饮料和牛奶行业最佳可行技术参考文件，该文件对淀粉行业的全过程污染控制技术进行了总结和建议，其中也提出了淀粉加工废水可以经过初级处理（沉淀处理）后用于灌溉，但是在使用时应注意符合欧盟相关法律规定（如硝酸盐指令），同时，在灌溉前应从以下方面进行评估。

① 灌溉过程中，废水中所含物质是否对植物（或作物）的营养有益。包括：改进土壤 pH 值平衡，提供肥料元素，如磷、氮等。

② 灌溉后相关物质对地理学的影响；对土壤学（研究土壤组成、性质、分类等的科学分支）的影响；对气候和水文地质学数据（如粮食、畜禽卫生及环境）的影响。

③ 在使用过程中，是否可以对其中物质从源头到终点进行追踪，依赖于废水产生企业及使用人（如农民等）的共同合作。

④ 对预期影响的监测需要，如对土壤和地下水的分析等。

（3）日本

日本位于亚洲季风区，年均降水量高达 1730mm 左右，约是世界平均值的 2 倍，但由于其地形、地貌及气象特征，日本可重复利用的淡水资源却非常少，还不到美国人均占有量的 1/2。为减轻水资源危机和解决废水处理问题，日本关于废水回用相关研究和实践也开展较早。

关于马铃薯淀粉加工生产废水回用领域，日本科学家二国二郎在其所著的《淀粉科学手册》中提出，马铃薯中含有 0.3%氮、0.1%磷酸（P_2O_5）、0.5%钾（K_2O），在淀粉制造过程中，P_2O_5 的 70%、其余成分的 90%左右均转移至废水中，因此，可以将这些废水施加到旱地和草地作为肥料加以利用。在《淀粉科学手册》中提到，关于马铃薯淀粉生产废水在肥料和灌溉方面的利用，已经有过对牧草地的施用法、对于施用作物的效果、必要散布面积的估算等报道，并有相关报道资料如《废液在牧草地的灌溉及其影响》《马铃薯淀粉精制废液在旱田灌溉方面的利用》等。

《淀粉科学手册》还介绍了日本东部十胜工厂将马铃薯淀粉加工生产废水进行农田利用的情况。该工厂将约 $3 \times 10^5 m^3$ 废水加以贮留，然后通过连接在敷设于工厂附近地区（平和地区 185ha）的散水栓（间距 185m×75m）上的喷灌机（喷嘴直径 22mm，喷洒量 576L/min，喷灌半径 40m）进行喷洒。1972 年，采用马铃薯淀粉生产废水进行喷灌的牧草收获量与未施用生产废水的牧草收获量相比明显增加。

《淀粉科学手册》提出，废水作为肥料和灌溉方面的利用，其条件是需要有广阔的土地，这是将原来从土壤中摄取来的物质重新还给大地，只要当地的条件许可，这是一种最好的处理方法。1974 年，日本向旱田和草地散布废水的实际数量，除东部十胜工厂外，还有 5 个工厂对 1225ha 土地散布了 $8.2 \times 10^5 m^3$ 废水。

（4）其他国家

澳大利亚用阿德莱德市食品厂排出的废水灌溉葡萄，采用废水灌溉后，对土壤和葡萄进行反复检测，没有查出任何有害成分，葡萄产量不仅较往年有所提高，而且产出的葡萄所酿造出来的葡萄酒质地优良、口感浓烈，深受广大消费者欢迎。当地还用废水对其他一些农作物进行灌溉，结果表明此种灌溉对土壤及农作物无不良影响。

匈牙利曾报道过制糖厂排放的废水用于农田灌溉，与清水灌溉相比，制糖废水显著地提高了甜菜产量，进而增加了每公顷甜菜出糖量。

丹麦、德国、英国等国家淀粉生产企业将提取马铃薯蛋白质后的脱蛋白质水直接与农户进行工业废水交易，废水由农户用罐车直接运往农田进行均匀施用。

6.1.5.2 我国废水农灌现状

我国废水灌溉起步于 1956 年，1957 年正式兴建废水灌溉工程，1958 年召开全国第一次废水灌溉农田会议，1959 年全国工业废水处理和污水综合治理会议确定了"变有害为无害、充分利用"的原则，北京、天津、西安、抚顺、石家庄等城市率先开辟了大型污水灌区。1961 年我国第一个《污水灌溉农田卫生管理试行办法》颁布实施；1972 年全国污水灌溉会议确定了"积极慎重"的发展方针；1979 年试行《农田灌溉水质标准》（TJ 24—1979）；1992 年正式发布《农田灌溉水质标准》（GB 5084—1992），进一步规范了污水灌溉的要求；2005 年国家再次对此标准进行扩充及修订，颁布实施《农田灌溉水质标准》（GB 5084—2005）；2021 年，对该标准进行了第三次修订，《农田灌溉水质标准》（GB 5084—2021）于 2021 年 1 月 20 日发布，于 2021 年 7 月 1 日起实施。

《中华人民共和国水污染防治法》第五十八条规定：向农田灌溉渠道排放城镇污水以及未综合利用的畜禽养殖废水、农产品加工废水的，应当保证其下游最近的灌溉取水点的水质符合农田灌溉水质标准。目前，我国用于还田行业的主要为畜禽养殖业的粪便还田，很多规模化养殖场采用种植和养殖相结合的方式，将养殖产生的粪污作为肥料用于农田施肥，并进行消纳。我国相关部门出台了多项文件鼓励畜禽养殖废水进行还田处理，如《国务院办公厅关于加快推进畜禽养殖废弃物资源化利用的意见》（国办发〔2017〕48 号）规定：鼓励沼液和经无害化处理的畜禽养殖废水作为肥料科学还田利用。加强粪肥还田技术指导，确保科学合理施用。

6.1.5.3　马铃薯淀粉工业有机肥水土地利用相关政策

马铃薯淀粉生产企业排放的废水主要为细胞液和工艺废水，且生产过程属于纯物理过程，不添加任何化学试剂。马铃薯淀粉生产产生的有机肥水中含有丰富的有机小分子物质和氮、钾、磷等营养成分及有机化合物，如蛋白质和糖类、纤维等，为植物生长所必需的营养成分，可以将其作为有机肥水用在农作物种植中。此外，我国以种植马铃薯为主的西北等地土壤贫瘠，而有机肥水可增加土壤的养分，极大地减少了化肥的施用量，与我国目前农业发展所提倡的零化肥施用、绿色农业、生态发展相符。

目前，针对马铃薯淀粉加工有机肥水的土地利用，我国尚未制定相关国家标准或规定。

2010 年，中国淀粉工业协会向环境保护部（现生态环境部）请示马铃薯淀粉加工生产废水还田事宜，环境保护部高度重视，环境保护部科技司发布《关于"马铃薯淀粉工业水发展循环经济技术"的复函》（环科函〔2010〕19 号），肯定"马铃薯淀粉加工生产废水具有一定肥效，可将其用于农灌"，"建议先在有足够消化水量的大面积平原地区开展试点，跟踪了解详细情况，积累运行数据并开展环境影响评估"。

2016 年 10 月，宁夏回族自治区人民政府向环境保护部提交了《宁夏回族自治区人民政府关于商请从环保政策上支持固原市马铃薯淀粉加工废水汁水还田技术治理污染的函》（宁政函〔2016〕136 号），环境保护部成立专家调研组，赴宁夏就马铃薯淀粉加工有机肥水汁水还田可行性进行调研。2017 年 1 月，环境保护部发布《关于支持固原市马铃薯淀粉加工废水汁水还田利用研究试点工作的复函》（环水体函〔2017〕6 号），明确指出："环境保护部支持宁夏回族自治区在固原市划定有限区域，开展马铃薯淀粉加工有机肥水汁水还田利用研究试点工作"，同时要求："试点工作要制定符合宁夏回族自治区干旱寒冷特点的马铃薯淀粉加工有机肥水汁水还田利用技术规范，做到规范设计、施工与建设"，"要建设完备的废水汁水存储（防渗）、输送（专用管道和渠道）、配水、还田（喷灌设备）等设施，安装废水汁水产生、还田计量装置，明确废水汁水还田时间、还田量等要求"。环境保护部的复函及领导批示为马铃薯淀粉加工有机肥水汁水还田利用工作的开展指明了方向。

2017 年 5 月 17 日，黑龙江省农垦总局环境保护局发布《马铃薯淀粉加工有机肥水还田技术指南（试行）》（NK-001 2017），该标准是我国首次由地方环境行政主管部门发布的马铃薯淀粉行业加工废水综合利用的规范性指导文件。

2018 年 9 月 20 日，中国淀粉工业协会发布《马铃薯淀粉工业有机肥水农田利用技术规范》（T/SIACN 01—2018），该项团体标准编制过程中借鉴了其他国家对农产品加工废水还田的环境风险评估和风险管理的有益经验，并结合了我国近二十年来马铃薯淀粉加工生产废水还田的实践经验。该项标准基于对马铃薯淀粉加工产生的生产废水进行资源化利用，编制的主要目的是实现废水中营养物质的充分再利用，进而减少化肥施用量，同时保证对土壤和地下水不会造成环境影响。

《马铃薯淀粉工业有机肥水农田利用技术规范》（T/SIACN 01—2018）被内蒙古乌

兰察布市生态环境局、内蒙古武川县人民政府、新疆生产建设兵团第十二师 222 团等政府机关单位采信（部分政府采信情况如表 6-24 所列），并在马铃薯淀粉企业得到了广泛的应用和推广，进一步规范了我国马铃薯淀粉加工生产废水循环利用的方式及施用量，并防控了还田过程对土壤、地下水、地表水、面源污染的风险，是马铃薯淀粉加工行业可持续发展的关键保障，也是马铃薯淀粉行业在清洁生产和循环经济推行中的重大探索，对于实现马铃薯淀粉加工产业废水资源化利用具有重要意义，对于我国广大农产品加工产业水污染防治也具有重要的借鉴和参考价值。

表 6-24 T/SIACN 01—2018 部分政府采信情况

文件名称	文号	发布日期	相关内容
《关于印发〈马铃薯淀粉行业生态环境保护监管措施（暂行）〉的通知》	乌环发〔2019〕141 号	2019 年 12 月 17 日	按照内蒙古自治区环境保护厅关于同意开展有机肥水农田利用试点工作的要求，有条件的支持马铃薯淀粉企业有机肥水还田利用。有机肥水还田利用的，必须严格按照《马铃薯淀粉工业有机肥水农田利用技术规范》要求规范建设配套设施，且不对土壤和周边环境造成影响，坚决避免把利用肥水还田作为解决水污染的简单途径
《武川县人民政府关于推进全县马铃薯淀粉工业有机肥水农田利用的通知》	武政字〔2019〕10 号	2019 年 3 月 13 日	武川县马铃薯淀粉企业需按照《马铃薯淀粉工业有机肥水农田利用技术规范》的相关要求进行有机肥水农田利用

6.1.5.4 我国马铃薯淀粉工业有机肥水土地利用情况

我国部分大型马铃薯淀粉企业已经积累了十年以上有机肥水农田利用的实践经验。通常情况下，马铃薯淀粉生产企业有机肥水还田工艺流程为：

马铃薯汁水和工艺水→储池→接种发酵 20 天→除臭→调配微量元素→施肥。

随着环保压力的逐年增大，蛋白质提取技术在马铃薯淀粉行业广泛应用，在马铃薯淀粉生产有机肥水还田前进行蛋白质提取，可极大地降低有机肥水中有机污染物浓度，减轻恶臭污染，同时也可产生较好的经济效益。

根据马铃薯淀粉加工有机肥水的特点，马铃薯淀粉加工有机肥水适合于喜氮、喜钾的作物，适宜作物包括玉米、马铃薯、大豆、向日葵、小麦、油麻等，实践证明，马铃薯淀粉加工有机肥水对这些作物都有增产效果。

马铃薯淀粉加工有机肥水施用土地的选取要考虑地下水位和土壤质地，如在我国宁夏南部地区地下水位大于 20m、土壤质地为壤土的休闲农田适宜采用马铃薯淀粉加工有机肥水施肥。马铃薯淀粉加工有机肥水施用的最佳时机在秋翻地前和春播前两个阶段，这是因为马铃薯淀粉生产中的有机肥水有机物含量较高，选择在秋翻地前或春播前用有机肥水灌溉后再进行翻地，有机物可在地下进行厌氧发酵，增强肥力，有利于土壤吸收营养成分，有机肥水和其他有机肥如农肥中的氮所起的效果完全一样。

目前，马铃薯淀粉加工有机肥水土地利用方式主要有喷灌和浇灌两种，以喷灌为最佳。喷灌是以喷灌设施将有机肥水均匀喷洒在农田里。浇灌是以专用管网或洒水车将有机肥水浇灌在农田里。相比而言，喷灌更有利于控制施用量，有利于肥力均匀。施用马铃薯淀粉加工有机肥水能节省化肥的使用。根据具体地区土地的肥力和种植作物的不同，要研究确定施用有机肥水后再施用其他化肥的种类和数量，确保作物的正常生长。

目前，内蒙古、黑龙江、宁夏、甘肃、陕西等地的马铃薯淀粉生产企业对有机肥水还田进行了有益的尝试。部分企业案例如下所述。

（1）内蒙古地区有机肥水还田案例

内蒙古某马铃薯淀粉生产企业年加工马铃薯 8 万～12 万吨，生产过程中排放的高浓度有机肥水（汁水+工艺水）每年有 10 万～12 万吨。自 1996 年起，该企业吸取欧洲经验，投资 3000 万元，自建 54000m³ 防渗集水池，承租 15000 亩地，铺设 30 公里地下管网，修建 6 个泵站及动力配套和喷灌设施，建成马铃薯淀粉加工有机肥水还田综合利用基地。

马铃薯淀粉加工有机肥水从生产车间排出，进入主集水沉淀池，还田时由泵站抽入农田配水池（若沉淀物混入配水池，为防止喷灌头堵塞，再配入清水——地下水或洗薯废水池内上清液，配比比例不超过 1∶3），使用喷灌管网将生产有机肥水均匀喷灌于农田。

该企业有机肥水还田的喷灌技术指标主要包括喷灌水量、受体营养控制、农田灌溉时段选择等，具体规定内容如下所述。

① 喷灌水量。目前，以喷灌时间确定。根据土地坡度，一般在平整耕地中，每次喷射 8 小时以内；在坡地中分 3 次进行喷灌，每次喷灌 2 小时左右。管理控制以不出现地表径流为准。农田使用水量在 80～95t/ha。同时要求喷灌设备将生产有机肥水混合均匀喷洒农田，渗入土壤中。

② 受体营养控制。目前，该企业的喷灌技术是依据欧洲马铃薯加工产业生产有机肥水农灌的成功经验以及公司多年的试验结果，取得了生产有机肥水处理和利用控制指标，作为混合有机肥水使用量参考标准。

③ 农田灌溉时段选择。该企业淀粉生产期在作物秋收后的 9～11 月，产生的生产有机肥水可及时喷灌于秋翻地。11 月后产生的生产有机肥水储存于主有机肥水储池，待第二年开春后，农作物播种前实施春季喷灌。生产有机肥水渗入土壤后经净化转化为基肥同时补充了土壤水分。

该企业所施用汁水的 15000 亩荒坡沙梁地已连续 20 多年丰产丰收。经过 20 多年混合喷灌，基地种植的马铃薯、大豆、玉米、油麻等主要作物长势良好、增产明显，表现为株高且壮、籽粒增多、秸秆结实，作物普遍增产 1～2 倍，成为内蒙古自治区农牧厅的"有机农业""高产创建"示范基地。经第三方环保监测，施用马铃薯淀粉加工生产有机肥水的土地，土壤、大气、地下水等指标均正常或优良。

经过 20 多年的施用，在该企业马铃薯淀粉加工生产有机肥水进行还田的周边环境状况、土壤质量状况、农作物产量状况等总结如下所述。

① 环境状况。根据《食用农产品产地环境质量评价标准》（HJ/T 332—2006）相关要求，该企业种植基地土壤各单项和综合质量指数均＜0.70，属于清洁等级；灌溉水源各单项和综合质量指数均＜0.50，属于清洁等级；种植基地区域环境空气中各单项和综合质量指数均＜0.60，属于清洁等级。该企业种植基地的土壤、地下水、环境空气质量水平无论是从各单项还是综合质量上进行评价，均处于良好状况，没有产生新的环境污

染，保持了原生态环境。

② 土壤质量状况。经检测，土壤的容重降低 0.008～0.028g/cm³，土壤孔隙度增加 0.4%～1.06%。随着使用年限增加，土壤容重也越来越低，这有效地改善了土壤结构。经过多年试验，作物长势明显优于对照区，土壤中的营养成分也在不断积累。相比于 2012 年，2015 年该企业种植基地土壤的养分中，有效磷增加 46.17%、速效钾增加 50.92%。2012 年及 2015 年，该企业种植基地土壤中有机质、全氮含量与施用生产有机肥水前及对照点相比变化不大，但有效磷、速效钾呈数倍至数十倍增加，极大地增加了土壤的综合肥力，使该企业种植基地土壤中的有机质、全氮、有效磷、速效钾含量更趋合理。

③ 农作物产量状况。经过多年使用马铃薯淀粉加工生产有机肥水作为基肥，原本的沙梁荒地变成了肥沃的农业基地。施用马铃薯淀粉加工生产有机肥水作为基肥的农田作物长势和产量明显优于对照农田，马铃薯、大豆、玉米、油麻等作物普遍植株高壮、籽粒增多、秸秆结实、千粒重增重，且年年保持丰产。

(2) 黑龙江地区有机肥水还田案例

黑龙江某马铃薯淀粉生产企业下属三家分公司分别从 2012 年、2014 年、2015 年开始进行马铃薯淀粉加工生产有机肥水还田试验。经过多年实践经验和检测结果，得到以下结论。

① 从地下水和土壤环境质量检测结果看，马铃薯淀粉加工生产有机肥水还田模式对施用农田的土壤、地下水造成污染的可能性极小。

② 从土壤肥力检测结果看，施用农田的土壤质量得到提升，耕作层的水解氮、速效钾、速效磷指标数值比未施用农田有明显的增高。

2017 年 5 月，黑龙江省农垦总局环境保护局发布了《马铃薯淀粉加工有机肥水还田技术指南（试行）》（NK-001 2017），对示范区范围内企业进行规范化管理。该企业三家分公司严格按照技术指南相关技术及运行管理要求设计及施工，在获得环境行政主管部门批复后，科学、规范地开展马铃薯淀粉加工生产有机肥水还田试点示范工作。

(3) 宁夏固原地区有机肥水还田案例

2006 年固原市环保局和固原市农业技术推广中心承担并实施宁夏回族自治区科技攻关计划"马铃薯淀粉加工有机肥水农田灌溉试验示范"项目研究，示范推广 3 年，累计利用有机肥水 200 多万立方米，灌溉休闲农田 1.8 万亩。宁夏固原市以"四技术"为核心，即：适时适量适作物施用；配套耕作措施；控氮增磷，合理施肥；实行轮灌。通过 3 年 7 个试验区、多作物田间试验，定位监测、调查测定和较大面积的示范验证，得到以下结论。

① 马铃薯淀粉加工有机肥水用于固原市呈弱碱性的农田是安全的，未造成土壤重金属超标。每亩土地施用 100m³ 有机肥水的所有试点，土样汞、砷、铅、镉、铬含量均低于当时实施的《土壤环境质量标准》（GB 15618—1995）中自然保护区的一级指标值。

② 采用马铃薯淀粉加工有机肥水还田，具有明显改善土壤结构、提高农田肥力的良性效果。主要体现是：土壤容重降低，孔隙度提高，有机质、全氮、碱解氮、有效钾大幅度提高。

③ 马铃薯淀粉加工有机肥水还田适宜种植的作物为喜氮、喜钾的作物，如向日葵、小麦、玉米、西芹等。施用马铃薯淀粉加工有机肥水可以显著促进上述作物的生长发育，改善产品品质，增产增收。

④ 采用科学适宜的还田技术对马铃薯淀粉加工有机肥水实施直接农业利用，不会对区域地下水水质和空气质量产生不利影响。

6.1.6 废气治理技术

6.1.6.1 有组织排放控制技术

对于淀粉生产企业大气污染物有组织排放控制，主要的污染治理设施为除尘技术和脱硫技术。

（1）除尘工艺设施

原料净化废气、干燥废气、冷却废气、筛分废气、净化过滤废气、废热利用废气等均需通过除尘设施，以减少颗粒物的排放。淀粉企业常用的除尘工艺包括旋风除尘、袋式除尘、水幕除尘以及它们的组合工艺等。

1）旋风除尘

旋风除尘一般作为颗粒物排放浓度较高企业的预处理，与袋式除尘或水幕除尘组合使用。旋风除尘器利用旋转气流对粉尘产生的离心力将粉尘从气流中分离出来，与重力沉降室相比，旋风除尘器中作用于粉尘的离心力比重力大 5～2500 倍。在惯性除尘器中，气流只是简单地改变其原始的气流方向；而在旋风除尘器中气流要完成一系列的旋转运动，所产生的离心力作用也较大。因此，旋风除尘器的除尘效率比上述两种除尘设备高，所能分离下来的粉尘粒径也小，在处理相同风量时，占地面积小，设备结构紧凑，但是旋风除尘器的阻力要比重力沉降室和惯性除尘器高。

旋风除尘器的优点如下所述。

① 设备结构简单，造价低，对于 10μm 以上的粉尘有较高的分离效率；

② 除尘器中没有活动部件，维护方便；

③ 可处理 400℃ 以上的高温含尘气体，如采用耐高温材料，则可以耐受更高的温度；

④ 可承受高压，可以对高压气体进行除尘；

⑤ 采用干式旋风除尘器，有利于物料的回收利用；

⑥ 除尘器内敷设耐磨内衬后，可以净化含高磨蚀性粉尘的含尘气体。

旋风除尘器对细粉尘的捕集效率不高，由于除尘效率随筒体直径增加而降低，因而单个除尘器的处理风量有一定的局限。处理风量大时，要采用多个旋风除尘器并联，如设置不当会影响除尘设备的性能。

可以根据不同的特点和要求对旋风除尘器进行分类。根据对旋风除尘器要求的效率和处理风量，可以分为通用旋风除尘器和高效旋风除尘器两类，其中通用旋风除尘器包括普通旋风除尘器和大流量旋风除尘器；按照清灰方式可以分为干式和湿式两种；按照进气方式和排灰方式，可以分为切向进气、轴向排灰，切向进气、周边排灰，轴向进气、轴向排灰，轴向进气、周边排灰共四类。普通旋风除尘器和高效旋风除尘器的性能比较如表 6-25 所列。

表 6-25　普通旋风除尘器和高效旋风除尘器性能比较

粒径/μm	除尘效率/%	
	普通旋风除尘器	高效旋风除尘器
≤5	≤50	50～80
5～15	50～80	80～95
15～40	80～95	95～99
≥40	95～99	95～99

选择旋风除尘器时，应注意以下几点。

① 旋风除尘器适用于处理净化密度较大、粒径较粗的粉尘，而对于较细及纤维性粉尘净化效率较低；

② 不宜用于处理气体量波动很大的场合，一般入口风速为 12～25m/s；

③ 不宜净化黏结性粉尘；

④ 设计和运行时应特别注意防止除尘器底部漏风，以免造成除尘效率的下降；

⑤ 在并联使用旋风除尘器时，要尽可能使每台除尘器的处理风量相等；

⑥ 可以用作多级除尘系统中的第一级除尘器。

2）袋式除尘

袋式除尘器是利用袋状纤维织物的过滤作用将含尘气体中的粉尘阻留在滤袋中，在淀粉企业应用广泛。它比电除尘器结构简单、投资省、运行稳定；可以回收高比电阻粉尘。与文丘里除尘器相比，袋式除尘器动力消耗小，回收的干粉尘便于综合利用。因此，对于微细的干燥粉尘，采用袋式除尘器捕集是适宜的。某淀粉企业袋式除尘器如图 6-16 所示。

图 6-16　某淀粉企业袋式除尘器

含尘气体进入除尘器内，通过并列安装的滤袋，粉尘被阻留在滤袋的内表面，净化后的气体从除尘器上部出口排出。随着粉尘在滤袋上的积聚，含尘气体通过滤袋的阻力也会相应增加，当阻力达到一定数值时，要及时清灰，以免阻力过高，造成除尘效率下降。

清灰是袋式除尘器正常工作的重要环节，多数袋式除尘器是按照清灰方式命名和分类的。常用的清灰方式主要有三种，分别为机械清灰、脉冲喷吹清灰和逆气流清灰。对于难以清除的粉尘，也可以同时并用两种清灰方法，如采用逆气流和机械振动相结合清灰。

袋式除尘器的结构形式多种多样，通常可以根据滤袋形状、进风口位置、过滤方式及清灰方式等不同特点进行分类。按照滤袋的形状可以分为圆袋和扁袋，与扁袋相比，圆袋受力较好，支撑骨架及连接简单，清灰所需动力较小，滤袋间不易被粉尘堵塞，检查维护方便。按照含尘气体进入袋式除尘器的部位不同，一般可以分为上部进风和下部进风两类；从除尘器的结构设计来说，下进风比上进风更合理，而且下进风设备的安装及维护检修较简便。按照含尘气体通过滤袋的方向不同，通常可以分为内滤式和外滤式两种，一般来说，采用机械抖动或气流反吹（吸）风清灰方式的圆袋形除尘器大多采用内滤方式，而采用脉冲清灰方式的圆袋形除尘器及大部分扁袋形除尘器多采用外滤方式。按照袋滤内的压力状态，一般可以分为负压式和正压式两种。

袋式除尘器种类多且结构各异，几种常见的典型袋式除尘器包括机械振打袋式除尘器、脉冲喷吹袋式除尘器、回转反吹扁袋除尘器、逆向气流反吸（吹）风袋式除尘器、大气反吹和振动联合清灰袋式除尘器、预涂层袋式除尘器等。

袋式除尘器的性能特点如下所述。

① 袋式除尘器是典型的高效除尘器，可以用于净化粒径在 0.1μm 以上的含尘气体，除尘效率一般可以达到99%以上，且性能稳定可靠，操作简便。

② 适应性强，可以捕集各种性质的粉尘，不会因粉尘比电阻等性质而影响除尘效率；适用的烟尘浓度范围大，可以从每立方米数百毫克至数十克甚至上百克；而且入口含尘浓度和烟气量波动范围大时也不会明显影响除尘器的除尘效率和压力损失。

③ 规格多样，使用灵活。处理风量可以由不足 200m³/h 直至每小时数百万立方米；既可以制成直接设于室内产尘设备近旁的小型机组，也可以制成大型的除尘器室。

④ 便于回收物料，没有污泥处理、废水污染等问题，维护简单。

⑤ 应用范围受滤料耐温、耐腐蚀等性能的限制，特别是长期使用，温度应限于280℃以下。当含尘气体温度过高时，需要采取降温措施，导致除尘系统复杂化和造价提高。

⑥ 在捕集黏性和吸湿性强的粉尘或处理露点很高的烟气时，容易堵塞滤袋，此时需采取保温或加热措施。

⑦ 袋式除尘器不同程度地存在占地面积较大、滤袋易损坏、换袋困难、劳动条件差等问题。

3）水幕除尘

水幕除尘适用于淀粉糖生产的干燥工序，淀粉糖如麦芽糊精的生产在干燥工序采用的是喷雾干燥，产生的颗粒物中水分较高，如果采用袋式除尘，会导致滤袋堵塞，影响除尘效果，因此一般采用水幕除尘去除颗粒物。

水幕除尘器属于湿式除尘器，是利用液体（通常为水）与含尘气体接触，依靠液滴、液膜、气泡等形式洗涤气体，使尘液黏附，从而将粉尘与气体分离的净化装置。这种装置除用于气体除尘，还可用于气体吸收、降温和加湿。

湿式除尘器一般都是由捕集粉尘的净化器和从气流中分离含尘液滴的脱水器两部分组成，两部分装置的效果都将直接影响湿式除尘器的除尘效率。

湿式除尘器的种类很多，但是按照气液接触方式，可分为两大类：一类是粉尘随气流一起冲入液体内部，粉尘加湿后被液体捕集，其特征是液体洗涤含尘气体；另一类是通过各种方式向气流中喷入水雾，使粉尘与液滴、液膜发生碰撞。

与其他除尘器相比，湿式除尘器具有如下优点。

① 除尘效率较高；

② 结构简单，占地面积小，一次投资小；

③ 能处理高温、高湿及粉尘黏结性大的含尘气体；

④ 适宜处理可燃性含尘气体；

⑤ 在除尘的同时，兼有吸收其他有害物质的作用。

湿式除尘器具有如下缺点。

① 湿式除尘器排出的含尘污水和泥浆会造成二次污染，必须有配套的处理设施；

② 当含尘气体具有腐蚀性时，除尘器和污水处理设施均需采取防腐措施；

③ 在寒冷地区，冬季需采取防冻措施；

④ 不适用于气体中含有疏水性粉尘、遇水容易引起自燃或结垢的粉尘；

⑤ 水源不足的地方使用比较困难。

（2）脱硫工艺设施

玉米淀粉生产企业的亚硫酸制备、废热利用等工序会产生二氧化硫，脱硫工艺主要采用全自动燃硫设备以及碱液喷淋吸收、双氧水喷淋等湿法脱硫技术。

某淀粉生产企业废气治理设施运行情况如表 6-26 所列。

表 6-26　某淀粉生产企业废气治理设施运行情况

废气产生位置	废气量/（m³/h）	污染物	处理措施	去除率/%
亚硫酸制备	3000	SO_2	二级碱液喷淋吸收处理	80
玉米净化	8000	粉尘	旋风除尘+袋式除尘	99
废热利用系统	25000	H_2SO_4	碱液洗涤	80
		SO_2		80
		粉尘		90
气力输送至包装车间	5500	粉尘	旋风除尘+袋式除尘	99

其他大气污染物如变性淀粉生产过程中产生的氯化氢、醋酸、环氧丙烷等废气，通过采用"一级酸洗+一级碱洗"等处理工艺可实现达标排放。

某淀粉生产企业有组织废气治理设施如图 6-17 所示。

(a) 袋式除尘器　　　　　　　　　(b) 喷淋洗涤塔

图 6-17　淀粉企业有组织废气治理设施

6.1.6.2　无组织排放控制技术

对于无组织排放废气，淀粉生产企业应采取如下控制措施。

（1）贮存或贮存过程控制措施

① 原料装卸场应覆盖防风抑尘网或洒水抑尘，或者加强密封，或者收集送除尘装置处理；

② 产品仓库应在周围设置防尘棚、采取洒水等降尘措施，或者加强密封，或者地面采取排水、硬化防渗措施，避免地下水污染及发霉腐烂产生恶臭气体；

③ 液氨储罐应加强阀门和管道防泄漏管控，定期开展泄漏检测，并加强在装载过程中的气体检测。

（2）输送过程控制措施

输运车辆覆盖防风抑尘网或洒水抑尘，或者加强输运设施密封，或者原料场出口配备车轮清洗（扫）装置，或者收集送除尘装置处理。

（3）生产过程控制措施

① 玉米淀粉生产的分离机应加强密闭，或者收集送除尘装置处理；

② 投面、和面、反应、过滤、包装等工序废气应加强密闭，或者收集送除尘装置处理，包装工序废气还可以回用到生产前端；

③ 变性淀粉生产的储浆废气应加强密闭，或者收集送废气治理设施处理。

目前，淀粉企业尤其是马铃薯淀粉企业恶臭问题相对严重，马铃薯淀粉企业汁水暂存池、污水治理设施等异味较大，需要采取一定的措施对恶臭气体进行处理。

对于淀粉企业恶臭治理，2018 年《国家先进污染防治技术目录（大气污染防治领域）》中提出了适用于恶臭气体净化的臭氧协同常温催化恶臭净化技术以及低浓度恶臭气体生物净化技术，这两项技术均在玉米淀粉企业有应用，且已证明可以有效减少淀粉企业恶臭污染物的排放。

　　如某淀粉企业对厂区污水处理站恶臭气体进行封闭收集，经碱洗和臭氧处理后，再经光氧催化处理后由排气筒排放；某淀粉企业对污水处理站恶臭气体进行收集后，经碱液吸收，再经过低温等离子体技术和臭氧氧化处理后排放；某淀粉企业对污水处理站恶臭气体进行收集后，经碱液吸收，再经过生物除臭后达标排放。

　　部分淀粉企业无组织废气治理设施如图 6-18 所示。

图 6-18　部分淀粉企业无组织废气治理设施

　　目前，大多数设有废水处理站的淀粉生产企业均对废水站的臭气进行了收集和处理；对于生产过程中产生臭气的环节，如分离机、浸泡罐、换热器等设备产生的尾气，大部分淀粉生产企业均未进行收集处理，产生的异味会影响厂区周边环境。目前，淀粉企业常用臭气处理技术的适用范围和优缺点如表 6-27 所列。

表 6-27　常用臭气处理技术的适用范围及优缺点

脱臭方法	脱臭原理	适用范围	优点	缺点
掩蔽法	采用更强烈的芳香气味与臭气掺和，掩蔽臭气，使之能被人接受	适用于需立即、暂时地消除低浓度恶臭气体影响的场合	可快速消除恶臭影响，灵活性大，费用低	恶臭成分并没有被去除
稀释扩散法	将臭气通过烟囱排至大气，或用无臭空气稀释，降低恶臭浓度以减少臭味	适用于处理中、低浓度的有组织排放的恶臭气体	费用低，设备简单	易受气象条件限制，恶臭物质依然存在
热力燃烧法 催化燃烧法	在高温下恶臭物质与燃料气充分混合，实现完全燃烧	适用于处理高浓度、小气量的可燃性臭气	净化效率高，恶臭物质被彻底氧化分解	设备易腐蚀，能耗相对高，处理成本高
水吸收法	利用部分臭气物质易溶于水的特性，使臭气直接与水接触，从而溶解于水中达到脱臭目的	适用于处理水溶性、有组织排放源的恶臭气体	工艺简单，管理方便，设备运转费用低	产生二次污染，需处理洗涤液；净化效率低，应与其他技术联合使用，对硫醇、脂肪酸等处理效果差
药液吸收法	利用部分臭气物质能和药液发生化学反应的特性，去除某些臭气物质	适用于处理大气量、中高浓度的臭气	能够有针对性处理某些臭气成分，工艺较成熟	净化效率不高，消耗吸收剂，易形成二次污染

续表

脱臭方法	脱臭原理	适用范围	优点	缺点
吸附法	利用吸附剂的吸附功能使恶臭物质由气相转移至固相	适用于处理低浓度、高净化要求的恶臭气体	净化效率高,可以处理多组分恶臭气体	吸附剂费用高,再生困难,要求待处理的恶臭气体有较低的温度和含尘量
生物滤池式脱臭法	恶臭气体经过去尘增湿或降温等预处理后,从滤床底部由下向上穿过滤塔,恶臭气体由气相转移至水-微生物混合相,通过固着于滤料上的微生物的代谢作用而被分解掉	工艺成熟,可细分为土壤脱臭法、堆肥脱臭法、泥炭脱臭法等	处理费用低	占地面积大,滤料需定期更换,脱臭过程不易控制,对疏水性和难生物降解物质的处理存在较大难度
生物滴滤池式脱臭法	原理与生物滤池式类似,使用的滤料是诸如聚丙烯小球、陶瓷、木炭等不能提供营养物质的惰性材料	只有针对性降解某些恶臭物质的微生物附着在滤料上,不会出现生物滤池中混合微生物群同时消耗滤料有机质的情况	池内微生物数量大,能承受比生物滤池大的污染负荷,惰性滤料可以不用更换,造成压力损失小	需不断投加营养物质,操作复杂
洗涤式活性污泥脱臭法	将恶臭物质和含悬浮物泥浆的混合液充分接触,使之在吸收器中从臭气中去除掉,洗涤液再送到反应器中,通过悬浮生长的微生物代谢活动降解溶解的恶臭物质	适用范围较广	可以处理大量的臭气,操作条件易于控制,占地面积小	设备费用大,操作复杂,而且需要投加营养物质
曝气式活性污泥脱臭法	将恶臭物质以曝气形式分散到含活性污泥的混合液中,通过悬浮生长的微生物降解恶臭物质	适用范围广,适用于污水处理厂的臭气处理	活性污泥经过驯化后,对不超过极限负荷量的恶臭成分去除率达 99.5%以上	受到曝气强度的限制,该法的应用有一定局限
三相多介质深度氧化工艺	反应塔内装填特制的固态复合填料,填料内部复配多介质催化剂。当恶臭气体穿过填料层,与通过喷嘴呈发散雾状喷出的液相复配氧化剂在固相填料表面充分接触,在多介质催化剂的催化作用下,恶臭气体中的污染因子被充分分解	适用范围广,尤其适用于处理大气量、中高浓度的废气,对疏水性污染物质有很好的去除率	占地小,投资低,运行成本低;管理方便,即开即用;耐冲击负荷,不易受污染物浓度及温度变化影响	需消耗一定量的药剂
低温等离子体技术	介质阻挡放电过程中,等离子体内部会产生富含极高化学活性的粒子,如电子、离子、自由基和激发态分子等,污染物与这些具有较高能量的活性粒子发生反应,最终转化为 CO_2 和 H_2O 等物质	适用范围广,尤其适用于其他方法难以处理的多组分恶臭气体	电子能量高,几乎可以和所有的恶臭气体分子作用,净化效率高;运行费用低;无二次污染	一次性投资略高

　　淀粉生产企业臭气主要为蛋白质发酵产生的有机胺类气体,大部分难溶于水并且嗅阈值较低,味道较大,用传统喷淋法及生物法难以达到去除目的。以某淀粉生产企业为例,该企业采用“碱洗喷淋+缓冲除水+低温等离子体+深度氧化”工艺处理臭气,设计处理废气量为 12000m³/h,臭气处理工艺流程如图 6-19 所示。

臭气 → 碱洗喷淋塔 → 缓冲除水罐 → 低温等离子体装置 → 深度氧化塔 → 高空排放

图 6-19　臭气处理工艺流程

臭气首先经过碱洗喷淋塔，其中的部分水溶性物质得到去除，随后臭气经过缓冲除水罐，当臭气风速在此瞬间下降的过程中，臭气中夹带的液态水等在此处聚积并通过除水罐内的丝网及填料层等被拦截，最终洁净的臭气通过，为后续低温等离子体处理提供优越条件。然后臭气经过低温等离子体装置，在等离子体装置内，高能电子、自由基等活性粒子和废气中的污染物发生作用，使污染物分子在极短的时间内发生分解，并发生后续的各种反应以达到降解污染物的目的。低温等离子体处理之后再经过深度氧化塔，对臭气进行深度治理，充分利用低温等离子体装置的氧化性副产物，使得恶臭气体中的污染因子被充分分解，从而彻底去除异味。

某淀粉生产企业臭气治理设施现场如图 6-20 所示。

图 6-20　某淀粉生产企业臭气治理设施现场

6.1.7　固体废物处理处置技术

6.1.7.1　玉米纤维的综合利用

玉米纤维是玉米湿法加工的重要副产物，干的玉米纤维一般用作饲料，也可用于发酵。干燥后的玉米纤维一般不进行再处理，或者仅仅用粉碎机进行粉碎，即可出售。玉米纤维可与浓缩玉米浆混合干燥生产高蛋白饲料，也可单独生产蛋白饲料或直接添加于饲料中，还可水解制作饲料酵母及生产膳食纤维等。

玉米渣皮可以用于制取酒精。玉米外皮主要是由经水解能产生木糖和葡萄糖的半纤维素构成的，可经发酵制取酒精，然后再将酒糟干燥作饲料。还可以将玉米渣皮发酵制取柠檬酸，然后再将发酵湿渣干燥作饲料。

6.1.7.2　好氧污泥生产单细胞蛋白

企业一般采用"厌氧+好氧"工艺处理淀粉生产废水。好氧处理过程中会产生大量活性污泥，大多数企业采用填埋、焚烧等方式对脱水污泥进行处理，增加企业运行成本的同时，浪费了污泥中有价值的好氧生物。

山东某玉米淀粉生产企业，利用废水处理系统产生的含水率为 80% 的好氧活性污泥生产饲料单细胞蛋白，避免了传统处理模式对环境造成的二次污染。该企业废水站设计处理能力为 15000m³/d，其中好氧部分的 COD_{Cr} 去除总量约 14400kg/d（按每天处理水量 15000m³，好氧进出水浓度分别为 1000mg/L 和 40mg/L 计算），每天可产生含水率 80% 的好氧污泥 40~50t。该项目实施后，每天可以产生单细胞蛋白约 7t，一年可产生单细胞蛋白约 2500t，减少好氧污泥排放的同时，给企业带来了良好的经济价值。

6.1.7.3　马铃薯薯渣综合利用技术

（1）马铃薯薯渣成分分析

马铃薯薯渣是在马铃薯淀粉生产过程中淀粉与纤维分离后产生的废渣，是采用去离子软化水从浆料中提取了淀粉后的下脚料，水分含量高达 90% 左右。马铃薯薯渣中主要含有细胞碎片、残余淀粉颗粒和薯皮细胞或细胞结合物，其成分包括淀粉、纤维素、半纤维素、果胶、游离氨基酸、寡肽、多肽和灰分。马铃薯薯渣中残余淀粉含量较高，纤维素、果胶含量也较高。马铃薯薯渣干物质成分如表 6-28 所列。

表 6-28　马铃薯薯渣干物质成分

成分	纤维素	半纤维素	淀粉	蛋白质	果胶	灰分与其他
含量/%	20~25	10~15	30~40	4~5	15~20	0.3~0.5

（2）马铃薯薯渣综合利用总体情况

马铃薯加工过程中带有大量微生物，导致薯渣易变质、储存时间短、运输成本高，在加工旺季，薯渣相对集中，渣皮堆积如山，容易被微生物分解，腐烂发臭，产生有机酸、硫化氢、吲哚、甲烷、氨气等恶臭气体。

马铃薯薯渣中含有大量的淀粉、纤维素、半纤维素、果胶等可利用成分，同时含有少量蛋白质，具有很高的开发利用价值。

目前，马铃薯薯渣的转化途径主要有两类，对有益物质的提取制备和利用马铃薯薯渣生产发酵产品，例如用薯渣生产酶，生产酒精、饲料、蛋白饲料、可降解塑料，制作柠檬酸钙，制取麦芽糖，提取低脂果胶，制作醋、酱油、白酒，制备膳食纤维等。总体来说，对于马铃薯薯渣的开发利用方法主要包括发酵法、理化法和混合法。发酵法是用马铃薯薯渣作为培养基，引入微生物进行发酵，制备各种生物制剂和有机物料；理化法是用物理、化学和酶法对马铃薯薯渣进行处理或从薯渣中提取有效成分；混合法是将酶处理和发酵法两种方法结合。目前，国内对于马铃薯薯渣的研究还处于起步阶段，主要集中在提取有效成分如膳食纤维、果胶等，作为发酵培养基以及生产蛋白饲料等。李文茜等（2019）研究的国外马铃薯薯渣的一般应用方向如表 6-29 所列。

表 6-29　国外马铃薯薯渣的一般应用方向（李文茜等，2019）

项目	应用领域
含有果胶和蛋白质的薯渣	牛饲料
果胶以及果胶和淀粉的混合物	薯片的制作
转化成糖和糖浆	营养和技术应用
水解后作为发酵的底物	酒精制品
有含氮成分的液相	肥料
水的稀释物	润滑剂
酵母生长的底物	生产维生素 B_{12}
生长底物的组分	生物气体制品

（3）马铃薯薯渣脱水技术

马铃薯薯渣含水量很高，但是并不具备液态流体性质，而是表现出典型胶体的理化特性。从胶体中去除水分非常困难，如果加压去除约 10%的水分，会表现出类似蛋白软糖的性质。马铃薯薯渣中的水分虽然不是牢固地与细胞壁碎片中的纤维和果胶结合，但是被嵌入残余完整细胞中，需要通过细胞膜交换到外界再去除。

Mayer 等通过培养基筛选，发现马铃薯薯渣中的自带菌共 15 类 33 种菌种，其中细菌 28 种、霉菌 4 种、酵母菌 1 种。由于薯渣中含有多种微生物，因此去除薯渣中的水分，使其转化成利于长期储存、抵抗微生物污染的形式是非常必要的，也利于运输和进一步利用。

由于直接烘干薯渣成本较高，实际加工时主要对薯渣进行机械脱水。目前，在我国马铃薯淀粉行业，对马铃薯薯渣脱水设备选型，大部分采用固液分离脱水通用设备，一种是卧式螺旋沉降离心机，一种是多头带式压滤机。

卧式螺旋沉降离心机是一种高效物相分离机械，分为固-液及液-液两相分离型和固-液-液三相分离型。从加工车间淀粉与纤维洗涤分离工序最后一级离心分离筛分离出的薯渣含水量在 90%左右，由卧式螺旋沉降离心机配套的单杆螺旋泵输送到薯渣脱水车间的薯渣缓冲罐暂时储存，再由单杆螺旋泵输送到卧式螺旋沉降离心机进行第二次薯渣脱水，使脱水后的湿薯渣含水量在 77%~78%。同时，在薯渣缓冲罐将 pH 值调整到 4.8~5.0，再采用封闭式皮带输送机输送到露天堆场进行自然发酵或做其他处理。采用卧式螺旋沉降离心机进行薯渣脱水，一次性投资大，但是它的运行和维修费用很低，在生产期间不存在清洗设备时所需的化学试剂费用和更换滤布的费用。

采用多头带式压滤机进行薯渣脱水时，从加工车间的淀粉与纤维洗涤分离单元最后一级离心分离筛分离出的薯渣，先由该机单杆螺旋泵输送到薯渣脱水车间的薯渣缓冲罐暂存，再由单杆螺旋泵输送到多头带式压滤机进行二次薯渣脱水，使脱水后的湿薯渣含水量在 68%~70%。同时，在薯渣缓冲罐将 pH 值调整到 4.5~5.0，再利用皮带输送机输送到露天堆场。采用多头带式压滤机脱水效果很好，但是需要经常清洗滤布，相应增加了清洗所用化学试剂的成本，一般每隔 24h 就需采用化学试剂清洗一次脱水滤布，否则脱水效率会下降。

　　与卧式螺旋沉降离心机相比，多头带式压滤机一次性投资费用较低。目前，多头带式压滤机已经应用在我国马铃薯、木薯、红薯淀粉加工行业薯渣脱水中，脱水后的马铃薯湿薯渣含水量小于 75%。由于脱水后的湿薯渣水分含量较低，给薯渣自然发酵创造了有利条件。

　　由于机械脱水过程中马铃薯薯渣内部的结合水较难脱除，脱水后的薯渣含水率仍然较高，无法达到理想的使用及储存条件。因此，可以根据薯渣内水分分布的特点，尝试以机械脱水结合气爆、冷冻干燥、太阳能干燥等针对性较强的方法对薯渣进行分级脱水，多方法融合，优化目前的薯渣脱水工艺，最大限度地降低处理成本，延长薯渣的储存期，探索处理工艺与经济效益间的平衡。

（4）马铃薯薯渣提取膳食纤维技术

　　膳食纤维是食物中不能被人类胃肠道消化酶所消化的植物性成分的总称。膳食纤维包括纤维素、半纤维素、木质素、甲壳素、果胶、海藻多糖等，主要存在于植物性食物中。一般分为水溶性膳食纤维（SDF）和非水溶性膳食纤维（IDF）两大类。自 20 世纪 70 年代以来，膳食纤维的摄入量与人体健康的关系越来越受到人们的关注，膳食纤维被誉为第七大营养素。大量研究表明，许多常见病如便秘、结肠癌、胆石症、动脉粥样硬化、肥胖等都与膳食纤维的摄入量不足有关。

　　马铃薯薯渣中含有丰富的膳食纤维，是一种安全、廉价的膳食纤维资源。用马铃薯薯渣制成的膳食纤维产品具有良好的生理活性和产品外观，具有较高的持水力和膨胀力，具有结合和交换阳离子的作用，对有机化合物具有吸附螯合作用，能够改变肠道系统中微生物群系组成。因此，马铃薯薯渣为膳食纤维的加工制备提供了资源，具有广阔的开发前景。

　　目前，制取马铃薯膳食纤维的方法主要有物理法如微波、超微粉碎技术，化学法如酸解、碱解、酸碱结合，生物法如酶法、发酵法，以及物理、化学、生物法相结合等。

　　马铃薯薯渣中的膳食纤维主要是非水溶性膳食纤维，水溶性膳食纤维含量很低，而且其口感粗糙，功能性质较差，较难为消费者接受。目前，将非水溶性膳食纤维改性成水溶性膳食纤维的方法主要有物理法（如机械挤压）、化学法（如酸碱反应）以及生物法（如酶反应），其中物理法改性具有产品杂质少、提取率高的优点。何国菊等（2017）以马铃薯薯渣为原料，用弱碱碳酸氢钠去除大部分蛋白质和脂肪，经超微粉碎后，采用植酸盐或微波辅助植酸盐螯合提取马铃薯薯渣中水溶性膳食纤维，结果表明，马铃薯薯渣经超微粉碎后水溶性膳食纤维含量提高 61.7%。张根生等（2015）以马铃薯薯渣非水溶性膳食纤维为原料，通过胶体磨对非水溶性膳食纤维进行湿法超微粉碎改性，并确定了最佳工艺条件，结果表明改性后的膳食纤维溶解度比改性前明显提高。刘达玉等（2005）以干薯渣为原料，采用酶碱法水解淀粉，碱法水解蛋白质、脂肪的提取方法，再用挤压膨化技术对薯渣膳食纤维进行改性，并结合超微粉碎技术，提高水溶性膳食纤维的比例和感官指标。结果发现，采用挤压膨化技术对薯渣膳食纤维进行改性并结合超微粉碎技术，可使产品的水溶性膳食纤维含量增加，达到了保健功能与口感俱佳的目的。

马春红等（2010）采用酶碱法提取马铃薯薯渣中的膳食纤维，进行了影响膳食纤维提取率因素的优化研究，同时还测定了提取所得膳食纤维的持水力及膨胀力。魏玉梅等（2020）利用双酶法提取马铃薯薯渣中的有效成分制备膳食纤维，并寻找最佳生产工艺参数，提高薯渣的利用率。宋海龙等（2020）采用酶解法提取薯渣中的膳食纤维，对已有提取工艺进行了优化，并对膳食纤维的持水力和膨胀力进行测定。

（5）马铃薯薯渣提取果胶技术

果胶是一种广泛分布于植物内的胶体性多糖，主要用于食品添加剂、食品包装膜和生物培养基制造等方面。马铃薯薯渣中胶质含量较高，一般采用条件温和的萃取方法从薯渣中提取果胶，尽量不破坏其结构完整性。萃取的果胶包括两部分，低度酯化的果胶和有钙离子存在的高凝胶性果胶。

果胶提取过程是一种非水溶性果胶转变成水溶性果胶和水溶性果胶向液相中转移的过程。采用不同提取方式果胶的成分会有所不同。目前，国内外果胶提取的方法主要有沸水抽提法、酸提法、碱提法、离子交换法、酶法、微生物提取法、微波提取法、超声波提取法等，商业化的果胶主要采用酸提法制备。果胶分离纯化的方法有乙醇沉淀法、盐析法、超滤法以及动、静态大孔树脂吸附法等，国内厂家大多采用盐析法生产果胶，而国外普遍使用乙醇沉淀法。

杨月娇等（2020）研究了提取方法对马铃薯薯渣果胶结构特征及特性的影响，对酸处理、酶处理、盐沉析提取的马铃薯薯渣果胶的抗氧化活性及其特性进行了研究，结果发现在三种提取方法中，盐沉析提取果胶的提取率最高；酸处理提取的果胶表现出最高的初始黏度；酸处理提取的果胶分子量最大，盐沉析最小；三种方法提取的果胶均含有葡萄糖和半乳糖，酸处理中的葡萄糖含量最高，盐沉析中的半乳糖含量最高；酸处理提取的果胶表现出较高的清除 1,1-二苯基-2-三硝基苯肼（DPPH）的能力，盐沉析提取的果胶具有较高的清除羟基自由基和超氧阴离子的能力。王文霞等（2017）以马铃薯薯渣为原料，采用酶法脱除淀粉和蛋白质，再分别以盐酸法、柠檬酸法、碱性磷酸盐法和复合盐法提取果胶，经超滤、乙醇沉淀和冷冻干燥得到 4 种马铃薯果胶。研究发现，碱性磷酸盐法和复合盐法提取的果胶收率高、半乳糖醛酸含量高，碱性磷酸盐法提取的果胶中灰分显著高于其他 3 种；4 种工艺提取的果胶都是低甲氧基果胶，蛋白质含量低于 3%，没有显著差异，中性单糖组成主要包括半乳糖及少量的阿拉伯糖、鼠李糖和葡萄糖。张燕等（2019）以马铃薯薯渣为原料，研究和优化微波辅助提取果胶的工艺条件，在优化工艺条件下，果胶提取率达到 13.79%。杨金姝（2018）以马铃薯薯渣为原料，采用 5 种酸提取剂（盐酸、硫酸、硝酸、柠檬酸和乙酸）进行果胶提取，筛选出适合的酸提取剂，并在此基础上优化超声波-微波协同酸法制备的最佳工艺，分析最佳条件下制备的马铃薯果胶的基本成分及结构特性。

（6）马铃薯薯渣生产单细胞蛋白饲料技术

马铃薯鲜渣或干渣均可以直接作饲料，但是蛋白质含量低，粗纤维含量高，适口性差，饲料品质低。研究表明，通过微生物发酵处理可以大幅度提高薯渣的蛋白质含量。

此外，微生物发酵可以改善粗纤维结构，并产生淡淡的香味，增加适口度。

马铃薯薯渣生产单细胞蛋白饲料技术是指在适宜的条件下，以马铃薯薯渣为主要原料，利用微生物发酵，在短时间内产生大量的微生物蛋白，使马铃薯薯渣中的粗纤维、粗淀粉降解，提高蛋白质的含量。发酵后的马铃薯薯渣中微生物、氨基酸种类齐全，含有多种维生素和生物酶。马铃薯薯渣经微生物发酵后，畜禽对其的消化率、吸收率和利用率都大幅提高。马铃薯薯渣单细胞蛋白饲料是经过有益微生物发酵而得到的一种天然微生物饲料，其中含有许多微生物以及其发酵产物，这些物质在饲料中被称作"益生素"，可加强畜禽肠道良性微生物的屏障功能，减少病害，加快畜禽的生长。

微生物发酵技术是利用霉菌等真菌代谢产生纤维素酶、果胶酶、淀粉酶等酶的原理，在马铃薯薯渣中接种霉菌等真菌，霉菌将薯渣内多糖降解成小分子碳源，供自身和其他单细胞蛋白真菌（如酵母菌、芽孢杆菌）增殖所需，而霉菌、酵母菌等真菌个体便是优质的单细胞蛋白（single cell protein，SCP）。这些真菌将马铃薯薯渣中的碳和氮等营养因子转化为菌体本身，积累了蛋白质，从而提高马铃薯薯渣中的蛋白质含量。因此，微生物发酵马铃薯薯渣不仅将马铃薯薯渣进行了低碳处理，而且积累了优质的 SCP，对于马铃薯淀粉加工和蛋白饲料行业具有多重的经济和环保意义。

王君（2019）将马铃薯薯渣进行微生物发酵后，发现发酵前后马铃薯薯渣的营养成分会产生一定的变化，如表 6-30 所列。总体来说，发酵马铃薯薯渣能量和有效成分含量没有显著变化，但是蛋白质和必需氨基酸含量大幅提高，粗纤维含量大幅降低，更适合应用于饲料生产。

表 6-30　马铃薯薯渣发酵前后营养成分变化（王君，2019）

项目	马铃薯薯渣	发酵马铃薯薯渣
能量/（MJ/kg）	16.08	12.39
干物质/%	12.35	27.95
有机物/%	80.12	74.85
蛋白质/%	3.93	18.89
粗脂肪/%	1.35	4.71
粗纤维/%	30.98	19.82
中性洗涤纤维/%	36.50	34.83
酸性洗涤纤维/%	21.25	29.78
钙/%	0.98	1.20
磷/%	0.12	0.08
果胶/%	18.15	11.72
淀粉/%	36.47	13.01
还原糖/%	3.93	18.17
氨基酸/%	1.55	2.32～3.28
必需氨基酸/%	4.85	9.11～12.14

此外，马铃薯薯渣中含有龙葵素（一种存在于马铃薯块茎中的糖苷生物碱，主要是

茄碱和卡茄碱），具有明显的剧毒性和潜在的慢毒性，当动物摄入量超过一定数值后，会对动物产生不利影响，从而影响作为动物饲料的食用安全性。江成英等（2010）发现，马铃薯薯渣经多菌种固态发酵后，龙葵素的含量随着发酵时间的延长而逐渐减少，发酵96h 以后，已检测不到龙葵素。因此，微生物发酵马铃薯薯渣可以去除薯渣中含有的龙葵素，使马铃薯薯渣更安全、可食用，可应用于饲料生产。

微生物发酵马铃薯薯渣生产 SCP 饲料，根据发酵形态可分为液态发酵和固态发酵两种方式。在发酵过程中，不同菌种对薯渣的发酵品质影响较大，因此，选择合适的菌种进行发酵是提高产品质量的关键。此外，尿素、发酵时间、温度、料层厚度、接种量等也是影响马铃薯薯渣发酵品质的重要因素。用于马铃薯薯渣发酵生产 SCP 饲料的常见菌株包括酵母菌、霉菌、芽孢杆菌、乳酸菌等。国内外很多学者利用酵母菌、霉菌、毛壳菌、镰刀菌、放线菌等为发酵菌种发酵马铃薯薯渣生产蛋白饲料，并研究其合适的发酵方式和合理的菌种组合。

怀宝东等（2020）以马铃薯薯渣为主要原料，小麦麸皮为辅料，以黑曲霉、热带假丝酵母、解脂假丝酵母和啤酒酵母为协作发酵菌株进行好氧-厌氧固态发酵，以真蛋白增长率为评价指标，研究以马铃薯薯渣为原料固态发酵生产 SCP 饲料的生产工艺。

罗仓学等（2017）选用黑曲霉、啤酒酵母对马铃薯薯渣进行固态发酵，研究原辅料比、料水比、尿素和硫酸铵对发酵产品中真蛋白含量、酸性蛋白酶活和纤维素酶活的影响，并对发酵培养基进行优化。马铃薯薯渣发酵生产蛋白饲料的工艺流程如图 6-21 所示。

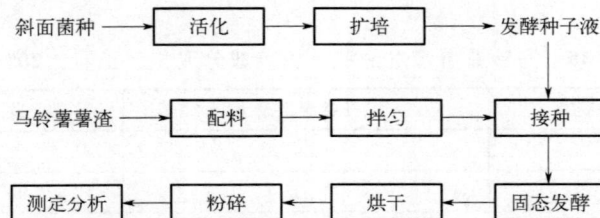

图 6-21 马铃薯薯渣发酵生产蛋白饲料工艺流程（罗仓学等，2017）

陈辉等（2011）以马铃薯淀粉生产的废水及废渣为原料，采用微生物发酵的方法制备高附加值的蛋白饲料，同时降低废水 COD_{Cr} 排放浓度，达到综合利用的目的。陈辉等（2011）以热带假丝酵母作为发酵用菌株，并确定了蛋白饲料的制备条件：废水中薯渣添加量为 20%，温度 28℃，菌株接种量 10%，发酵时间 72h。在适宜条件下，制备的蛋白饲料蛋白质含量为 37.40%，废水 COD_{Cr} 降低 72.29%。马铃薯淀粉生产废水制备高附加值 SCP 饲料实验工艺流程如图 6-22 所示。

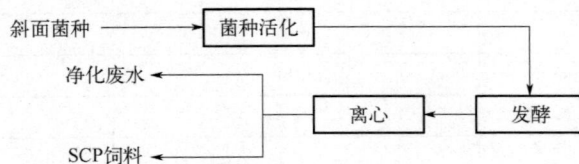

图 6-22 马铃薯淀粉生产废水制备高附加值 SCP 饲料实验工艺流程

某地区有 6 家马铃薯淀粉加工企业，年加工马铃薯 80 余万吨，产生薯渣 20 余万吨。该地区以就地消纳、能量循环、综合利用为主线，采取"政府支持、市场运作、社会参与实施"的方式，探索农业废弃物资源化利用的有效治理模式。马铃薯薯渣原料经压滤、两道烘干等工序，形成干料颗粒，每 10t 原料可出 1t 成品，提供给饲料厂作为牛、羊、猪的饲料，实现农业废弃物资源化利用，助力农业产业高质量发展。马铃薯薯渣生产饲料项目现场如图 6-23 所示。

图 6-23　马铃薯薯渣生产饲料项目现场

6.1.8　噪声污染防治技术

根据《污染源源强核算技术指南　农副食品加工工业—淀粉工业》（HJ 996.2—2018），淀粉工业生产装置部分设备噪声源强如表 6-31 所列。

表 6-31　淀粉工业生产装置部分设备噪声源强

噪声源	排放规律	治理措施	噪声值/dB(A)
风机	连续	建筑隔声、减振机座	70~80
干玉米输送泵	连续	建筑隔声、减振机座	75~80
各类水泵	连续	建筑隔声、消声器、减振机座	65~75
离心机	连续	减振、封闭、消声	70~75
亚硫酸输送泵	连续	建筑隔声、消声器、减振机座	80~90
亚硫酸出料泵	连续	建筑隔声、减振机座	80~90
尾气风机	连续	建筑隔声、消声器、减振机座	75~80
吸收塔	连续	建筑隔声、消声器、减振机座	90~100
刮板	连续	建筑隔声、消声器	80~90
提升机	连续	建筑隔声、减振机座	80~85
稀浆泵	连续	消能、减振机座	90~95
冷却塔	连续	消能	90~95

噪声污染治理一般从声源、传播途径和受体防护三个方面进行。主要噪声控制措施包括以下几点。

① 隔声措施：将引风机、泵、空压机、搅拌机等噪声较大的设备置于室内隔声，在建筑设计中采用隔声、吸声材料制作门窗、砌体等，防治噪声的扩散和传播。

② 消声措施：空压机、风机等设备安装消声器。

③ 减振措施：风机、泵等设备安装降振声垫、减振基座，风机与排气筒之间采用软连接等。

④ 其他措施：在总图布置时，考虑地形、声源方向性和车间噪声强弱、绿化等因素，进行合理布局，以减轻噪声的危害。

6.2　制糖工业污染防治可行技术

6.2.1　一般要求

制糖工业污染防治可行技术依据《排污许可证申请与核发技术规范　农副食品加工工业—制糖工业》（HJ 860.1—2017）、《制糖工业污染防治可行技术指南》（HJ 2303—2018）等技术规范，废气、废水、固体废物、噪声等治理可行技术如表 6-32～表 6-36 所列。

表 6-32　制糖工业排污单位废气治理可行技术

污染源	污染物项目	可行技术
结晶分蜜系统废气	颗粒物	袋式除尘技术；湿式除尘技术
包装系统废气	颗粒物	袋式除尘技术；湿式除尘技术
颗粒粕系统干燥器废气	颗粒物	旋风除尘技术；湿式除尘技术
	二氧化硫	天然气等清洁燃料替代；石灰石/石灰-石膏等湿法脱硫技术；干法半干法脱硫技术
	氮氧化物	低氮燃烧；选择性非催化还原脱硝（SNCR）技术
颗粒粕系统造粒废气	颗粒物	袋式除尘技术
执行《锅炉大气污染物排放标准》（GB 13271）中表 1 的锅炉废气	颗粒物	电除尘技术；袋式除尘技术；湿式除尘技术
	二氧化硫	石灰石/石灰-石膏等湿法脱硫技术；喷雾干燥法脱硫技术；循环流化床法脱硫技术
	氮氧化物	—
	汞及其化合物	高效除尘脱硫脱氮脱汞一体化技术
执行《锅炉大气污染物排放标准》（GB 13271）中表 2 的锅炉废气	颗粒物	电除尘技术；袋式除尘技术；陶瓷旋风除尘技术
	二氧化硫	石灰石/石灰-石膏等湿法脱硫技术；喷雾干燥法脱硫技术；循环流化床法脱硫技术
	氮氧化物	低氮燃烧；选择性非催化还原脱硝（SNCR）技术
	汞及其化合物	高效除尘脱硫脱氮脱汞一体化技术
执行《锅炉大气污染物排放标准》（GB 13271）中表 3 的锅炉废气	颗粒物	四电场以上电除尘技术；袋式除尘技术
	二氧化硫	二氧化硫治理技术；石灰石/石灰-石膏等湿法脱硫技术；喷雾干燥法脱硫技术；循环流化床法脱硫技术
	氮氧化物	低氮燃烧；选择性催化还原脱硝（SCR）技术
	汞及其化合物	高效除尘脱硫脱氮脱汞一体化技术

资料来源：摘自《排污许可证申请与核发技术规范　农副食品加工工业—制糖工业》（HJ 860.1—2017）。

表 6-33　甘蔗制糖排污单位废水污染防治可行技术

可行技术	污染预防技术	污染治理技术	污染物排放水平/（mg/L）						技术适用条件
			COD$_{Cr}$	BOD$_5$	悬浮物	氨氮	总氮	总磷	
可行技术 1	①提汁工序压榨机轴承冷却水循环回用+②清净工序无滤布真空吸滤+③蒸发煮糖工序喷射雾化式真空冷凝器冷凝水循环回用（水循环利用率≥95%）	①一级处理技术+②二级处理技术（水解酸化+常规活性污泥法）	10~45	2~15	10~40	0.1~6.0	0.5~10.0	0.05~0.30	适用于进水水质、水量稳定，COD$_{Cr}$浓度为 500~1500mg/L 的制糖废水
可行技术 2	①提汁工序压榨机轴承冷却水循环回用+②蒸发煮糖工序喷射雾化式真空冷凝器冷凝水循环回用（水循环利用率≥95%）	①一级处理技术+②二级处理技术（水解酸化+序批式活性污泥法）	20~50	2~10	10~30	0.5~6.0	1.0~8.0	0.05~0.30	该技术抗冲击负荷能力较强，运行方式灵活，适用于进水水质、水量波动较大，COD$_{Cr}$浓度为 500~1500mg/L 的制糖废水
可行技术 3		①一级处理技术+②二级处理技术（氧化沟）	15~40	2~10	10~35	0.2~6.0	3.0~10.0	0.20~0.30	该技术抗冲击负荷能力较强，适用于进水水质、水量波动较大，COD$_{Cr}$浓度小于 500mg/L 的制糖废水
可行技术 4		①一级处理技术+②二级处理技术（序批式活性污泥法）	10~45	3~10	6~35	0.1~6.0	1.0~9.0	0.05~0.25	该技术抗冲击负荷能力较强，运行方式灵活，适用于进水水质、水量波动较大，COD$_{Cr}$浓度小于 500mg/L 的制糖废水
可行技术 5	①清净工序无滤布真空吸滤+②蒸发煮糖+③蒸发煮糖工序喷射雾化式真空冷凝器冷凝水循环回用（水循环利用率≥95%）	①一级处理技术+②二级处理技术（常规活性污泥法）	20~50	2~10	5~30	0.1~5.0	1.0~10.0	0.05~0.20	适用于进水水质、水量稳定，COD$_{Cr}$浓度小于 500mg/L 的制糖废水
可行技术 6		①一级处理技术+②二级处理技术（水解酸化+生物接触氧化或生物转盘法）	20~50	2~10	15~45	0.2~6.0	1.0~8.0	0.05~0.20	适用于进水水质、水量稳定，COD$_{Cr}$浓度为 500~1500mg/L 的制糖废水
可行技术 7		①一级处理技术+②二级处理技术（生物接触氧化法或生物转盘法）	20~50	4~12	5~20	0.5~9.0	5.0~11.0	0.10~0.30	适用于进水水质、水量稳定，COD$_{Cr}$浓度小于 500mg/L 的制糖废水

续表

可行技术	污染预防技术	污染治理技术	污染物排放水平/（mg/L）						技术适用条件
			COD_{Cr}	BOD_5	悬浮物	氨氮	总氮	总磷	
可行技术 8	①提汁工序压榨机轴承冷却水循环回用＋②蒸发煮糖工序喷射雾化式真空冷凝＋③蒸发煮糖工序冷凝器冷凝水循环回用（水循环利用率≥95%）	①一级处理技术＋②二级处理技术（升流式厌氧污泥床＋常规活性污泥法）	15~45	5~15	10~30	0.2~6.0	3.0~10.0	0.30~0.50	适用于进水COD_{Cr}浓度大于1500mg/L的制糖废水

资料来源：摘自《制糖工业污染防治可行技术指南》（HJ 2303—2018）。

注：表中治理技术"＋"代表废水处理技术的组合。

表 6-34 甜菜制糖排污单位废水污染防治可行技术

可行技术	污染预防技术	污染治理技术	污染物排放水平/（mg/L）						技术适用条件
			COD_{Cr}	BOD_5	悬浮物	氨氮	总氮	总磷	
可行技术 1	①输送工序流洗水循环利用（水循环利用率≥60%）＋②蒸发煮糖工序冷凝水循环回用＋③甜菜粕压榨工序水回用	①一级处理技术＋②二级处理技术（升流式厌氧污泥床＋常规活性污泥法）	20~50	10~20	10~30	0.1~5.0	10~15	0.1~0.2	适用于进水COD_{Cr}浓度大于1500mg/L的制糖废水
可行技术 2	①输送工序流洗水循环利用（水循环利用率≥60%）＋②蒸发煮糖或真空冷凝板冷凝＋③甜菜粕压榨工序水粕回用	①一级处理技术＋②二级处理技术（水解酸化＋常规活性污泥法）	20~50	10~20	10~30	0.1~5.0	10~15	0.1~0.3	适用于进水COD_{Cr}浓度小于1500mg/L的制糖废水

资料来源：摘自《制糖工业污染防治可行技术指南》（HJ 2303—2018）。

注：表中治理技术"＋"代表废水处理技术的组合。

表 6-35 固体废物污染防治可行技术

序号	行业类别	蔗渣	甜菜粕	碳酸法滤泥	亚硫酸法滤泥	糖蜜	污泥
1	甘蔗制糖	作为锅炉燃料、造纸原料等综合利用	—	安全填埋	还田、做肥料	生产酵母、酒精等产品	安全处置
2	甜菜制糖	—	生产饲料	安全填埋	—	生产酵母、酒精等产品	安全处置

资料来源：摘自《制糖工业污染防治可行技术指南》（HJ 2303—2018）。

表 6-36 噪声污染防治可行技术

序号	噪声源	可行技术
1	鼓风机噪声	消声器、减振
2	泵类噪声	隔声罩
3	空气压缩机和汽轮发电机组等设备噪声	减振、隔声罩、厂房隔声、远离厂界和噪声敏感点

资料来源：摘自《制糖工业污染防治可行技术指南》（HJ 2303—2018）。

6.2.2 清洁生产技术

6.2.2.1 干法输送技术

《水污染防治重点行业清洁生产技术推行方案》（工信部联节〔2016〕275 号）将甜菜干法输送技术列为清洁生产技术。《制糖工业污染防治技术政策》（环境保护部公告 2016 年 第 87 号）提出：甜菜制糖企业预处理工段宜采用甜菜干法输送技术，减少甜菜流送洗涤水使用量。

干法输送技术采用皮带输送机械将甜菜送入加工车间，替代现用耗水量大、废水泥砂含量大、COD_{Cr} 浓度高的湿法输送技术。该技术采用特殊的甜菜贮斗防止甜菜架桥及破损；采用异形滚轮式除土机减少洗菜水泥砂含量和流洗水用量，提高流洗水的循环利用率；采用格栅式或特殊螺带式出料装置将甜菜送至皮带输送机，解决出料堵塞和甜菜破损问题；同时采用一整套自动控制装置，对各甜菜贮斗的料位、出料速度进行监控并根据生产要求适时调整，避免断料或超负荷。

该技术可解决以下问题。

① 消除湿法输送的水力冲卸和甜菜泵的输送过程对甜菜的冲击和损伤，降低糖分损失约 0.15%；

② 由于采用了除土机，甜菜带土量大幅减少，提高了流洗水循环利用率，菜水比由湿法输送的 1：7 可降为 1：5，节约新鲜水消耗 30%；

③ 降低甜菜破损程度，甜菜在水中停留时间短、带土量少，流送水中的 COD_{Cr} 浓度和悬浮物浓度低，最终 COD_{Cr} 减排量可达 20%。

据测算：对于一个年处理甜菜 50 万吨、产糖 6 万吨的甜菜制糖企业而言，年节水 79.45 万吨，产生经济效益 158.9 万元；以糖分损失降低 0.15%计，可多产糖 750t，可增加效益 375 万元，两项共产生经济效益 533.9 万元，可减排 COD_{Cr} 244t。

全行业年加工甜菜 0.1 亿吨，产糖 130 万吨，在甜菜制糖行业内潜在普及率为 100%，按甜菜制糖厂推广 40% 计，则全行业年节水 635.6 万吨，产糖量增加 0.6 万吨，共计产生经济效益 0.427 亿元；按照吨糖排 COD_{Cr} 20.33 千克计算，通过采用甜菜干法输送技术，可减排 COD_{Cr} 0.21 万吨。

6.2.2.2　切丝工艺

洗净的甜菜通常用斗式升运机或皮带机经磁力除铁后送入切丝机的贮斗中，一般能贮备 60～90min 的加工量，起到均衡生产的作用。常用切丝机有平盘式和离心式，平盘式切丝机主要由垂直轴和旋转刀盘构成，离心式切丝机刀框直立于机身的圆周壁上。

鼓式切丝机的生产厂商主要来自法国和德国，德国某厂商的切丝机切丝能力可以达到 8000t/d。该机器的换刀系统实现了自动操作，且有一个独特装置能有效除去鼓中的杂物，切丝机上的旋转刷不停地清刷刀片保持刀刃锋利。某甜菜制糖企业应用了法国某厂商的切丝机后，提汁率降低了 5%～10%，废粕含糖低于 0.3% 对甜菜。切丝机不仅切丝能力日益提高，而且自动控制及保护系统日趋完善，菜丝质量显著提高。切丝机动力消耗低、易于维护、自动换刀，刀片标准化是今后的发展方向。

6.2.2.3　膜分离工艺

近百年来，除了工艺控制优化和新型设备开发外，清净工艺没有本质变化。不同的制糖厂工艺流程或参数都不完全相同，但是本质上没有区别，仍然以石灰和二氧化碳为主要清净剂，只是工艺条件不完全一致，目的在于以最少的清净剂而取得最高的清净效率。一般石灰的耗用率为 2.5%～3.5% 对甜菜。由于加灰量小，产生的滤泥少，由它带走的糖分损失也减少，一般都小于 0.03% 对甜菜。

膜分离技术是近 30 年发展起来的新型分离技术，具有节能、高效的特点。膜分离技术应用于制糖工业，将改变传统的制糖工艺，使制糖工艺简化，更易于实现自动化。在制糖工业中应用此项技术主要是取代现用制糖工艺中的清净工序，取消石灰的生产及消和系统，不产生难以处理的滤泥，减少污染物排放量，改善环境，同时也起到了节能降耗的作用。应用膜分离技术可以使糖汁中的非糖分减少，多回收糖分。

意大利的制糖工作者进行的甜菜制糖冷却结晶新工艺试验，直接从渗出汁中结晶蔗糖，该过程设备简化，投资、操作费用减少，加工约 2t/d 试验厂已经生产出成品白糖。

美国一糖厂利用色谱分离技术处理原汁，从渗出到结晶经过中等规模试验，结果表明应用此法可以取消加灰、饱充工艺，减少环保负担，提高糖分回收率。

6.2.2.4　新型酶制剂在清净工序中的应用

蔗汁中的杂质主要有色素、胶体、灰分、蛋白质、有机酸、淀粉、葡聚糖等，在传统的清净工艺中主要通过石灰、二氧化硫、磷酸、絮凝剂等澄清剂来去除。近年来，国内对制糖清净工艺进行了大量研究，清净工艺包括离子交换技术、膜分离技术、高分子絮凝剂、活性炭等，但这些方法成本高、技术性强，同时也不符合节能减排的理念。酶工程是 20 世纪飞速发展的学科，酶法工艺是一种能有效去除目标底物的方法，其作用高效、方便、对环境和产品友好。利用酶的专一作用，将新型酶制剂用于处理糖物料中的有害物，可达到澄清糖液，提高糖物料利用率的目的。但糖物料的特性有很大差异，不同来源的酶性能也有差别，需要研究各种酶制剂的作用条件以及杂质的影响情况，以更好地将酶应用于制糖生产。随着酶制剂产业的发展，酶的价格逐渐降低，性能有了很大提高，针对性地添加酶制剂于糖汁中，以最低成本达到最佳应用效果，可以弥补传统的糖汁澄清方法的不足，更高效地改革制糖工艺，实现真正意义的清洁生产，提高我国糖品的竞争力。

6.2.2.5　气浮清净技术

目前，在我国制糖工业有二次碳酸法和亚硫酸法两种主要的工艺。前者过程复杂，生产成本较高，产品质量较好，但滤泥的处理是个棘手的问题；后者工艺过程较短，生产成本相对低，但清净效果较差。我国大部分甘蔗制糖厂采用的是亚硫酸法生产工艺。对于亚硫酸法的缺点，几十年以来制糖工作者一直在想办法克服和改善。

（1）蔗汁上浮法

该技术于 20 世纪 80 年代中期在广东某制糖企业试验并完成。这是第一次把上浮技术应用到蔗汁清净过程中，并且有良好的效果。蔗汁上浮工艺流程如图 6-24 所示。

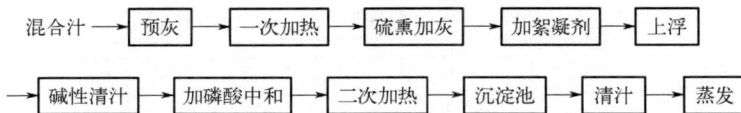

混合汁 →　预灰　→　一次加热　→　硫熏加灰　→　加絮凝剂　→　上浮

→　碱性清汁　→　加磷酸中和　→　二次加热　→　沉淀池　→　清汁　→　蒸发

图 6-24　蔗汁上浮工艺流程

这个工艺最主要的特点是沉淀（浮渣）分离有两次，第一次是碱性，第二次是中性，可以将较多的非糖分凝聚除去，脱色率也较高；由于上浮分离浮渣速度较快，清汁在碱性条件下停留时间较短，一定程度上解决了碱性工艺的缺陷。与原来的亚硫酸法工艺相比，清混汁纯度差提高了 1.8 度，清汁色值降低至原工艺的 1/2，清度也有成倍的提高，成品糖的质量也有很大程度的提高。由于蔗汁上浮工艺有良好的澄清效果，而且对原来亚硫酸法的设备改动少，只需增加一个上浮池，连制泡设备都不需要，硫熏过程吸气已足够浮汁所需，所以当时推广较快，有些糖厂甚至是在生产条件困难时采用蔗汁上浮工艺，甘蔗条件好时转回常规的亚硫酸法工艺。该工艺最大的缺点是浮渣过滤性能不佳，有时在真空吸滤机中甚至造成上布困难，因而滤泥糖分损失增加。从工艺和设备上去解决过滤问题是本工艺发展的关键。

（2）低温强碱法

20 世纪 90 年代，部分制糖企业相继试用低温强碱法，其工艺流程如图 6-25 所示。该工艺通过实践表明，清汁质量良好，色值和浑浊度均低于原来的亚硫酸法，白糖质量有较大改善。但也有一些原因妨碍了这个工艺的推广：浮沉器的操作较困难，物料停留时间长而影响色值和钙盐增加，另外过滤问题也未见有较好的解决办法。

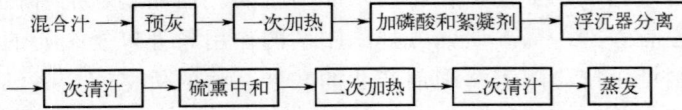

混合汁 → 预灰 → 一次加热 → 加磷酸和絮凝剂 → 浮沉器分离

→ 次清汁 → 硫熏中和 → 二次加热 → 二次清汁 → 蒸发

图 6-25　低温强碱法工艺流程

（3）低温磷浮法

该法是将混合汁在较低的温度下进行快速的磷浮处理，得到的浮清汁再接回糖厂原有的澄清流程。它可以结合碳酸法应用，也可以结合亚硫酸法应用。

低温磷浮法可得到基本清澈的清汁，主要优点是可以除去大量的有机胶体物质，如蔗蜡和淀粉除去 80%～95%，蛋白质除去约 60%，还可除去可溶性硅化合物约 35%，这为其后的澄清处理提供了很好的基础。对于碳酸法糖厂来说，该工艺为从根本上消除碳酸法的滤泥污染问题、变工业废料为有用资源提供了良好的条件，在环保和综合利用方面有特殊意义。对于亚硫酸法糖厂，该工艺对改变亚硫酸法工艺清净效率不高、产品质量不够理想的情况也是一种有效途径。

某糖厂低温磷浮法工艺流程如图 6-26 所示。

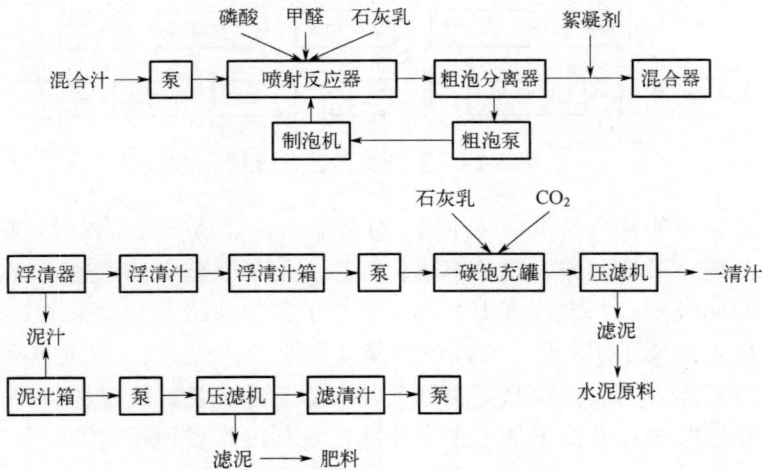

图 6-26　某糖厂低温磷浮法工艺流程

6.2.2.6　无滤布真空吸滤技术

适用于亚硫酸法制糖清净工序。洗滤布水是制糖工业主要污染源之一，产生量大、污染物浓度高，污水处理费高。无滤布真空吸滤机是由覆盖在转鼓面上并带有微孔的不锈钢滤网作为过滤介质，以掺入泥汁中的蔗渣作为助滤剂进行过滤，当转鼓旋转时，转鼓面不同部分连续受真空抽吸，在过滤表面形成一薄层滤饼，生成的滤饼通过喷成雾状的水洗涤、抽吸后，在一定位置被刮刀刮下，以更新过滤层并进入下一过滤周期，不需要新鲜水清洗滤网。

某制糖企业无滤布真空吸滤机如图 6-27 所示。

图 6-27　某制糖企业无滤布真空吸滤机

无滤布真空吸滤机能够得到广泛应用，主要因其具有以下几个方面的特点。

① 干滤泥转光度低。干滤泥转光度一般≤5%，平均值为 3.5%；与别的过滤设备相比，由于滤泥转光度低，回收的糖分较多，经济效益明显。

② 无洗滤布水。糖厂的主要污染源之一为洗滤布废水，而无滤布真空吸滤机由于不使用滤布，没有洗滤布水，实现洗滤布废水"零排放"。

③ 效率高。过滤速率平均为 0.008m³/（m²·min），过滤量大，一台 55m² 吸滤机可过滤相当于日榨 2000～2500t 的过滤量。

④ 自动化程度高。设备过滤过程连续、自动，工艺稳定可靠，操作方便，一个操作工可管理多台设备。

6.2.2.7　喷射式燃硫炉

目前，可用于制糖工业的燃硫炉主要有半封闭自燃式、全封闭自燃式、喷射燃烧式 3 种类型。3 种燃硫炉对比情况如表 6-37 所列。

表 6-37　3 种燃硫炉对比情况

项目	半封闭自燃式	全封闭自燃式	喷射燃烧式
开、停机	点火缓慢，停机滞后时间长	启动方便，停机存在一定的滞后	开、停机方便快捷，无滞后
燃烧性能	燃烧不稳定，易产生升华硫	空气和液流不能瞬时匹配，燃烧质量受影响	空气和液流可瞬时匹配，燃烧质量佳
硫气品质	硫气浓度稳定性较差	硫气浓度稳定性有所提高	硫气浓度稳定且可任意设定，保证合适的硫熏强度
节能性能	燃烧质量和炉体结构导致硫黄对蔗比较高，节能性差	硫黄对蔗比有所下降	更优化的燃烧方式使硫黄对蔗比进一步下降
环保性能	容易泄漏，环境污染严重	全封闭的炉体无泄漏问题，但停机滞后仍会产生二氧化硫排放	全封闭的炉体无泄漏问题，停机无滞后，二氧化硫排放程度降到最低
使用寿命	易被腐蚀，寿命 2 年左右	可达 10 年以上	可达 10 年以上

项目	半封闭自燃式	全封闭自燃式	喷射燃烧式
操作性能	全手工操作，台数多，员工劳动强度大且不易掌握	单台即可满足生产需求，操作方便	单台即可满足生产需求，操作方便
维护性能	无法快速维护修复	部件均为模块化设计，可实现快速维护修复	部件均为模块化设计，可实现快速维护修复
自动化程度	无法实现自动化	由于燃烧模式的限制，燃烧控制存在滞后性，不能实现精确匹配自动化控制	燃烧控制不存在滞后性，可以实现精确匹配自动化控制

全封闭喷射式高效燃硫炉系统主要由熔硫系统、喷燃系统、燃烧炉、冷却系统、自控系统构成。该燃硫炉具有以下优点。

① 由于整个系统处于全封闭状态，运行过程及开、停机均无二氧化硫泄漏，保证了现场操作人员呼吸系统免受二氧化硫的伤害。

② 燃烧工作稳定，自动智能控制，不受操作人经验因素影响。

③ 可根据蔗汁流量匹配二氧化硫气体供应量，保证合适的硫熏强度。可根据蔗汁量匹配二氧化硫供应，并实现对液流喷射量及配风量的精确控制，二氧化硫气体总量及浓度可控，保证硫熏强度。

④ 燃烧无泄漏、可控制，相比旧式炉节能明显，操作得当可使硫黄对蔗比降至0.08%以下。

⑤ 硫黄雾化后能充分燃烧，无未经燃烧的硫黄气体重新凝结现象，管道内部畅通无堵塞。

⑥ 白砂糖质量稳定优质。

6.2.2.8 水循环利用技术

(1) 流送洗涤水循环利用技术

适用于流送洗涤工序。流送用水和洗涤用水占制糖车间总排水量和污染负荷的50%左右。这类废水含有大量的泥沙，只含微量的糖分和有机质，通过在流送洗涤工序后设置沉淀池，对流洗水进行沉淀泥沙后循环利用，可以减少新水补充量。但伴随循环次数的增加，污染物积累，必须引出部分废水经生化处理后排放，同时补充等量的新水。某糖厂流送洗涤水循环系统工艺流程如图6-28所示。

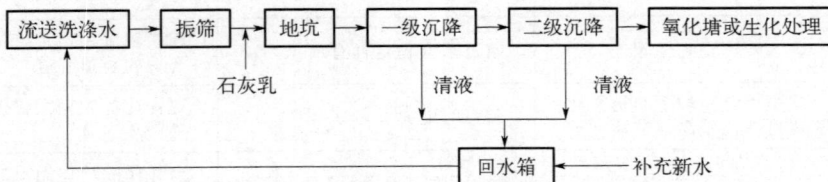

图6-28 某糖厂流送洗涤水循环系统工艺流程

（2）压粕水回用技术

适用于甜菜粕压榨工序。甜菜制糖厂利用废粕生产甜菜粕的过程会产生压粕水，在封闭式压粕水回收系统中，压粕水首先进入一级处理水箱进行初步沉淀，以去除压粕水中粗的杂质，然后由水泵打入旋流除渣器进一步去除水中的胶体颗粒、泥浆、砂、碎粕等，出水直接进入高位水箱，并与新鲜的渗出水通过计量装置按比例分配到渗出器中，整个工艺采用全封闭运行。压粕水产率可达甜菜量的 45%～65%，压粕水回用率可达100%。通过对压粕水的回收可以回收大量的热能和糖分，减少废水排放量，起到了节水、节电、降低污染程度的作用。某糖厂压粕水回收系统工艺流程如图 6-29 所示。

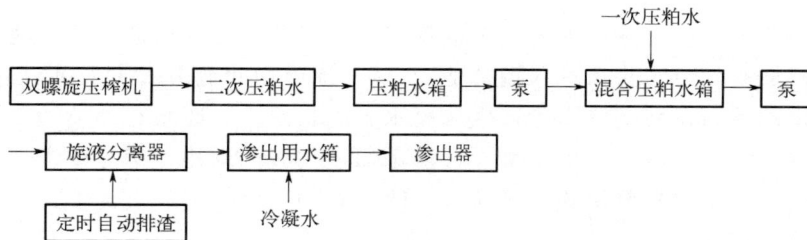

图 6-29　某糖厂压粕水回收系统工艺流程

（3）压榨机轴承冷却水循环回用技术

适用于提汁工序。压榨机轴承冷却水含少量轴承润滑油污及蔗渣。在压榨车间设置单独的压榨机轴承冷却水循环回用系统，将压榨机轴承冷却水经隔油、沉淀处理后，引入冷却系统进行冷却降温后循环回用，循环利用率可达 95%以上。

（4）喷射雾化式真空冷凝技术

适用于蒸发、煮糖工序。喷射雾化式真空冷凝器在水室四周布满喷雾喷嘴，底部设置喷射喷嘴，冷却水首先进入水室中，从水室四周的喷雾喷嘴呈雾状喷出，与顶部进入的蔗汁汁汽立即混合，使得冷却水与汁汽的接触面积增大，汁汽迅速凝结成水而形成真空。大量从水室底部喷射喷嘴呈射流喷出的水可对汁汽中不能凝结的"不凝气"形成抽吸作用，并与凝结的热水通过尾管一起排出。由于喷雾喷嘴装置使汁汽能够快速均匀地凝缩，故总的用水量比传统只有喷射喷嘴的冷凝器节省 25%以上。

（5）冷凝器冷凝水循环回用技术

适用于蒸发、煮糖工序。冷凝器冷凝水循环回用技术是将冷凝器冷凝水排入循环热水池，经冷却塔冷却降温后进入循环冷水池进行回用。但多次循环后，污染物浓度逐渐增大而不符合工艺回用水要求，故需从循环冷水池抽取部分冷凝水进行生化处理，处理达到符合工艺用水要求后再回流到循环冷水池继续进行回用。通过采取以上措施，循环回用率可达 95%以上，减少废水排放量。

某糖厂设备冷却水、冷凝水、凝结水循环系统工艺流程如图 6-30 所示。

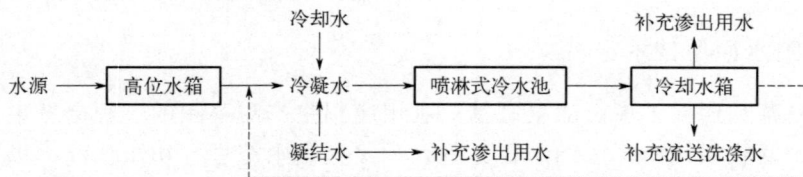

图 6-30　某糖厂设备冷却水、冷凝水、凝结水循环系统工艺流程

6.2.3　废水治理技术

6.2.3.1　一级处理技术

一级处理技术主要去除制糖废水中的悬浮物和泥沙，包括格栅、调节池和沉淀池。制糖废水经格栅去除悬浮物后进入调节池，在调节池中均和调节水质水量后进入沉淀池，在沉淀池中借助重力自然沉降去除密度比废水大的悬浮物。废水在调节池中的停留时间可根据进水水质和水量确定，出水水质需满足后续二级处理稳定运行要求。制糖废水一级处理采用的沉淀池包括竖流式、平流式、辐流式和斜管（板）沉淀池，废水量较大时宜采用辐流式沉淀池。

制糖废水竖流式、平流式、辐流式沉淀池表面水力负荷一般为 1.5～3.0m³/(m²·h)，斜管（板）沉淀池表面水力负荷一般为 2.5～5.0m³/(m²·h)。通过沉淀，制糖废水中 COD_{Cr}、BOD_5、总氮、总磷的去除率一般为 10%～25%，悬浮物去除率一般为 40%～70%。

6.2.3.2　二级处理技术

二级处理技术主要去除制糖废水中的有机物，包括厌氧生物处理技术和好氧生物处理技术两类。厌氧生物处理技术主要有水解酸化处理技术和升流式厌氧污泥床处理技术。好氧生物处理技术主要有常规活性污泥法、序批式活性污泥法、氧化沟、生物接触氧化法和生物转盘法等。当制糖废水中 COD_{Cr} 浓度小于 500mg/L 时，一般采用好氧生物处理技术；COD_{Cr} 浓度为 500～1500mg/L 时，一般采用"水解酸化+好氧生物处理技术"；COD_{Cr} 浓度大于 1500mg/L 时，一般采用"升流式厌氧污泥床+好氧生物处理技术"。

相关废水处理工艺介绍如下所述。

（1）厌氧生物处理技术

1）水解酸化处理技术

该技术利用厌氧菌或兼性菌在水解和酸化阶段的作用，将制糖废水中不溶性大分子有机物水解为溶解性有机物，对制糖废水中 COD_{Cr} 的去除率不一定很高，但可显著提高废水的可生化性。

当进水 COD_{Cr} 浓度为 500～1500mg/L，水力停留时间为 3～6h，采用该技术处理制糖废水 COD_{Cr} 去除率为 20%～40%，BOD_5 去除率为 20%～40%。

2）升流式厌氧污泥床

该技术通过布水装置使高浓度制糖废水依次进入污泥床底部的污泥层和中上部的污

泥悬浮区，在污泥床中厌氧微生物的作用下高浓度有机废物降解生成沼气，废水中 COD_{Cr} 和 BOD_5 大幅度降低，满足后续好氧生物处理技术进水要求。不同温度下升流式厌氧污泥床容积负荷差别较大，当温度为 35～40℃时 COD_{Cr} 容积负荷为 5～10kg/（m³·d），常温条件下 COD_{Cr} 容积负荷为 3～5kg/（m³·d）。

当进水 COD_{Cr} 浓度＞1500mg/L，BOD_5/COD_{Cr} 值＞0.3，悬浮物含量＜1000mg/L 时，采用该技术处理制糖废水 COD_{Cr} 去除率可达 80%～90%，BOD_5 去除率可达 70%～80%，悬浮物去除率可达 30%～50%。

（2）好氧生物处理技术

1）常规活性污泥法

该技术适合处理净化程度和稳定性要求较高的低浓度制糖废水，其工艺稳定，有机物去除率高，可有效去除制糖废水中的有机污染物。

当进水 COD_{Cr} 浓度＜500mg/L，废水中污泥浓度为 2～4g/L，水力停留时间为 6～20h 时，采用该技术处理制糖废水 COD_{Cr} 去除率可达 80%～90%，BOD_5 去除率可达 70%～80%，悬浮物去除率为 30%～50%。

2）序批式活性污泥法

该技术适合处理水质、水量波动较大的制糖废水，可有效去除制糖废水中的有机污染物，同时具有较好的脱氮除磷效果。其主要变形工艺包括周期循环式活性污泥工艺、连续和间歇曝气工艺、交替式内循环活性污泥工艺等。

当进水 COD_{Cr} 浓度＜500mg/L，BOD_5/COD_{Cr} 值＞0.3，污泥浓度为 3～5g/L，水力停留时间为 8～20h 时，采用该技术处理制糖废水 COD_{Cr} 去除率可达 80%～95%，BOD_5 去除率可达 80%～90%，悬浮物去除率可达 70%～90%，氨氮去除率可达 85%～95%，总氮去除率可达 60%～85%，总磷去除率可达 50%～85%。

3）氧化沟

该技术处理制糖废水效果稳定、耐冲击负荷能力强，可实现生物脱氮。其主要工艺包括单槽氧化沟、双槽氧化沟、三槽氧化沟、竖轴表曝机氧化沟和同心圆向心流氧化沟，变形工艺包括一体氧化沟、微孔曝气氧化沟。

当进水 COD_{Cr} 浓度＜500mg/L，BOD_5/COD_{Cr} 值＞0.3，污泥浓度为 2～4.5g/L，水力停留时间为 4～20h 时，采用该技术处理制糖废水 COD_{Cr} 去除率可达 80%～90%，BOD_5 去除率可达 80%～95%，悬浮物去除率可达 70%～90%，氨氮去除率可达 85%～95%，总氮去除率可达 55%～85%，总磷去除率可达 50%～75%。

4）生物接触氧化法

该技术适用于在较低负荷下处理出水指标要求较高的低浓度制糖废水。采用该技术处理制糖废水 COD_{Cr} 去除率较高，氨氮硝化作用较强，对于难降解有机物也有一定的处理效果。

当进水 COD_{Cr} 浓度＜500mg/L，BOD_5/COD_{Cr} 值＞0.3，悬浮物浓度＜500mg/L，填料区水力停留时间为 4～12h 时，采用该技术处理制糖废水 COD_{Cr} 去除率可达 80%～90%，BOD_5 去除率可达 80%～95%，悬浮物去除率可达 70%～90%，氨氮去除率可达 60%～90%，总氮去除率可达 50%～80%。

5）生物转盘法

该技术处理制糖废水不需要曝气和污泥回流，工艺流程简单，易于操作。

当进水 COD$_{Cr}$ 浓度＜500mg/L，BOD$_5$/COD$_{Cr}$ 值＞0.3，生物转盘边缘线速度约为 20m/min，水力停留时间为 0.6～3h 时，采用该技术处理制糖废水 COD$_{Cr}$ 去除率可达 70%～85%，BOD$_5$ 去除率可达 70%～90%，悬浮物去除率可达 70%～90%。

当甘蔗制糖废水 COD$_{Cr}$ 浓度＞1500mg/L 时，甘蔗制糖废水处理宜采用如图 6-31 所示的工艺技术。

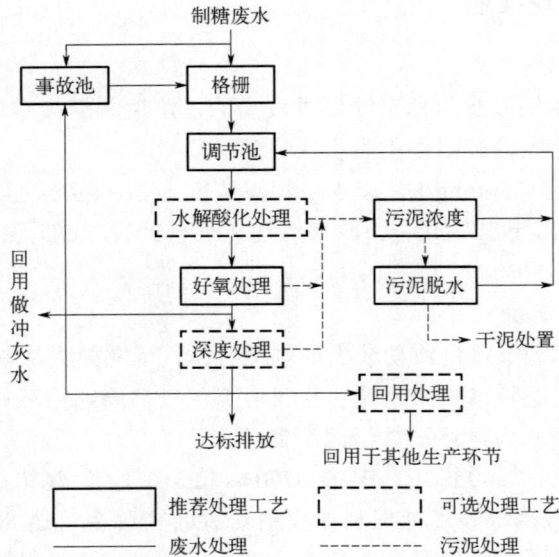

图 6-31　甘蔗制糖废水治理工艺流程

甜菜制糖废水处理宜采用如图 6-32 所示的工艺技术。

6.2.3.3　土地利用技术

废水土地利用是利用土壤-植物系统净化污水中的污染物，同时将净化后的污水用于灌溉、绿化等用途的一种污水处理方式。其原理主要包括物理、化学和生物净化三个方面：物理净化主要通过土壤和植物的过滤、吸附等作用去除污水中的悬浮物和部分有机物；化学净化主要通过土壤和植物的化学反应作用，将污水中的重金属离子等有害物质转化为无害物质；生物净化主要通过土壤和植物中的微生物代谢作用，将污水中的有机物分解为无机物，同时减少有害细菌和病毒的数量。

在南方三个地区的甘蔗田中实施试验，对制糖废水的土地利用情况进行评价。废水灌溉量为 100kg/m^2，土地均属于慢速过滤系统，并对土层厚度、地下水位、坡度、水力传导度进行了分析，为制糖废水土地利用的工程设计提出了科学的方法。并发现其中的两处地方非常适合于制糖废水的土地利用，不仅对甘蔗地无不良影响，增加亩产量，而且甘蔗的含糖量并未因制糖废水的施用而降低。另一个研究发现，制糖工业的废水在未稀释的情况下用于灌溉小麦和绿豆，对叶绿素含量和干物质产量的影响效果不同，小麦的叶绿素含量和干物质产量均有增加，而绿豆的情况则相反。

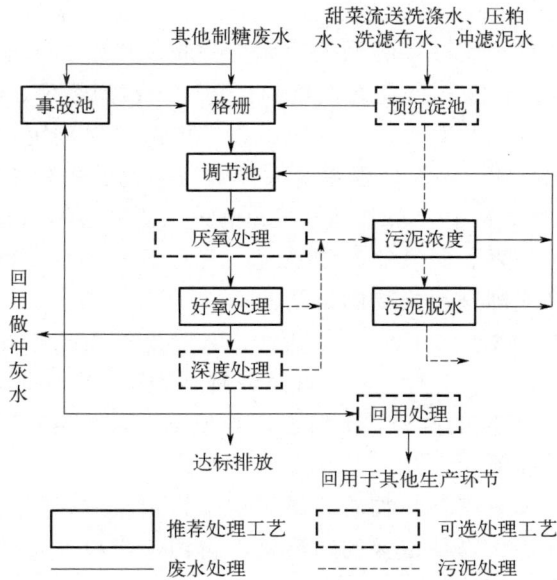

图 6-32　甜菜制糖废水末端治理工艺流程

　　东北某甜菜制糖企业产生的冲洗废水处理难度大，且在寒冷地区运行困难、运行费用高，主要控制指标为有机物、色度、悬浮物、氨氮等。甜菜冲洗废水无毒无害，通过预处理后进行农业种植利用是一种循环经济的思路，既保证废水无害化处理，又能补充植物所需的养分，且改良土壤。该企业将冲洗水出水分为前部的预处理和土地处理利用两部分。某制糖企业废水土地利用工艺流程如图 6-33 所示。

图 6-33　某制糖企业废水土地利用工艺流程

（1）废水预处理系统

　　采用格栅、沉砂池、辐流式沉淀池等处理设施，对甜菜清洗废水中的泥砂、甜菜皮屑等固体悬浮物进行分离去除，使得水质符合后续贮存、运输和投配的工艺要求。

（2）贮存/稳定系统

　　采用稳定塘作为甜菜清洗有机排水的贮存系统，除了解决冬贮夏用问题，还具有水质改善的功能，表现为：一方面可以保持水质不发生厌氧腐化，最大限度地保持营养物的含量；另一方面在贮存过程中可以使大分子有机物在微生物的作用下少量降解，使得在灌溉后更易被土壤微生物和植物利用和吸收。稳定塘底部复合土工布防渗，且甜菜清洗废水中的悬浮物含量较高，经过 3～6 个月的静置沉降，悬浮物大部沉积于稳定塘底部，形成天然保水层。稳定塘每年的 8～10 月为空置期，空置期间可根据稳定塘底部的淤积情况，适当清淤，保持有效容积。稳定塘底部淤泥成分为有机肥料，堆肥后可以还田。

（3）土地处理系统

土地处理是污水经过一定程度的预处理后有控制地投配到土地上，利用土壤、微生物、植物生态系统的自净功能和自我调控机制，通过一系列物理、化学和生物化学过程，使污水达到预定处理效果，并对污水中的氮、磷等资源加以利用，使其成为植物自身营养成分的一种污水处理技术。土地处理系统大多数污染物的去除主要发生在地表下 30～50cm 处具有良好结构的土层中，该土层土壤、植物、微生物等相互作用，从土壤表层到土壤内部形成了好氧、缺氧和厌氧的多项系统，有助于各种污染物质在不同的环境中发生作用，最终达到去除或削减污染物的目的。

废水于当年 10 月开始至次年的 2 月陆续排入稳定塘内贮存并自然降解，投配系统自次年的 5 月初开始运行，至 7 月中止，自然降解后均匀、有序地投放至土壤净化田中。通常，每年的 7～8 月为当地的雨季，土壤含水量偏高，为避免过度灌溉而产生地表径流污染地表水体，不进行灌溉。

废水按照农作物生长所需营养物质的量来定时、定量进行投配。首先经提升泵站加压后，通过管路输送到各作物种植区的喷灌机，再由喷灌机自带的增压泵二次增压，均匀、受控地投放于土壤中。

结合对稳定塘水的水质分析发现，该水水质偏酸性，而项目所在地的土壤呈弱碱性，通过喷灌使两者中和，具有同时改善水质和土壤理化性质的作用。甜菜冲洗废水的循环经济利用原则为"水量平衡、物料平衡"。因此，在设计农田灌溉系统时，要使整个农田灌溉系统吸收并利用所有投放在系统中的资源和养料（如氨氮）。正常运行情况下，整个系统将无尾水排出，实现水资源和营养物资源的全部闭路循环。

6.2.4 废气治理技术

6.2.4.1 锅炉废气治理技术

锅炉是制糖企业的主要废气排放源，主要污染物为颗粒物、二氧化硫和氮氧化物。

锅炉废气颗粒物治理技术包括：电除尘技术、袋式除尘技术、湿式除尘技术等。二氧化硫治理技术包括：二氧化硫石灰石/石灰-石膏等湿法脱硫技术、喷雾干燥法脱硫技术、循环流化床法脱硫技术等。氮氧化物治理技术包括：低氮燃烧、选择性催化还原脱硝（SCR）技术等。

甘蔗制糖厂锅炉燃料一般采用制糖产生的甘蔗渣，属于生物质锅炉的一种。甘蔗渣是一种含水分高、挥发分大、发热值低、含氮量（约 0.4%，质量分数）与含硫量（约 1.5%，质量分数）低的生物燃料。一般多采用链条炉排锅炉，甘蔗渣的燃烧机理是既有悬浮燃烧又有层燃，供风量大，故烟气产生量也大，烟气含氧量高、湿度大。

某企业 85t/h 蔗渣锅炉采用以下措施，可以实现大气污染物稳定达标排放。

① 强化蔗渣压榨，进一步提高压榨抽出率和降低蔗渣水分。

② 蔗渣二次粉碎，将蔗渣粉碎至 3～5mm，降低入炉蔗渣的颗粒度，减少飞灰含碳量，提高燃料燃尽率和吨渣产汽量，提高锅炉运行热效率。

③ 蔗渣干燥，采用细缩管干燥系统将蔗渣水分降低 5%左右，降低入炉蔗渣水分，提高蔗渣热值。

④ 蔗渣锅炉低氮燃烧，主要实施低过量空气燃烧、烟气再循环技术。

⑤ 强化水膜除尘器，提高水膜除尘器的除尘效率。

6.2.4.2　颗粒粕生产系统干燥器废气治理技术

颗粒粕生产中干燥器废气是甜菜制糖企业的主要废气排放源之一，主要污染物为颗粒物、二氧化硫和氮氧化物。

干燥器废气颗粒物治理技术包括旋风除尘技术、湿式除尘技术等。二氧化硫治理技术包括天然气等清洁燃料替代技术、石灰石/石灰-石膏等湿法脱硫技术、干法半干法脱硫技术等。氮氧化物治理技术包括低氮燃烧、选择性非催化还原脱硝（SNCR）技术等。

6.2.4.3　糖粉回收技术

制糖企业在糖膏的煮炼过程含有部分细砂，白砂糖在干燥后经过输送、装包流程会因机械碰撞摩擦而产生碎砂和糖粉，细砂和糖粉经过密封不好或无密封的流程设备时就会有大量的糖粉飞扬。糖粉会造成工作环境差、损害员工身体健康、设备寿命短、糖分损失等后果。

某制糖企业在白砂糖分选筛岗位安装了一套糖粉收集系统，系统主要包括除尘罩、文丘里管、分离器、引风机、化工泵以及控制柜和相关的管路连接。技术描述如下所述。

① 在分类筛的上方安装除尘罩，由于分类筛是振动的，并且整个系统除了进风口是敞开的外，其余部分是要求密封的，因此在连接部分均采用了帆布软连接，如除尘罩与分类筛之间的连接、入料口与除尘罩的连接、抽风管路与除尘罩的连接、进风口上方的密封连接。

② 在除尘罩上方引出抽风连接管路，且均安装了调节阀门，可以调节抽风管的抽风量，更好地平衡各处糖粉抽出量。另外，为了方便观察分类筛内部情况，更好地调节风量，在除尘罩上安装了观察孔。

③ 该系统采用文丘里管除尘及水膜除尘相结合的除尘系统，文丘里管和水膜除尘器内均安装有水喷淋。糖粉和空气混合物经过除尘风管先进入文丘里管，在文丘里管内糖粉和水充分接触而溶解，后进入水膜除尘器内，少部分没有溶入水中的糖粉会在水膜除尘器中旋转上升，而水膜除尘器上部的水喷淋管喷出的水会把残余的糖粉再次捕集，空气会从水膜除尘器的上方进入引风机而抽出室外。

④ 水通过化工泵同时进入文丘里管和水膜除尘器，并且文丘里管中的液体流入分离器后合并再循环，一方面增强除尘效果，另一方面在节约用水的同时保证糖液的锤度。

⑤ 在水膜除尘器上安装观察孔，方便观察分离器内糖液的锤度和液位是否达到排放要求。

6.2.4.4　其他工序废气治理技术

原料场装卸料废气、卸蔗系统转运废气可采用洒水抑尘、原料场出口配备车轮清洗

（扫）装置、设置防尘网等防治措施。

石灰窑、石灰消和机是糖厂用清净剂的专用生产设备。石灰窑和石灰消和机加料废气主要污染物是颗粒物，可采用喷水除尘、加强密封、集中收集处理后排放等防治措施。采用全封闭机械化石灰窑，基本可以实现从上料到出灰的自动化，具有以下优势：

① 产灰量高；

② 二氧化碳浓度高；

③ 煅烧均匀连续；

④ 运行过程中无漏风、漏窑气和漏灰现象，污染物产生量少；

⑤ 热效率高；

⑥ 使用安全、检修费用低；

⑦ 降低劳动强度。

蔗渣在堆放过程中会产生臭气，其主要成分为酮类、醛类和酸类。可采取在堆场周围设置挡水墙、顶部设置挡雨棚防止日晒雨淋、地面采取排水、硬化防渗等防治措施。也可使用除臭剂，喷洒在蔗渣上，覆膜发酵，生物菌进入工作状态后，繁殖代谢出的生物酶将恶臭因子分解为水和稳定温和的含碳化合物，达到除臭效果。

滤泥发酵臭气可采取及时清运、减少堆放量和堆放时间、防止日晒雨淋、加强通风等防治措施。

结晶分蜜以及包装废气可采取加强装备密封措施。

污水处理废气可通过在产臭区域投放除臭剂、集中收集至生物脱臭装置（干法生物滤池）处理、设置喷淋塔除臭等治理措施。

6.2.5　固体废物处理处置技术

6.2.5.1　废粕综合利用技术

（1）废粕制颗粒粕工艺

图 6-34　颗粒粕

废粕产生于甜菜制糖渗出工序。甜菜制糖厂主要将废粕用于加工生产颗粒粕。与鲜甜菜渣相比，颗粒粕干物质、粗脂肪、粗纤维等含量增加。由于其适口性好、营养较丰富、质优价廉，主要作为畜牧业的饲料使用。

颗粒粕如图 6-34 所示。

颗粒粕生产工艺流程如图 6-35 所示。

（2）废粕提取果胶工艺

以制糖甜菜废丝为原料，经过酸解、氨解等化学处理，改变了原甜菜果胶的胶凝性质，即由原来的在强碱介质中胶凝变为在酸性介质中胶凝，研究出完全符合国家标准的果胶制品，提胶后的废丝还可作饲料添加剂。

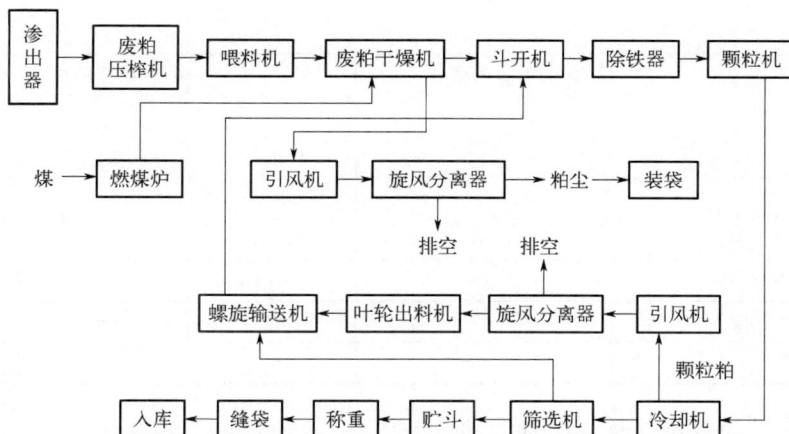

图 6-35　颗粒粕生产工艺流程

　　将水洗后的制糖甜菜废丝浸泡在酸性水中，随后移入鼓风干燥箱中提胶，分离胶液，胶液用乙醇沉淀，再经过酸乙醇、氨乙醇交替处理，最后干燥、粉碎，得甜菜果胶纯品。

　　果胶生产工艺流程如图 6-36 所示。

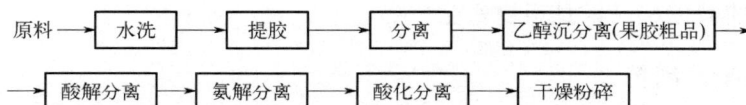

图 6-36　果胶生产工艺流程

6.2.5.2　糖蜜综合利用技术

　　糖蜜，是在工业制糖过程中，蔗糖结晶后剩余的不能结晶的，但仍含有较多糖的液体残留物。糖蜜含有糖、蛋白质和多种矿物质、维生素、纤维素、胺类等，是微生物进行发酵的理想原料。糖蜜主要成分如表 6-38 所列。

表 6-38　糖蜜主要成分

项目	甜菜糖蜜的成分	甘蔗糖蜜的成分		
	黑龙江	广东		四川
		碳酸法	亚硫酸法	碳酸法
锤度（°Bx）	79.6	85.78	85.54	82.00
全糖分/%	49.4	53.89	50.81	54.80
蔗糖/%	49.27	33.89	29.77	35.80
转化糖/%	0.13	20.00	20.00	19.00
纯度/%	62.0	62.78	59.40	59.00
pH 值	7.4	—	—	—
胶体/%	10.00	9.91	11.06	7.5
硫酸灰分/%	10.00	10.28	11.06	11.1

续表

项目	甜菜糖蜜的成分	甘蔗糖蜜的成分		
	黑龙江	广东		四川
		碳酸法	亚硫酸法	碳酸法
总氮量/%	2.16	0.485	0.465	0.54
磷酸（P_2O_5）/%	0.035	0.130	0.595	0.12
非发酵性糖分/%	—	5.14	4.57	5.06
非发酵性糖/全糖/%	—	9.55	8.99	9.23
酸度	—	10.5	9.5	10.0

糖蜜综合利用技术包括以下几方面。

（1）糖蜜生产酵母

糖蜜中除含有糖分外，还含有酵母菌体生长繁殖所需的生物素及氮、磷、钾和微量元素，是生产酵母的优选原料，选用不同功能的菌株可以生产药用酵母、食用酵母和饲料酵母等产品。用糖蜜生产酵母及酵母深加工产品是发酵行业公认的最好用途之一，国内外高达 90% 的酵母产品都是用糖蜜生产的。

（2）糖蜜生产酒精

目前，利用糖蜜生产酒精是糖厂最主要的糖蜜综合利用项目，而酒精废液是糖厂最主要的污染源。对糖厂而言，酒精生产的重点是如何提高原料糖分的出酒率、降低能源消耗和消除废液的污染三大问题全面统一地加以考虑。根据国外的先进经验，要实现酒精的清洁生产需要将发酵工艺、蒸馏工艺与废液的治理全面结合起来。

用糖蜜生产酒精的清洁生产工艺技术如下所述。

① 高温高浓度酒精发酵技术和固定化酵母技术。采用高温高浓度发酵是糖蜜制酒精发酵技术的发展趋势。选用耐高温酵母和应用固定化酵母技术，发酵速度比传统方法快 10%～30%，使发酵成熟醪含酒分提高，降低糖蜜耗用量，减少蒸馏用水量及节约蒸馏用汽，并能有效地减少酒精废液的排放量，节省投资。

② 差压蒸馏技术。在原酒精常压蒸馏的基础上改为差压蒸馏，使蒸馏过程中蒸汽多次利用，达到节约能耗的目的。采用差压蒸馏每吨酒精耗蒸汽 2.6t，而传统的常压蒸馏每吨酒精耗蒸汽 4.2～4.5t，节省蒸汽 40%。

（3）糖蜜制备柠檬酸、L-赖氨酸

柠檬酸是一种市场价值颇高的微生物制品，主要来源是蔗糖或糖蜜经 *Aspergillus niger* 菌的发酵。固定化发酵技术的应用提高了柠檬酸的产率，若添加一些金属离子或矿物质到糖蜜中，可以将柠檬酸的产率再提高 1.4%～1.9%。此外，蔗渣同样也可以用于固定化发酵以获得柠檬酸。

某赖氨酸厂利用糖蜜生产 L-赖氨酸系列产品，现已达到 3000t/a 的规模，产品分为饲料级、食品级和药用级 3 类，发酵产酸率月平均达到 8.0%～9.4%，月平均总收率超过 90%。此外，国内已相继开发成功由糖蜜制备天门冬氨酸、衣康酸、维生素 D 和完全降解薄膜等产品的相关技术和工艺。

6.2.5.3 蔗渣综合利用技术

蔗渣是甘蔗制糖企业产生量比较大的副产品，占甘蔗的 24%～27%（其中含水分约 50%），每生产 1t 的蔗糖，就会产生 2～3t 蔗渣。对湿蔗渣、干蔗渣进行分析，其组分如表 6-39、表 6-40 所列。

表 6-39　湿蔗渣组分

组分	固定碳	挥发物	水分	灰分
含量/%	7	42.5	49	1.5

表 6-40　干蔗渣组分

组分	全纤维素	木质素	多缩戊糖	灰分	1%NaOH 抽出物	苯和醇抽出物
含量/%	59.01	20.85	20.63	1.2	35.95	4.23

从表 6-39、表 6-40 的分析可知，蔗渣含有丰富的纤维素，而含木质素较少，故蔗渣作为纤维原料具有很大的优越性。由于用蔗渣制造的产品种类非常多，本节只介绍部分用途。

（1）蔗渣作锅炉燃料

蔗渣作为锅炉燃料，这是最简单、最古老的利用方法，而且目前仍然普遍采用。虽然蔗渣作燃料不是它最经济的利用途径，但这样做的一个优点是蔗渣燃烧无二氧化硫的排放，仅仅利用水膜除尘器就可以使其烟气的排放达到标准，从而降低了排放费用。已有越来越多针对蔗渣锅炉的研究，其燃烧效率越来越高，所用蔗渣量相对有所减少。最新一项研究表明，用糖蜜液发酵制得酒精后的废液与蔗渣相混合，用此作为蔗渣锅炉的燃料，这样做的主要目的是解决对糖蜜酒精废液的处理，也减少了蔗渣的用量。

意大利热那亚大学在电化学反应器方面进行了多年的探索，开发了蔗渣燃气反应装置（如图 6-37 所示），目前正进行更大规模的试验。在该反应系统中，蔗渣等糖厂废物首先被转化为富含 H_2、CO 和 CH_4 的可燃气体，再通过净化处理，用于发电。加拿大 DynaMotive 技术公司在 2000 年使用鼓泡流化床热解法在其 Bio Therm 装置中用蔗渣生产出优质生物柴油，放大装置每天将 10t 蔗渣或其他生物质加工成 6000L 燃油。

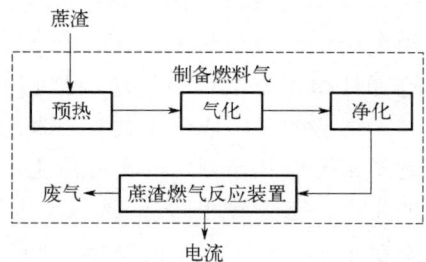

图 6-37　蔗渣燃气反应与发电流程

（2）用蔗渣制备生物燃料

利用蔗渣制备燃料乙醇的工艺流程如图 6-38 所示。预处理方法的选择对蔗渣纤维素和半纤维素的降解率以及乙醇的转化率有较大影响，如何选用简单、高效的预处理方法以提高燃料乙醇的产量及质量是近年来研究的热点。Cao 等通过比较微碱高压蒸煮、高碱浸泡、微碱高压蒸煮结合 H_2O_2 浸泡、碱性过氧化物处理以及高压蒸煮等 5 种蔗渣预处理方法，发现微碱高压蒸煮结合 H_2O_2 浸泡的预处理方法效果最佳，预处理后的蔗渣经纤维素酶降解后，纤维素水解率达到 74.29%（质量分数），糖化液中总糖含量为 90.94%（质量分数），且每升发酵液中乙醇含量达 6.12g。在乙醇发酵过程中，特性菌株的筛选也是提高乙醇产率的重要一环。厦门大学陆雪英等从腐烂蔗渣、酒曲、酒糟等样品中分离到一批耐受 20%乙醇浓度且高产乙醇的菌株，利用该菌株发酵蔗渣糖化液，每克蔗渣可产 0.136g 乙醇。

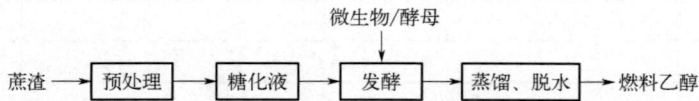

图 6-38　蔗渣制备燃料乙醇的工艺流程

（3）用蔗渣造纸

在我国，蔗渣主要用于造纸。目前除了可以生产包装纸、瓦楞纸、有光纸、卫生纸外，还可以生产优质的书写纸、凸版纸、邮封纸、打字纸和拷贝纸等，如果配以部分木浆，还可以生产胶版印刷纸等。蔗渣制浆造纸生产工艺流程如图 6-39 所示。

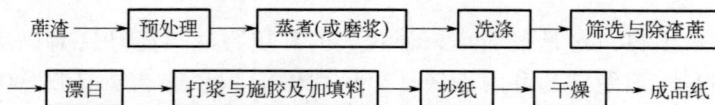

图 6-39　蔗渣制浆造纸生产工艺流程

（4）用蔗渣制造低聚木糖

低聚糖是当今国内外比较流行的一类功能性保健品。现在国内外都已有相当规模的用蔗糖生产低聚果糖和用淀粉生产低聚异麦芽糖企业。在低聚糖系列产品中，低聚木糖选择性增殖双歧杆菌的功能最强，被称为"超强双歧因子"。

蔗渣的化学成分中含有较多的多缩木糖，为总干固物的 15%～22%，较易水解为木糖。近年来已有几家糖厂利用蔗渣生产木糖，有相当规模，生产工艺与北方用玉米芯生产木糖的生产工艺大致相同。制造低聚木糖不同于制造木糖单糖之处，主要是在水解多缩木糖时，不要把它分解至单个的单糖，而只是水解至 2～7 个木糖的缩合物（以 β-1,4 糖苷键连接）。它的制造工艺比制造木糖单糖复杂，要选用适合的木聚糖酶，将长链的多缩木糖分段切断为 2～7 个木糖连接的低聚木糖。

蔗渣在用酶水解前，要先用碱处理，以除去部分木质素，和使微原纤维组织润胀。也可以用蒸汽爆破方法，原料在高压下突然降压，使木质素分离及将纤维束撕解和粉碎，以扩大多缩木糖与酶的接触面积和通道，提高酶的效率，缩短酶解所需时间，提高产品得率。

（5）用微生物降解法生产蔗渣饲料

美国发明了用微生物降解法生产蔗渣饲料，可使蔗渣成为消化率高的饲料。

首先要制备混合接种物，然后用这种接种物降解蔗渣，在适宜的温度下进行培养，即可得到适口性良好、消化率高、可饲喂奶牛的饲料。

在用微生物降解法生产蔗渣饲料时，在蔗渣中加入酒糟，蔗渣吸收了酒糟中的水分，有利于微生物降解蔗渣组织；酒糟中所含的蛋白质，可成为微生物的营养来源，促进它对蔗渣的降解。接种物中的硝化菌属，可氧化其他微生物产生的氨或硝酸生成的氨；淀粉水解及蛋白质水解的微生物如黑曲霉，可水解淀粉生成糖，促进共生担子菌的生长。结果不仅分解了蔗渣中的纤维素，而且分解了木质素，使蔗渣成为反刍类动物的优良饲料。

（6）用蔗渣制造颗粒活性炭

美国已开发出以蔗渣为原料制造颗粒活性炭的技术。先将蔗渣磨碎，再与黏合剂混合，加压成型，成为块状、片状或丸状物；然后在高温下用 CO_2 或蒸汽处理，使之分解和活化。为提高产品对金属离子的吸附能力，可用空气将活性炭进行表面氧化。

这种活性炭还可以用于除去工业废水、城市用水和废水中普遍存在的低分子量有机物和金属离子。用 CO_2 活化，再经空气氧化制得的活性炭，对金属离子的吸附力较强。

6.2.5.4　滤泥综合利用技术

滤泥是蔗汁经澄清后，由压滤机或真空吸滤机所排出的残渣。由于澄清工艺的不同，滤泥又分为亚硫酸法滤泥和碳酸法滤泥，分别占榨量的 0.7%～1.4%和 4.5%～5.0%。滤泥综合利用技术包括以下几方面。

（1）生产肥料和饲料

滤泥由于含钙高，而氮、磷、钾含量相对偏少，用磷酸处理滤泥可以降低其碱性，反应的主要产物磷酸氢钙、磷酸二氢钙也是广谱肥料，处理后的滤泥中再加入一定量的无机钾肥就可以制成滤泥复合肥。碳酸法滤泥由于含有过多的 $CaCO_3$ 和 $Ca(OH)_2$，难以用来生产肥料。此外，根据各种动物的生长需求，在亚硫酸法滤泥（或滤泥与废醪液的混合物）中加入各种原料、元素、营养物，经适当干燥后可制成猪、牛、鸡、鸭、鱼等动物饲料；或者将滤泥施入池塘中培养藻类，再收集这些藻类用作饲料。

（2）提取蔗蜡及植物固醇

蔗蜡是一种天然蜡，是酯、游离酸、醇和烃的混合物，有多种生物功能。蔗蜡以其在化妆品和制药行业的特殊用途而备受关注。未经脱脂的粗蔗蜡一般呈褐色或黑色，熔点 65～75℃，约含 50%蔗蜡、30%树脂和 30%脂肪。脱脂后的商品蔗蜡含烷基酯 78%～82%，游离酸约 14%，游离醇 6%～7%。提取剂可以选用乙醇、汽油、苯-石油醚等。从滤泥中提取蔗蜡的相关方法和工艺已在实验室或工业规模得到了应用，对于从蔗渣和乙醇废醪液中提取蔗蜡的技术工艺也有所研究。南非、澳大利亚、古巴和印尼等国都从滤泥中提取和生产蔗蜡，并以粗蔗蜡为原料生产烷醇和植物固醇等产品。国内四川省、广东省也曾有几个糖厂附设车间生产过一段时间，但由于使用传统的溶剂抽提法，流程和设备较复杂，溶剂消耗量大，且产品的精制比较困难，因而难以形成规模。

（3）制备活性炭和吸附剂

中国台湾开发的低温转化（LTC）技术可以用滤泥等副产物生产油、活性炭和不凝气。其中活性炭可以通过局部气化并在氮气中加热，升温速率为 20℃/min，然后在 850～900℃ 旋转反应炉中以氮气和蒸汽为介质进行处理获得，LTC 炭表面积可达 275m^2/g，可用作多孔性吸附剂。经过工艺优化，可以用 CO_2 或水蒸气作为介质，旋转反应器的处理温度可以降至 600～800℃，所得活性炭的质量并未降低。

碳酸法滤泥富含 $CaCO_3$ 和 $Ca(OH)_2$，曾有碳酸法糖厂尝试将滤泥制成水泥，但由于高温过程会释放出恶臭气体，造成二次污染而无法进行工业化生产。据报道，将碳酸法滤泥在一定温度下进行活化，所得的活化泥与石灰乳混合作为亚硫酸法的澄清剂，研究结果表明，碳酸法滤泥经活化后可以对亚硫酸法混合汁起澄清作用，且减少了石灰的耗用量。

6.2.5.5 蔗叶综合利用技术

（1）农业应用

蔗叶中含有 N、P、K、Mg、Ca 等多种植物生长必需元素，粉碎后还田既能有效改良土壤的团粒结构和理化性状，又能改善作物的品质与产量。蔗叶粉碎还田可提高土壤中有机质、速效氮含量。

（2）畜牧业应用

蔗叶富含粗纤维、粗蛋白质、维生素和脂肪等牲畜可食用的养分，且含糖量高、适口性好，消化能达 5.68MJ/kg，育肥效果好。江明生等通过微贮、氨化处理甘蔗叶，经 60d 饲养山羊试验表明，同等条件下微贮、氨化组的山羊平均日增重比未处理组分别提高 29.0% 和 42.6%。

（3）食品应用

蔗叶由于含纤维和营养较多，在高温缺氧条件下炭化制得的生物炭粉，可作添加剂改善食品的综合品质。蔗叶中还含有丰富的多糖、黄酮及多酚类等生物活性物质。

（4）工业应用

蔗叶在工业上也有重要应用，如生物发电、制造建筑建材、制备活性炭和生产沼气等方面。2010 年我国首个利用蔗叶直燃发电项目在广西柳城县投产运行，年供电量约 2×10^{8}kW·h，与相同效率的燃煤发电厂相比，每年可减少排放 600t SO_2、1.0×10^{5}t CO_2

和 400t 粉尘。

6.2.6　噪声污染防治技术

根据《污染源源强核算技术指南　农副食品加工工业—制糖工业》（HJ 996.1—2018），制糖工业生产装置部分设备噪声源强如表 6-41 所列。

表 6-41　制糖工业生产装置部分设备噪声源强

装置（单元）名称	噪声源	排放规律	治理措施	噪声值/dB(A)
甘蔗压榨	切蔗机	连续	隔声	≤80
	压榨机	连续	隔声	≤85
	输送机	连续	隔声	≤75
甜菜输送	链板机	连续	隔声	≤65
	皮带输送机	连续	隔声	≤65
	除土机	连续	隔声、减振	≤70
除草除石、洗菜间	洗菜机	连续	隔声	≤75
	甜菜皮带机	连续	隔声	≤65
	甜菜绞龙	连续	隔声、减振	≤80
切丝、浸出、压榨	转鼓式切丝机	连续	隔声、减振	≤80
	磨刀机	连续	封闭罩、建筑隔声	≤85
	压榨机	连续	隔声、减振	≤80
	泵类	连续	隔声、减振、柔性接头	≤80
	螺旋输送机	连续	隔声	≤65
	皮带机	连续	隔声	≤65
清净过滤、蒸发	泵类	连续	隔声、减振、柔性接头	≤80
	板框压滤机	连续	隔声、减振	≤80
	燃硫炉	连续	建筑隔声	≤65
	洗布脱水机	连续	隔声、减振	≤80
结晶、分离	离心机	连续	封闭罩、建筑隔声	≤85
	风送罐	连续	建筑隔声	≤75
	泵类	连续	隔声、减振、柔性接头	≤80
	连续分离机	连续	封闭罩、建筑隔声	≤80
	空压机	连续	隔声、减振、消声器	≤85
干燥包装	砂糖皮带输送机	连续	隔声	≤65
	砂糖斗升机	连续	隔声	≤80
	滚筒干燥机	连续	隔声、减振	≤80
	滚筒冷却机	连续	隔声、减振	≤80
	筛选机	连续	隔声、减振	≤80
	全自动包装机	连续	隔声、减振	≤80

续表

装置（单元）名称	噪声源	排放规律	治理措施	噪声值/dB(A)
干燥包装	引风机	连续	隔声、减振、消声器	≤85
	循环泵	连续	隔声、减振、柔性接头	≤80
	鼓风机	连续	隔声、减振	≤85
颗粒粕车间	皮带输送机	连续	隔声	≤65
	螺旋输送机	连续	隔声	≤65
	燃烧炉	连续	建筑隔声	≤80
	干燥机	连续	隔声、减振、距离衰减	≤85
	鼓引风机	连续	隔声、减振、消声器	≤85
	双旋风分离机	连续	隔声、减振	≤80
	斗升机	连续	隔声	≤80
	造粒机	连续	隔声、减振	≤85
	冷却机	连续	隔声、减振	≤80
	振动筛	连续	隔声	≤85
	泵类	连续	隔声、减振、柔性接头	≤80
	重型框链除渣机	连续	隔声、减振	≤80
石灰窑乳化车间	斗升机	连续	隔声、减振	≤80
	电磁振动给料机	连续	隔声、减振	≤80
	石灰消和机	连续	隔声	≤75
	泵类	连续	隔声、减振、柔性接头	≤80
	二氧化碳压缩机	连续	隔声、减振	≤80

6.3 污染治理技术案例

6.3.1 淀粉废水治理技术案例

6.3.1.1 厌氧 BYIC 处理工艺+二级 A/O 脱氮处理工艺+混凝沉淀

某淀粉企业设计废水处理规模 7000t/d，实际废水产生量 3000t/d，废水经处理后排入城镇污水处理厂，出水水质执行《淀粉工业水污染物排放标准》（GB 25461—2010）表 2 间接排放限值。

该企业废水处理工艺采用 BYIC 处理工艺+二级 A/O 脱氮处理工艺+混凝沉淀，废水处理工艺流程如图 6-40 所示。

主要工艺介绍如下所述。

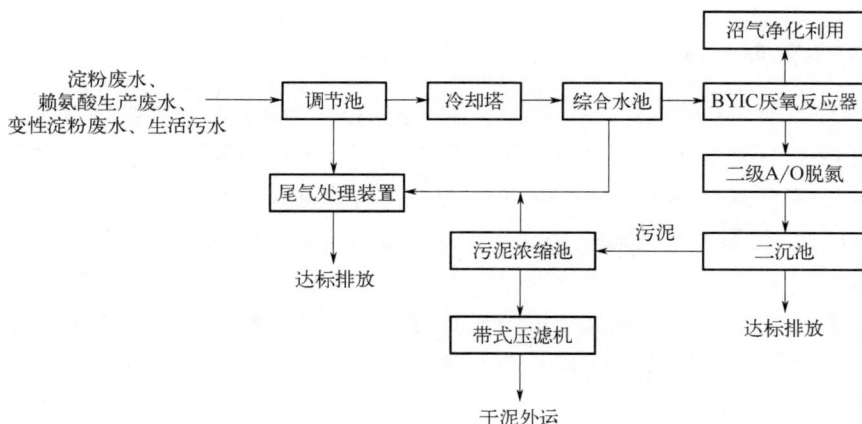

图 6-40　某玉米淀粉企业废水处理工艺流程

（1）废水预处理

由于废水温度高，并且 pH 值呈酸性或碱性，调节池内壁需设置防腐衬里层，池内设置潜水搅拌机，以混合水质并防止悬浮物沉积，潜水搅拌机采用耐高温 H 级防护，设备材质选用 304 不锈钢。调节池采用现浇钢砼结构顶板，并设置尾气收集系统。

（2）BYIC 厌氧反应器

BYIC 厌氧反应器高度可达 16～25m，高径比一般为 4～8，由混合区、膨胀颗粒污泥床区、精处理区、内循环系统和出水区 5 个基本部分组成。其中内循环系统是 BYIC 工艺的核心部分，由下层三相分离器、沼气提升管、气液分离器和泥水下降管组成。与升流式厌氧污泥床（UASB）、膨胀颗粒污泥床（EGSB）反应器的显著差别在于"BYIC 厌氧反应器特有的内循环结构"利用沼气膨胀做功，在无需外加能源的条件下实现了大量混合液内循环回流，强化了传质过程，大幅度提高了有机质的去除效率。

废水首先进入反应器底部的混合区，并与来自泥水下降管的内循环泥水混合液充分混合，然后进入膨胀颗粒污泥床进行 COD_{Cr} 的生化降解。此处的 COD_{Cr} 容积负荷很高，大部分 COD_{Cr} 在此处被降解，产生大量沼气，沼气由下层三相分离器收集。沼气气泡形成过程中对液体所做的膨胀功产生了气体提升作用，使得沼气、污泥和水的混合物沿沼气提升管上升至反应器顶部的气液分离器，沼气在该处与泥水分离并被导出处理系统。泥水混合物则沿着泥水下降管返回反应器底部的混合区，并与进水充分混合后进入污泥膨胀床区，形成所谓的内循环。根据不同的进水 COD_{Cr} 负荷和反应器的不同构造，内循环流量可达进水流量的 10～20 倍。经膨胀颗粒污泥床区处理后的污水除一部分参与内循环外，其余污水通过下层三相分离器后，进入精处理区的颗粒污泥床进行剩余 COD_{Cr} 降解与产沼气过程，提高和保证了出水水质。由于大部分 COD_{Cr} 已被降解，所以精处理区的 COD_{Cr} 负荷较低，产气量也较小。该处产生的沼气由上层三相分离器收集，通过集气管进入气液分离器并被导出处理系统。精处理后的废水经上层三相分离器后，上清液经出水区排出，颗粒污泥则返回精处理区污泥床。

（3）好氧处理工段

A/O 工艺系兼氧/好氧（anoxic/oxic）工艺的简写，即缺氧-好氧生物脱氮工艺，是在常规二级生化处理基础上发展起来的生物去碳除氮技术，也是目前采用较广泛的一种脱氮工艺。A/O 工艺充分利用缺氧生物和好氧生物的特点，使污水得到净化。

在 A/O 池生化系统内，氨氮主要通过微生物的同化作用以及硝化菌和反硝化菌的作用予以去除。

同化作用去除主要是通过微生物增殖过程中对氮的吸收，转化为微生物自体物质，然后通过排出剩余污泥的方式排出处理水之外。同化作用对氮的去除效果主要依运行条件和水质而定。

生物硝化、反硝化脱氮是在微生物的作用下，将有机氮和氨态氮转化为 N_2 和 N_xO 气体的过程。其中包括硝化和反硝化两个反应过程。

① 硝化反应：硝化反应是在好氧条件下，将 NH_4^+ 转化为 NO_2^- 和 NO_3^- 的过程。

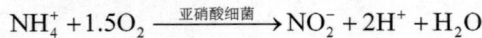

$$NH_4^+ + 1.5O_2 \xrightarrow{\text{亚硝酸细菌}} NO_2^- + 2H^+ + H_2O$$

$$2NO_2^- + O_2 \xrightarrow{\text{硝酸细菌}} 2NO_3^-$$

$$NH_4^+ \xrightarrow{-2e^-} NH_2OH(\text{羟胺}) \xrightarrow{-2e^-} NOH(\text{硝酰基}) \xrightarrow{-2e^-} NO_2^- \xrightarrow{-2e^-} NO_3^-$$

硝化细菌是化能自养菌，生长率低，对环境条件变化较为敏感，温度、溶解氧、污泥龄、pH 值、有机负荷等都会对它产生影响。

② 反硝化反应：反硝化反应是指在无氧条件下，反硝化菌将硝酸盐氮（NO_3^-）和亚硝酸盐氮（NO_2^-）还原为氮气的过程。

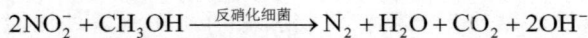

$$3NO_3^- + CH_3OH \xrightarrow{\text{反硝化细菌}} 3NO_2^- + 2H_2O + CO_2$$

$$2NO_2^- + CH_3OH \xrightarrow{\text{反硝化细菌}} N_2 + H_2O + CO_2 + 2OH^-$$

反硝化细菌属异养兼性厌氧菌，在有氧存在时，它会以 O_2 为电子受体进行呼吸；在无氧而有 NO_3^- 或 NO_2^- 存在时，则以 NO_3^- 或 NO_2^- 为电子受体，以有机碳为电子供体和营养源进行反硝化反应。在生化过程中，约 96% 的 NO_3^--N 经异化过程还原，4% 经同化过程合成微生物。

（4）混凝沉淀（化学除磷）

本工序要求废水中磷的排放指标为 0.5mg/L 以下，而好氧反应池进水磷含量为 50～80mg/L，由于硝化反应污泥龄较长，好氧处理系统对磷的去除率比较低，大部分磷需要通过在处理最终端投加药剂化学沉淀去除。

化学除磷是通过化学沉析过程完成的。化学沉析是指通过向污水中投加无机金属盐药剂，其与污水中溶解性的盐类，如磷酸盐混合后，形成颗粒状、非溶解性的物质，这一过程涉及的是所谓的相转移过程。如在混凝沉淀池反应区内投加石灰溶液，使水中的 Ca^{2+} 与 PO_4^{3-} 在碱性环境下形成难溶的羟基磷灰石沉淀，通过沉淀分离去除。

该项目废水处理各单元处理效果分析如表 6-42 所列。

表 6-42　废水处理各单元处理效果分析（一）

工艺段	项目	COD_Cr/（mg/L）	SS/（mg/L）	NH₃-N/（mg/L）	TP/（mg/L）
调节池+综合水池	进水	5400	1000	330	200
	出水	5400	1000	330	200
	去除率	—	—	—	
BYIC 厌氧反应器	进水	5400	1000	330	200
	出水	810	600	280	200
	去除率	85%	40%	15%	
二级 A/O 脱氮处理工艺	进水	810	600	280	200
	出水	81	90	5	200
	去除率	90%	85%	98.2%	
混凝沉淀（化学除磷）	进水	81	90	5	200
	出水	≤81	≤60	5	4
	去除率	0%	33%	0%	98%
系统出水浓度	—	81	60	5	4
排放标准	—	300	70	35	5

6.3.1.2　厌氧 EGSB+A/O 池

某淀粉糖生产企业废水包括生产废水、循环冷却水排水、反渗透系统浓水、反渗透浓水、地面冲洗水、设备冲洗水、生活废水等。该企业废水处理后排入城镇污水处理厂，执行间接排放标准。该企业现有处理能力 $3 \times 10^4 m^3/d$，处理工艺流程如图 6-41 所示。

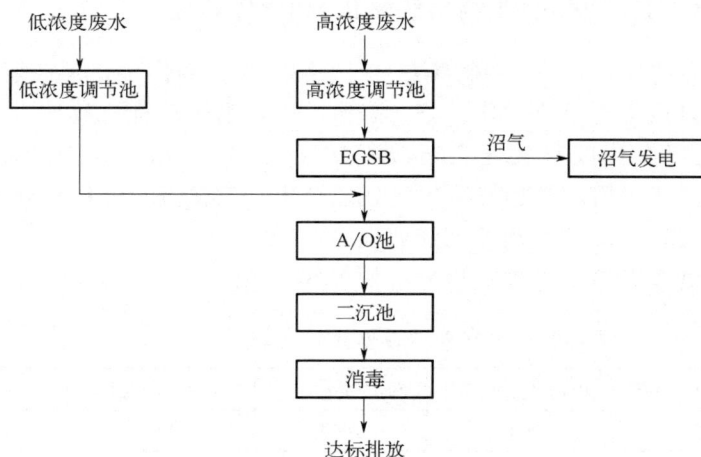

图 6-41　某淀粉糖生产企业废水处理工艺流程（一）

废水进入高效厌氧反应器进行厌氧消化，废水中大部分有机物被厌氧微生物所降解转化为沼气。厌氧出水流入 A/O 系统，在 A/O 系统内剩余有机物被好氧微生物氧化为二氧化碳和水，氨氮首先在 O 池被转化为硝酸氮和亚硝酸氮，再通过回流 A 池被还原为氮气，从而使氨氮和总氮得到去除。A/O 池出水进入二沉池经泥水分离后达标排放。沉淀污泥绝大部分回流至 A/O 池，剩余污泥排入储泥池进行脱水，每天有 50m³ 污泥代替化肥，用于万亩农业生态示范园作为有机肥料使用，涵养土地，实现绿色种植。

该项目废水处理各单元处理效果分析如表 6-43 所列。

表 6-43　废水处理各单元处理效果分析（二）

工艺段	项目	COD$_{Cr}$	SS	NH$_3$-N
调节池+综合水池	进水/（mg/L）	6000	1200	300
	出水/（mg/L）	6000	1200	300
	去除率/%	—	—	—
EGSB 厌氧反应器	进水/（mg/L）	6000	1200	300
	出水/（mg/L）	900	600	255
	去除率/%	85	50	15
A/O 脱氮处理工艺	进水/（mg/L）	900	600	255
	出水/（mg/L）	90	90	3.8
	去除率/%	90	85	98.5
二沉池	进水/（mg/L）	90	90	3.8
	出水/（mg/L）	≤90	≤60	3.8
	去除率/%	0	33	0
系统出水浓度/(mg/L)		—	90	60	3.8
GB 25461 表 2 间接排放标准/(mg/L)		—	300	70	35

6.3.1.3　内循环（IC）厌氧+生物接触氧化+化学除磷法

IC 厌氧+生物接触氧化+化学除磷法工艺处理玉米淀粉废水，反应器容积负荷较高，处理能力较大，且废水有机物生化性好，总氮、氨氮易于达标排放。

某淀粉糖生产企业废水处理工艺流程如图 6-42 所示。该企业废水处理能力为 3900m³/d，处理工艺采用厌氧加好氧生物处理技术，工艺过程包括预处理、厌氧处理、生物脱氮及好氧处理、除磷处理及气浮处理等。

该项目废水处理各单元处理效果分析如表 6-44 所列。

表 6-44　废水处理各单元处理效果分析（三）

项目	COD$_{Cr}$/（mg/L）	BOD$_5$/（mg/L）	SS/（mg/L）	NH$_3$-N/（mg/L）	TP/（mg/L）
进水水质	10000	6000	1000	50	40
去除率	≥99%	>99%	≥98%	>80%	95%

利用该工艺，日处理淀粉废水 3900t，总投资 4000 万元，直接运行费用为 7.7 元/t 废水。

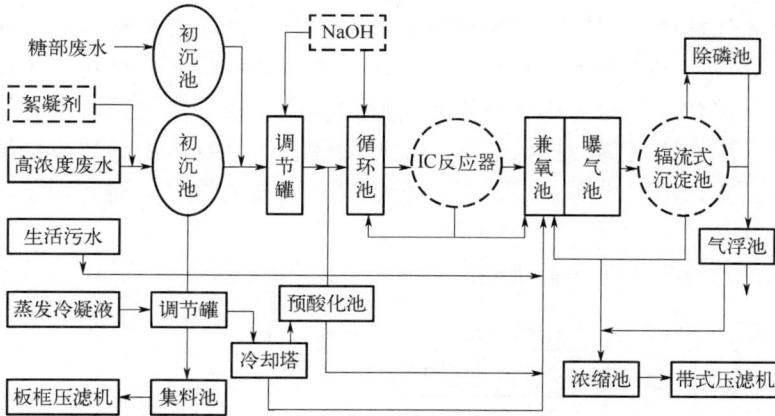

图 6-42   某淀粉糖生产企业废水处理工艺流程（二）

6.3.2   制糖废水治理技术案例

6.3.2.1   甘蔗糖厂废水治理工程案例

某甘蔗糖厂末端废水属于中低浓度有机废水，水量水质波动大，$BOD_5/COD_{Cr} \geqslant 0.45$，可生化性好，按其性质和污染程度主要分为两类。

① 低浓度废水：包括压榨轴承、煮糖冷凝器及汽轮机的循环冷却废水。这部分水量较大、连续排放，占废水总量的 65%～75%，其水质成分为 COD_{Cr} 在 50mg/L 以下（含微量糖分），SS 在 30mg/L 左右。

② 中浓度废水：包括各车间的洗罐、洗机及地板冲洗水等。这类废水含糖、悬浮物和少量机油，COD_{Cr} 和 SS 达每升几百到几千毫克，排放量较少、间歇排放，占废水总量的 20%～30%。这两类废水主要水质如表 6-45 所列。

表 6-45   末端废水水质

废水名称	BOD_5/（mg/L）	COD_{Cr}/（mg/L）	SS/（mg/L）
循环冷却废水	30	40	30
洗机、洗罐、地板冲洗水	1000	2500	4500
其他排水	20	20	40

该厂末端废水治理工程设计处理水量为 7920m³/d（即 330m³/h），其中沉淀池及污泥系统按 450m³/h 规模设计。出水水质按《甘蔗制糖工业水污染物排放标准》（DB45/ 893 — 2013）中的新建企业排放限值。项目的设计进水、出水水质如表 6-46 所列。

表 6-46   设计进出水水质

项目	BOD_5/（mg/L）	COD_{Cr}/（mg/L）	SS/（mg/L）	pH 值	温度/℃
进水	＜400	＜800	＜200	6～9	＜38
出水	≤18	≤60	≤25	6～9	＜38

该厂选择氧化沟活性污泥工艺处理制糖废水。氧化沟作为一种改良型的活性污泥反应器，是生化处理的核心工段，具有完全混流和推流的特征，有机物、污泥和氧气能够在反应器内充分混合，而且大比例的回流能够稀释高浓度进水，短时间内耐负荷冲击能力大，适应糖厂废水黏度高、排放具有一定波动性、污染物浓度突然成倍增加的特点，而且处理效果稳定，出水水质、污泥沉降性、泥水分离效果好，同时调试及操作管理简单，运行费用低。

废水处理工艺流程如图 6-43 所示。

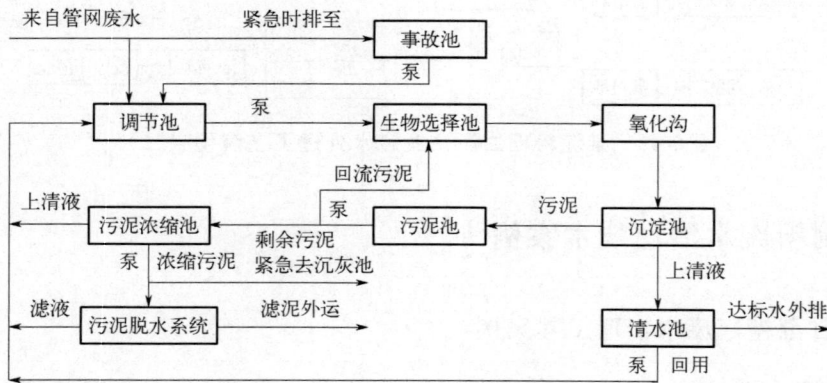

图 6-43　废水处理工艺流程

① 废水先进入调节池均衡水量与水质。当水量和水质出现较大的波动时，多余的废水溢流进入事故池中贮存；待糖厂生产正常以后，逐步将事故池中的废水少量多次地提升至调节池中。

② 接着，废水进入生物选择池，通过投加碱液进行 pH 值调节；通过投加氮肥和磷肥维持废水中的 C：N：P 为 100：5：1，使废水组成处于最适合微生物降解的组成范围以内，可以大大地提高后续氧化沟内微生物的降解效率。同时，废水与从污泥池回流的活性污泥在此相互混合接触均匀，实现回流微生物的淘劣选优培养和驯化，有效克服污泥膨胀，提高生物系统运行的稳定性。

③ 从生物选择池出来的废水进入氧化沟，对有机污染物进行好氧生化处理，从而达到去除污染物的目的；污泥和水在氧化沟内完全混合，并且高速循环流动，具有了较大的回流比，具备了抗较强抗冲击负荷的能力，处理效果稳定，操作管理简单。

④ 从氧化沟出来的废水进入沉淀池进行泥水分离，分离出来的上清液即为达标废水，可直接排放；沉淀下来的含水污泥则大部分回流至生物选择池，剩余污泥进入污泥浓缩池，再经污泥脱水系统处理后外运填埋处理。污泥浓缩池的上清液和脱水系统的滤液返回调节池。

该企业废水处理系统主要工序介绍如下所述。

① 事故池：有效容积 V=2500m³，水力停留时间 HRT=7.5h。高浓度废水经 2 台事故水泵（单台 Q=100m³/h，H=12.5m）少量多次地输送至调节池。

② 调节池：有效容积 V=1300m³，水力停留时间 HRT=3.9h。设置 1 台潜水搅拌机

对废水进行混合搅拌；废水通过 2 台污水泵（单台 Q=360m³/h，H=8.5m）输送至生物选择池。

③　生物选择池：有效容积 V=345m³，水力停留时间 HRT=1.0h。设置 2 台潜水搅拌机对废水进行混合搅拌；设置 1 台碱液罐和 1 台营养盐罐，重力投加；废水通过溢流进入氧化沟。

④　氧化沟：曝气池形式采用单沟环形循环曝气池，平面尺寸 $L×B$=20m×66m，有效水深 4.5m，两端为半圆，减少水阻力，便于流动；有效容积 V=5553m³，水力停留时间 HRT=16.8h。水面设置 12 台推流式充气搅拌表曝机，单台充氧量 41.2kg O_2/h。

⑤　沉淀池：采用传统的中心进水周边出水的辐流式沉淀池，水力负荷 q=0.848m³/（m²·h），直径 26m，池边水深 3.5m；有效容积 V=1577m³，水力停留时间 HRT=3.5h。设置 1 台全桥式周边传动刮泥机。

⑥　清水池：设置 2 台清洗水泵，供带式浓缩压滤一体机清洗使用。

⑦　污泥池：设置 2 台污泥泵（单台 Q=360m³/h，H=8.5m），将污泥回流至生物选择池和将剩余污泥输送至污泥浓缩池。

⑧　污泥浓缩池：采用辐流式沉淀池形式，按连续进泥设计，固体负荷 32.39kg/（m²·d），直径 8m，有效容积 V=201m³，水力停留时间 HRT=14.8h。设置 1 台悬挂式中心传动污泥浓缩机。

⑨　设备用房：采用合建式，包括化验室、配电房、污泥脱水机房、工具间及污泥临时堆场。内设 1 套污泥脱水设备（包括带式浓缩压滤一体机、剩余污泥泵、自动投药溶解装置、螺杆加药泵、空压机、皮带输送机等），干固体处理能力 0.25t/h。

"投入菌种→闷曝培养→连续递增进水驯化→达到设计量进水运行"等工程启动调试运行结果显示，在甘蔗糖厂生产正常、无严重跑糖的情况下，出水水质稳定，COD_{Cr} 值保持 20～40mg/L，BOD_5 值基本保持 10mg/L 以下，达到《甘蔗制糖工业水污染物排放标准》（DB 45/ 893—2013）中的排放标准。运行成本较低，吨水成本为 0.3～0.5 元。经处理后的达标水可回用作为循环冷却水补充水、锅炉冲灰水、道路冲洗水、污泥压滤机冲洗水等，能减少新鲜水补充量，节约水资源。

6.3.2.2　甜菜糖厂废水治理工程案例

某甜菜制糖厂的废水来源主要是甜菜加工生产蔗糖过程中产生的制糖废水和糖蜜酒精废水。该糖厂的制糖废水水量为 4000t/d，主要包括流送洗涤水、压粕水、滤泥水、冷凝冷却水、洗滤布水等，为中、低浓度废水。由于甜菜的季节性生产，制糖废水的产生也是季节性的。糖蜜酒精废水水量为 500t/d，为高浓度有机废水。其原水水质如表 6-47 所列。

表 6-47　原水水质　　　　　　　　　　　　　　　　单位：mg/L

项目	COD_{Cr}	BOD_5	SS	NH_3-N	TN	TP	pH 值（无量纲）
平均值	43600	51600	4000	400	640	4200	4.5～6.0

该厂制糖废水治理工程的设计处理能力为 167m³/h，平均日处理量为 4000m³/d。处

理后出水水质达到《制糖工业水污染物排放标准》（GB 21909—2008）、《发酵酒精和白酒工业水污染物排放标准》（GB 27631—2011）相关要求。滤池出水浊度为 0.8NTU，pH 值为 8.0，淤泥密度指数（SDI）≤5，总碱度 226mg/L，Ca^{2+} 和 SO_4^{2-} 的质量浓度分别为 189mg/L 和 173mg/L，水质符合循环流洗系统补充水的水质要求。出水水质指标如表 6-48 所列。

表 6-48　出水水质指标

项目	COD_{Cr} /（mg/L）	BOD_5 /（mg/L）	SS /（mg/L）	NH₃-N /（mg/L）	TN /（mg/L）	TP /（mg/L）	pH 值	色度 （稀释倍数）
外排水质均值	≤400	≤80	≤140	30	50	3.0	6-9	80
滤池水质均值	150	60	0	0.749	0.665	1.82	8	—

　　该企业采用"缺氧+好氧（生物接触氧化）+沉淀+过滤+消毒"的处理工艺。废水先经机械格栅除去污水中的较大悬浮物质，再进入缺氧反应池（反硝化），后进入接触氧化池（去除 COD_{Cr} 及硝化），然后经过高效沉淀池出水，出水再经高效纤维束过滤器、脱色剂脱色和 ClO₂ 消毒后可达到设计水质，出水可作为流洗原水、绿化用水、道路喷洒等。

　　制糖废水处理工艺流程如图 6-44 所示。

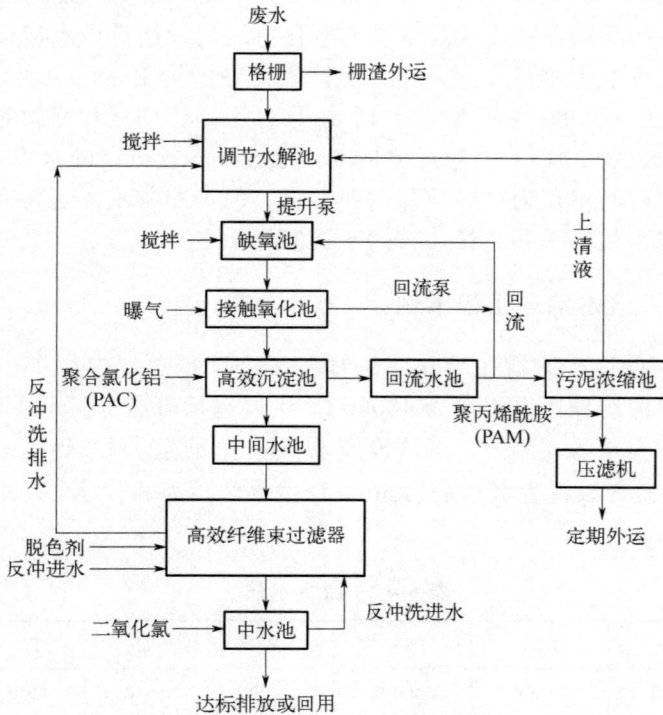

图 6-44　制糖废水处理工艺流程

（1）废水预处理段

采用"机械格栅+初沉+调节"工艺，主要功能是实现固液分离。由于废水中含有大量悬浮性物质，极易堵塞后续泵体和管道，故首先采用机械格栅将废水中大尺寸菜叶等漂浮污物拦截，再利用初沉、调节池将细小泥沙等悬浮物沉淀下来。由于废水不连续排放，故设置调节水解池对废水的水量、水质进行均衡调节，避免对后续生物处理造成较大冲击。经过调节后废水由污水泵打至后续生物处理单元。

（2）废水生物处理段

① 缺氧池：缺氧反应池作为"脱氮"的主体操作单元，由池体、搅拌系统、出水系统三部分组成，在兼氧环境下培养大量的反硝化菌等微生物。由调节水解池提升的污水以及回流的硝化液和污泥进入缺氧池，在潜水搅拌机的机械搅拌作用下，迅速混合均匀。在运行中污水与微生物充分接触，水中的污染物作为营养物被池内微生物大量吸附、吸收和转化，从而净化了污水。同时硝化液中的硝态氮在反硝化菌的作用下发生"反硝化"作用，形成氮气等脱离水体。

② 接触氧化池：生物接触氧化池作为本工艺的主体操作单元，由池体、填料和布气系统三部分组成。缺氧反应池出水进入生物接触氧化池与填料接触，微生物附着在填料上，水中的有机物被微生物吸附、氧化分解并部分转化为新的生物膜，污水得到净化。该工艺在填料下直接布气，生物膜直接受到气流的搅动，加速了生物膜的更新，使其经常保持较高的活性，而且能够克服堵塞现象。

该工艺处理能力大，处理时间短，COD_{Cr} 容积负荷可达 $1.0\sim2.5kgCOD_{Cr}/(m^3\cdot d)$，$COD_{Cr}$ 去除率为 $70\%\sim90\%$，污泥生成量少，污泥产率为 0.2～0.4kg 干污泥/1kg COD_{Cr} 去除，运行中不会产生污泥膨胀，无需污泥回流，能够保证水质的稳定。

（3）深化处理段

深化处理段二沉池采用"斜板沉淀"工艺，因深度固液分离的污水中细小悬浮物较多，故在二沉池中设置高效斜板填料，可以充分降低水中的悬浮物含量，提高沉淀效率，缩短沉淀时间。斜板沉淀池采用向上流斜板沉淀，当污水自池底向上流经斜板时，污泥顺斜板滑落下来，通过污泥回流系统返回至系统前端以保证微生物浓度，剩余部分污泥排入污泥浓缩池。经固液分离后上层澄清水达标排放。

（4）污泥处理段

缺氧池、接触氧化池、高效沉淀池产生的污泥均进入污泥浓缩池，自然浓缩后，由污泥泵定期抽吸为当地农户堆肥使用，实现污泥资源化处理，避免"二次污染"的同时变废为宝。

该厂适当扩大调节水解池的容积并增设刮泥排泥系统，适应了水质变化大的特点，能够保证后续工艺的正常稳定运行。将水处理构筑物加以封闭至室内，加强其室内保温及通风设计，能够使糖厂水处理系统在冬季正常稳定运行。

主要构筑物设计参数如表 6-49 所列。

表 6-49　主要构筑物设计参数

构筑物	尺寸/（m×m×m）	总容积/m³	HRT/h	数量/座	结构
调节池	40.0×8.0×5.0	1600	1.6	1	钢筋混凝土
初沉池	20.0×3.5×5.0	350	0.3	1	钢筋混凝土
好氧微生物反应池	16.0×2.7×5.0	216	0.2	1	钢筋混凝土
厌氧微生物反应池	16.0×6.5×5.0	520	1	1	钢筋混凝土
二沉池	6.0×4.0×5.0	120	1	1	钢筋混凝土
污泥浓缩池	4.0×4.5×5.0	90	0.4	1	钢筋混凝土
鼓风机房、电控室	6.0×7.0×3.0	126	—	1	砖混

主要设备参数如表 6-50 所列。

表 6-50　主要设备参数

设备名称	型号	参数	数量	备注
机械细格栅	GF-500 栅隙 3mm	—	1 台	—
初沉池导流配水系统	DL-350	—	1 套	—
废水提升泵	50WQ10-10-0.75	—	2 台	1 用 1 备
潜水搅拌机	QJB1.5/6-260/3-960/C	1.5kW	2 台	1 用 1 备
潜水式曝气机	QXB15	200m³/h，N=15kW	2 台	1 用 1 备
罗茨鼓风机	Q=5.56m³/min，N=7.5kW	Q=13.5m³/min，H=49kPa	2 台	1 用 1 备
二沉池斜板填料	Φ80	—	12m²	
斜板填料支架	ZJ-80	—	1 套	
污泥回流系统		回流量：10m³/h	2 套	1 用 1 备
污泥泵	G25-1	Q=2m³/h	1 台	—
污泥加药系统	JY-Ⅲ-600	N=0.55kW	1 套	
厢式压滤机	XMYJ8/630-U	N=1.5kW	1 台	
液位控制器	—	测量范围 0～5m	2 套	1 用 1 备
电控系统	DK-1		1 套	
溶药、加药装置	V=1.0m³		2 套	1 用 1 备
仪表、电缆及附件	多规格		1 套	
管道、阀门	DN50-DN200	—	1 套	

该糖厂污水处理站定员 4 人，平均月工资 3000 元/人，人工成本为 0.14 元/t。运行成本及效益分析如表 6-51 所列。

表 6-51　运行成本及效益分析

流量/（m³/h）	运行功率/kW	电费/（元/h）	药剂用量/kg	药剂费用/（元/h）	费用合计/（元/h）	运行成本/（元/t）
167	150	75	PAC 10，PAM 0.2	130	205	1.23

6.3.3　淀粉糖生产废水臭气治理技术案例

某淀粉糖企业以玉米淀粉为原料，生产果葡糖浆、葡萄糖浆、啤酒用糖浆、麦芽糖、低聚异麦芽糖等产品。废水处理采用厌氧好氧工艺。废水处理工序产生硫化氢、氨气等物质。硫化氢为 $200\sim500\text{mg/m}^3$，氨气为 $30\sim100\text{mg/m}^3$，臭气浓度为 $50000\sim100000$。废气排放执行《恶臭污染物排放标准》（GB 14554—1993）中 15m 烟囱有组织排放标准，即排放速率硫化氢 $\leq0.33\text{kg/h}$，氨气 $\leq4.9\text{kg/h}$，臭气浓度 ≤2000。

废气处理采用碱洗+生物滤池工艺，在减少用地的同时适当降低运行药剂成本。恶臭气体处理工艺流程如图 6-45 所示。

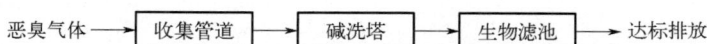

恶臭气体 ⟶ 收集管道 ⟶ 碱洗塔 ⟶ 生物滤池 ⟶ 达标排放

图 6-45　恶臭气体处理工艺流程

工艺描述如下所述。

① 碱洗塔：采用逆流式碱洗塔，主要包括喷淋塔体、循环水箱、聚丙烯（PP）填料、循环喷淋系统。利用水汽逆向接触，使废气中的污染物质被循环喷淋液捕捉，从而达到去除效果。

② 生物滤池：去除污染物的主要设备，由预洗段和生物段组成，并配有喷淋系统。生物滤池预洗段停留时间为 2s，生物段停留时间为 25s。预洗段填料采用多面空心球，生物段填料采用有机、无机混合填料，气体均自下而上逆流通过填料层。喷淋系统包括预洗段循环喷淋和生物段加湿喷淋。

经检测，该系统除臭效果满足设计要求，硫化氢、氨气和臭气浓度的去除效率分别达到 99%、99% 和 98% 以上。各项指标出口排放速率均满足设计要求。除臭系统检测结果如表 6-52 所列。

表 6-52　除臭系统检测结果

项目	硫化氢/（mg/m³）	氨气/（mg/m³）	臭气浓度
进气	444.93	76.02	74954
出气	0.17	0.73	977

第 7 章
排污许可和其他环境管理制度的衔接

7.1 总体思路

污染源的管理涉及许多流程，如环评审批、竣工验收、排污权交易、环境税以及相关行政审批流程。排污许可"一证式"管理模式的推行，整合相关环境管理制度，对污染源进行综合式管理，避免了排污单位在申请过程中由于核发主体不统一而产生的重复和分歧，极大缩短了审批时间，提高了行政效率，更有助于健全和完善排污许可后续监管机制，加强对污染源排放污染物的管理。

《国务院办公厅关于印发〈控制污染物排放许可制实施方案〉的通知》（国办发〔2016〕81 号）提出：排污许可制衔接环境影响评价管理制度，融合总量控制制度，为排污收费、环境统计、排污权交易等工作提供统一的污染物排放数据，减少重复申报，减轻企事业单位负担，提高管理效能。

各地也积极开展排污许可与其他环境管理制度的衔接工作。如《山东省生态环境厅关于落实〈排污许可管理条例〉的实施意见（试行）》（鲁环字〔2021〕92 号）提出：衔接环境管理制度。将生态环境管理要求通过排污许可证落实到排污单位。扣紧环评、排污许可与生态环境执法三个管理环节，建立健全数据移交与问题反馈工作机制。开展"三监"联动（即监管、监测、监督）基础性工作，发挥监测、执法"管落实"作用。

如《云南省贯彻〈排污许可管理条例〉实施细则》（云环规〔2021〕1 号）提出：实施新建、改建、扩建和技术改造的排污单位，应当将环境影响评价文件及其批准文件中与废水、废气污染物产生及排放、碳排放、固体废物污染防治等相关的工程措施、管理措施和运行要求纳入排污许可证。依法开展环境影响后评价的排污单位，应当将排污许可证执行情况作为环境影响后评价的重要依据。环境影响后评价中与废水、废气污染物产生及排放、碳排放、固体废物污染防治等相关的工程措施、管理措施和运行要求应当纳入排污许可证。

7.2　排污许可与环境影响评价制度的衔接

7.2.1　相关管理要求

《国务院办公厅关于印发〈控制污染物排放许可制实施方案〉的通知》（国办发〔2016〕81 号）提出：有机衔接环境影响评价制度。环境影响评价制度是建设项目的环境准入门槛，排污许可制是企事业单位生产运营期排污的法律依据，必须做好充分衔接，实现从污染预防到污染治理和排放控制的全过程监管。新建项目必须在发生实际排污行为之前申领排污许可证，环境影响评价文件及批复中与污染物排放相关的主要内容应当纳入排污许可证，其排污许可证执行情况应作为环境影响后评价的重要依据。

《关于印发〈"十三五"环境影响评价改革实施方案〉的通知》（环环评〔2016〕95 号）提出：建立环评、"三同时"和排污许可衔接的管理机制。对建设项目环评文件及其批复中污染物排放控制有关要求，在排污许可证中载明。将企业落实"三同时"作为申领排污许可证的前提。

《关于做好环境影响评价制度与排污许可制衔接相关工作的通知》（环办环评〔2017〕84 号）提出两项制度衔接相关要求，如：在排污许可管理中，严格按照环境影响报告书（表）以及审批文件要求核发排污许可证，维护环境影响评价的有效性。做好《建设项目环境影响评价分类管理名录》和《固定污染源排污许可分类管理名录》的衔接，按照建设项目对环境的影响程度、污染物产生量和排放量，实行统一分类管理。

7.2.2　衔接对策建议

环评制度是新、改、扩建项目的准入门槛，重在事前预防，是新污染源的"准生证"。其内容包括对项目实施后排污行为的环境影响预测评价、环境风险防范以及新建项目选址布局等，也包括项目建设期的"三同时"管理，同时为排污许可提供了污染物排放清单。排污许可重在事中事后监管，是载明排污单位污染物排放及控制有关信息的"身份证"，两者相辅相成，密不可分，是对建设项目全生命周期环境管理的有效手段。从范围来看，排污许可主要针对固定污染源，而环评还包括生态影响类项目，范围更广；从功能定位来看，环评是预测性的决策辅助工具，其功能主要是为利益相关者决策提供支持，其评价范围不仅包括环境影响、生态影响，还包括与之相关的社会影响，而排污许可则聚焦到项目运行期具体的环境管理要求，特别是污染物的排放限值，是法律文书。总的来说，环评为排污许可管理提供了框架和条件，是排污许可管理的前提和基础，环评与排污许可的衔接是排污许可制改革的重要内容。在实际管理工作中，提出建议如下。

① 统一技术标准体系。要加强两项制度技术规范体系的统一，实现环评源强核算与排污许可实际排放量核算的统一，提高环境影响评价与排污许可精细化管理能力，建立污染源排放清单和污染防治最佳可行技术名录等，加强环评与排污许可这两项制度的衔接。

② 构建联动管理机制。项目建设前，相关管理部门应加强建设项目的环境影响评价，把好建设许可"门槛"。发放排污许可证要将环境影响评价报告以及审批文件作为填报依据，在建设项目发生实际排污行为之前，排污单位应按照国家环境保护相关法律以及排污许可证申请与核发技术规范等要求申请排污许可证，实现排污许可证的"一证式"管理，加强排污单位事中事后监管，企业自证守法。

③ 积极引导排污单位自觉守法。对于清理整顿"未批先建"，需要履行环境影响审批、备案程序的建设项目，可按照"先发证再到位"的原则，排污单位提出整改承诺，生态环境部门应限期其整改。此类"未批先建"排污单位在整改期限内取得环境影响评价文件的，申请变更排污许可证，管理部门要给排污单位改过自新的机会和时限，对排污单位起到指导帮扶的作用，积极引导排污单位自觉守法。对于不需要履行环境影响审批、备案程序的建设项目，通过直接核发排污许可证纳入排污许可管理或豁免排污许可管理，实现环评与排污许可制度在管理程序上的无缝衔接。同时两项制度彼此磨合，良性推行新制度执行。

7.3　排污许可与总量控制制度的衔接

污染物排放总量控制制度对污染物的减排及产业结构调整起到了积极的作用。但通过行政区域分解污染物排放的总量指标，缺乏相应的监管。排污许可制度的改革代替了区域总量控制制度，将总量控制的责任主体回归排污单位，建立自下而上的总量控制制度，自此排污单位对其排放行为负责，政府对其辖区环境质量负责，二者相辅相成。

以排污许可证为载体有利于污染物总量控制的实施，合理确定污染物许可排放量有利于控制每一个企业的污染物排放总量。在实际排污许可证的发放过程中，多数行业规范许可的是企业主要排放口排放量，无法与环评中的总量确认指标顺利衔接，带来监管漏洞。将企业废气一般排放口和无组织排放量统计在年度许可排放量中，用排污许可规范统一核算总量指标、许可排放量和减排总量，能更好地衔接污染物总量控制与排污许可。总量确认指标可直接变更到许可排放量中，总量减排任务可落实到每个企业的排污许可证中，定位到每个排污环节，从而使污染物排放量做到可监测、减排量可核查，总量控制能够更好地服务于环境质量改善。

7.4　排污许可与环境保护税的衔接

我国于 2018 年 1 月 1 日起实施的《中华人民共和国环境保护税法》（以下简称

《环境保护税法》），其总体考量建立在"税负平移"原则的基础之上，力图实现环境治理过程中"费"改"税"的平稳过渡。为保证《环境保护税法》的顺利实施，我国制定了《中华人民共和国环境保护税法实施条例》（以下简称《实施条例》），该条例对伪造环境监测数据、违反排污许可排放污染物以及虚假申报等五种行为的处理做了规定，要求排污企业将其当期应税大气污染物、水污染物的产生量作为排放量计算。这些规定会导致排污企业税负提升，加大对污染治理的力度，对环境的检测数据质量等要求也随之提高。《环境保护税法》中还规定了免税情形，例如，纳税人综合利用的固体废物，符合国家和地方环境保护标准则可以免征环境保护税；还规定了减税情形，例如，低于国家和地方规定的污染物排放标准 30%的可以按照75%征收环境保护税等。这些条款中的标准是我国对企业实行的排污许可证中的相关标准。由此可见，环境保护税的征收与排污许可证的关系密不可分。

　　排污许可管理与环境保护税的征税客体一致，《排污许可管理条例》中规定了排放污染物的范围是点源污染，也就是包含了水污染物、大气污染物、工业固体废物等。《排污许可管理条例》作为环境保护税中有关减免税收的基础性法律文件，也与《环境保护税法》一样规定了对排放污染物分类管理的模式，依据污染物的产生量、排放量以及危害程度的大小分成了重点管理、简化管理和许可登记管理，排污许可证的副本内容对排放口数量、位置、方向等进行了规定。企业排污许可标准的制定要依靠环境影响评价文件的主要内容。《排污许可管理条例》从污染物种类、许可排放浓度、排放量等点源污染物具体方面也做出了明确规定，许可排放浓度是按照国家、地方的污染物排放标准确定的。审核企业排放污染物的浓度时，如果制定的标准比国家标准更高，则需要在副本中加以说明。有关污染物的排放量许可，是按照规定期限内的许可排放量，以及特殊时期的许可排放量来进行审核。技术标准以及排污许可证申请等方面的监管主体是生态环境部。在对许可排放污染物的审查上，审查主体为生态环境主管部门，根据排污许可证申请核发的规范内容、标准、环评文件、总量控制指标（包含重点污染物排放源），对企业的许可排放进行严格把关。因此，排污许可的内容与环境保护税的征收密切相关，对于按照国家许可排放标准排放的污染物不征税，只是对不在许可范围内的排放污染物征税，将两者的数据进行关联也是衔接两个制度最重要的桥梁。

　　随着排污许可制改革的持续推进和《环境保护税法》的施行，排污许可证后管理正在逐步走向正轨，管理理念逐渐深入人心，环境质量得到持续改善，排污单位环保责任主体和企业税收责任主体日趋显现。通过"费改税"的平稳过渡和建立环境保护税征收协作机制，有效形成生态环境"税"与"证"的有机衔接，经济发展与环境保护共生共促逐渐呈现。

　　《环境保护税法》对落实排污许可制改革和主要污染物排放总量控制制度起到了至关重要的作用。《环境保护税法》实施以来，通过"多排多征、少排少征、不排不征"的税制设计，引导排污单位加大治理力度，加快转型升级，减少污染物排放；鼓励排污单位清洁生产、集中处理、循环利用，减少环境污染和生态破坏，其促进污染减排的导向效果初步显现。

在实现排污许可"全覆盖"后，税务部门按照排污许可证上的年许可排放限值（总量指标）预征环境保护税，生态环境部门分别对排污许可证年度执行情况进行核算与评估，税务部门依照核算与评估结果实施税款抵扣、补缴、加征，促使企业按证排污、诚信纳税逐渐成为自觉。

7.5　排污许可与排污权交易制度的衔接

排污权是政府允许排污单位向环境排放污染物的种类和数量，是排污单位对环境容量资源的使用权。

排污许可证是排污权的确认凭证，但不能简单以许可排放量和实际排放量的差值作为可交易的量，企业通过技术进步、深度治理，实际减少的单位产品排放量，方可按规定在市场交易出售。此外，实施排污权交易还应充分考虑环境质量改善的需求，要确保排污权交易不会导致环境质量恶化。排污许可证是排污交易的管理载体，企业进行排污权交易的量、来源和去向均应在排污许可证中载明，生态环境部门将按排污权交易后的排放量进行监管执法。

7.6　排污许可与自主验收的衔接

依据《建设项目竣工环境保护验收暂行办法》第六条规定，需要对建设项目配套建设的环境保护设施进行调试的，建设单位应当确保调试期间污染物排放符合国家和地方有关污染物排放标准和排污许可等相关管理规定。环境保护设施未与主体工程同时建成的，或者应当取得排污许可证但未取得的，建设单位不得对该建设项目环境保护设施进行调试。第十四条规定，纳入排污许可管理的建设项目，排污单位应当在项目产生实际污染物排放之前，按照国家排污许可有关管理规定要求，申请排污许可证，不得无证排污或不按证排污。建设项目验收报告中与污染物排放相关的主要内容应当纳入该项目验收完成当年排污许可证执行年报。因此，必须申领排污许可证后方可进行调试、竣工环保验收监测及自主验收程序。

建设项目水、大气、固体废物污染物环境保护设施由建设单位自行开展验收。

建设项目在投入生产或者使用之前，其环境噪声污染防治设施必须按照国家规定的标准和程序进行验收；达不到国家规定要求的，该建设项目不得投入生产或者使用。

附　录

附录1
淀粉和制糖行业排污许可
管理部分参考政策及标准

1.1　国家标准

《危险废物鉴别标准　浸出毒性鉴别》（GB 5085.3—2007）

《危险废物鉴别标准　毒性物质含量鉴别》（GB 5085.6—2007）

《危险废物鉴别标准　通则》（GB 5085.7—2019）

《水质　pH值的测定　玻璃电极法》（GB 6920—1986）

《污水综合排放标准》（GB 8978—1996）

《工业炉窑大气污染物排放标准》（GB 9078—1996）

《水质　悬浮物的测定　重量法》（GB 11901—1989）

《工业企业厂界环境噪声排放标准》（GB 12348—2008）

《锅炉大气污染物排放标准》（GB 13271—2014）

《恶臭污染物排放标准》（GB 14554—1993）

《环境保护图形标志　排放口（源）》（GB 15562.1—1995）

《环境保护图形标志　固体废物贮存（处置）场》（GB 15562.2—1995）

《大气污染物综合排放标准》（GB 16297—1996）

《危险废物贮存污染控制标准》（GB 18597—2023）

《一般工业固体废物贮存和填埋污染控制标准》（GB 18599—2020）

《淀粉工业水污染物排放标准》（GB 25461—2010）

《制糖工业水污染物排放标准》（GB 21909—2008）

《固体废物鉴别标准　通则》（GB 34330—2017）

《节水型企业评价导则》（GB/T 7119—2018）

《水质　总磷的测定　钼酸铵分光光度法》（GB/T 11893—1989）

《水质　悬浮物的测定　重量法》（GB/T 11901—1989）

《取水定额　第 22 部分：淀粉糖制造》（GB/T 18916.22—2016）

《取水定额　第 53 部分：食糖》（GB/T 18916.53—2021）

《环境管理体系　要求及使用指南》（GB/T 24001—2016）

《产品生态设计通则》（GB/T 24256—2009）

《污水排入城镇下水道水质标准》（GB/T 31962—2015）

《工业固体废物综合利用技术评价导则》（GB/T 32326—2015）

《绿色制造　制造企业绿色供应链管理　导则》（GB/T 33635—2017）

《一般固体废物分类与代码》（GB/T 39198—2020）

《农业废弃物资源化利用　农产品加工废弃物再生利用》（GB/T 42546—2023）

1.2　行业标准

《建设项目环境影响评价技术导则　总纲》（HJ 2.1—2016）

《环境影响评价技术导则　大气环境》（HJ 2.2—2018）

《环境影响评价技术导则　地表水环境》（HJ 2.3—2018）

《固定污染源排气中氯化氢的测定　硫氰酸汞分光光度法》（HJ/T 27—1999）

《固定污染源排气中酚类化合物的测定　4-氨基安替比林分光光度法》（HJ/T 32—1999）

《固定污染源废气　总烃、甲烷和非甲烷总烃的测定　气相色谱法》（HJ 38—2017）

《固定污染源排气中氮氧化物的测定　紫外分光光度法》（HJ/T 42—1999）

《固定污染源排气中氮氧化物的测定　盐酸萘乙二胺分光光度法》（HJ/T 43—1999）

《大气污染物无组织排放监测技术导则》（HJ/T 55—2000）

《固定污染源废气　二氧化硫的测定　定电位电解法》（HJ 57—2017）

《大气固定污染源　锡的测定　石墨炉原子吸收分光光度法》（HJ/T 65—2001）

《大气固定污染源　氟化物的测定　离子选择电极法》（HJ/T 67—2001）

《固定污染源烟气（SO_2、NO_x、颗粒物）排放连续监测技术规范》（HJ 75—2017）

《固定污染源烟气（SO_2、NO_x、颗粒物）排放连续监测系统技术要求及检测方法》（HJ 76—2017）

《水质　无机阴离子（F^-、Cl^-、NO_2^-、Br^-、NO_3^-、PO_4^{3-}、SO_3^{2-}、SO_4^{2-}）的测定　离子色谱法》（HJ 84—2016）

《污水监测技术规范》（HJ 91.1—2019）

《氨氮水质在线自动监测仪技术要求及检测方法》（HJ 101—2019）

《建设项目环境风险评价技术导则》（HJ 169—2018）

《清洁生产标准　甘蔗制糖业》（HJ/T 186—2006）

《水质　氨氮的测定　气相分子吸收光谱法》（HJ 195—2023）

《水质　总氮的测定　气相分子吸收光谱法》（HJ 199—2023）

《水污染源在线监测系统（COD$_{Cr}$、NH$_3$-N 等）安装技术规范》（HJ 353—2019）

《水污染源在线监测系统（COD$_{Cr}$、NH$_3$-N 等）验收技术规范》（HJ 354—2019）

《水污染源在线监测系统（COD$_{Cr}$、NH$_3$-N 等）运行技术规范》（HJ 355—2019）

《水污染源在线监测系统（COD$_{Cr}$、NH$_3$-N 等）数据有效性判别技术规范》（HJ 356—2019）

《化学需氧量（COD$_{Cr}$）水质在线自动监测仪技术要求及检测方法》（HJ 377—2019）

《固定源废气监测技术规范》（HJ/T 397—2007）

《水质　化学需氧量的测定　快速消解分光光度法》（HJ/T 399—2007）

《清洁生产标准　淀粉工业》（HJ 445—2008）

《水质　银的测定　3,5-Br$_2$-PADAP 分光光度法》（HJ 489—2009）

《水质　银的测定　镉试剂 2B 分光光度法》（HJ 490—2009）

《水质采样　样品的保存和管理技术规定》（HJ 493—2009）

《水质　采样技术指导》（HJ 494—2009）

《水质　采样方案设计技术规定》（HJ 495—2009）

《水质　挥发酚的测定　溴化容量法》（HJ 502—2009）

《水质　挥发酚的测定　4-氨基安替比林分光光度法》（HJ 503—2009）

《水质　五日生化需氧量（BOD$_5$）的测定　稀释与接种法》（HJ 505—2009）

《环境空气和废气　氨的测定　纳氏试剂分光光度法》（HJ 533—2009）

《水质　氨氮的测定　纳氏试剂分光光度法》（HJ 535—2009）

《水质　氨氮的测定　水杨酸分光光度法》（HJ 536—2009）

《水质　氨氮的测定　蒸馏-中和滴定法》（HJ 537—2009）

《环境影响评价技术导则　地下水环境》（HJ 610—2016）

《企业环境报告书编制导则》（HJ 617—2011）

《固定污染源废气　二氧化硫的测定　非分散红外吸收法》（HJ 629—2011）

《水质　石油类和动植物油类的测定　红外分光光度法》（HJ 637—2018）

《环境空气　挥发性有机物的测定　吸附管采样-热脱附/气相色谱-质谱法》（HJ 644—2013）

《空气和废气　颗粒物中铅等金属元素的测定　电感耦合等离子体质谱法》（HJ 657—2013）

《水质　氨氮的测定　连续流动-水杨酸分光光度法》（HJ 665—2013）

《水质　氨氮的测定　流动注射-水杨酸分光光度法》（HJ 666—2013）

《水质　总氮的测定　连续流动-盐酸萘乙二胺分光光度法》（HJ 667—2013）

《水质　总氮的测定　流动注射-盐酸萘乙二胺分光光度法》（HJ 668—2013）

《水质　磷酸盐和总磷的测定　连续流动-钼酸铵分光光度法》（HJ 670—2013）

《水质　总磷的测定　流动注射-钼酸铵分光光度法》（HJ 671—2013）

《排污单位自行监测技术指南　总则》（HJ 819—2017）

《水质　化学需氧量的测定　重铬酸盐法》（HJ 828—2017）

《环境空气　颗粒物中无机元素的测定　能量色散 X 射线荧光光谱法》（HJ 829—2017）

《环境空气　颗粒物中无机元素的测定　波长色散 X 射线荧光光谱法》（HJ 830—2017）

《固定污染源废气　低浓度颗粒物的测定　重量法》（HJ 836—2017）

《排污许可证申请与核发技术规范　农副食品加工工业—淀粉工业》（HJ 860.2—2018）

《排污许可证申请与核发技术规范　农副食品加工工业—制糖工业》（HJ 860.1—2017）

《排污许可证申请与核发技术规范　总则》（HJ 942—2018）

《排污单位环境管理台账及排污许可证执行报告技术规范　总则（试行）》（HJ 944—2018）

《污染源源强核算技术指南　农副食品加工工业—制糖工业》（HJ 996.1—2018）

《污染源源强核算技术指南　农副食品加工工业—淀粉工业》（HJ 996.2—2018）

《排污单位自行监测技术指南　农副食品工业》（HJ 986—2018）

《排污许可证申请与核发技术规范　工业炉窑》（HJ 1121—2020）

《固定污染源废气　二氧化硫的测定　便携式紫外吸收法》（HJ 1131—2020）

《固定污染源废气　氮氧化物的测定　便携式紫外吸收法》（HJ 1132—2020）

《环境空气和废气　颗粒物中砷、硒、铋、锑的测定　原子荧光法》（HJ 1133—2020）

《排污许可证申请与核发技术规范　工业固体废物（试行）》（HJ 1200—2021）

《危险废物管理计划和管理台账制定技术导则》（HJ 1259—2022）

《排污许可证质量核查技术规范》（HJ 1299—2023）

《排污许可证申请与核发技术规范　工业噪声》（HJ 1301—2023）

《制糖废水治理工程技术规范》（HJ 2018—2012）

《袋式除尘工程通用技术规范》（HJ 2020—2012）

《电除尘工程通用技术规范》（HJ 2028—2013）

《淀粉废水治理工程技术规范》（HJ 2043—2014）

《制糖工业污染防治可行技术指南》（HJ 2303—2018）

《局部排风设施控制风速检测与评估技术规范》（WS/T 757—2016）

《制糖行业清洁生产水平评价标准》（QB/T 4570—2013）

1.3　地方标准

天津市地方标准：《污水综合排放标准》（DB12/ 356—2018）

河北省地方标准：《大清河流域水污染物排放标准》（DB13/ 2795—2018）

河北省地方标准：《子牙河流域水污染物排放标准》（DB13/ 2796—2018）

河北省地方标准：《黑龙港及运东流域水污染物排放标准》（DB13/ 2797—2018）

河北省地方标准：《工业取水定额　第 11 部分：食品行业》（DB13/T 5448.11—2021）

山西省地方标准：《污水综合排放标准》（DB14/ 1928—2019）

内蒙古自治区地方标准：《行业用水定额》（DB15/T 385—2020）

内蒙古自治区地方标准：《甜菜制糖行业绿色工厂评价要求》（DB15/T 2315—2021）

辽宁省地方标准：《污水综合排放标准》（DB21/T 1627—2008）

辽宁省地方标准：《行业用水定额指南》（DB21/T 1237—2020）

吉林省地方标准：《用水定额》（DB22/T 389—2019）

上海市地方标准：《污水综合排放标准》（DB31/ 199—2018）

福建省地方标准：《厦门市水污染物排放标准》（DB35/ 322—2018）

江西省地方标准：《鄱阳湖生态经济区水污染物排放标准》（DB36/ 852—2015）

山东省地方标准：《流域水污染物综合排放标准　第 1 部分：南四湖东平湖流域》（DB37/ 3416.1—2023）

山东省地方标准：《流域水污染物综合排放标准　第 2 部分：沂沭河流域》（DB37/ 3416.2—2018）

山东省地方标准：《流域水污染物综合排放标准　第 3 部分：小清河流域》（DB37/ 3416.3—2018）

山东省地方标准：《流域水污染物综合排放标准　第 4 部分：海河流域》（DB37/ 3416.4—2018）

山东省地方标准：《流域水污染物综合排放标准　第 5 部分：半岛流域》（DB37/ 3416.5—2018）

山东省地方标准：《玉米淀粉工业绿色工厂评价规范》（DB37/T 4064—2020）

河南省地方标准：《省辖海河流域水污染物排放标准》（DB41/ 777—2013）

河南省地方标准：《清潩河流域水污染物排放标准》（DB41/ 790—2013）

河南省地方标准：《贾鲁河流域水污染物排放标准》（DB41/ 908—2014）

河南省地方标准：《惠济河流域水污染物排放标准》（DB41/ 918—2014）

湖北省地方标准：《湖北省汉江中下游流域污水综合排放标准》（DB42/ 1318—2017）

湖南省地方标准：《用水定额》（DB43/T 388—2020）

广东省地方标准：《水污染物排放限值》（DB44/ 26—2001）

广东省地方标准：《汾江河流域水污染物排放标准》（DB44/ 1366—2014）

广东省地方标准：《茅洲河流域水污染物排放标准》（DB44/ 2130—2018）

广东省地方标准：《小东江流域水污染物排放标准》（DB44/ 2155—2019）

广西壮族自治区地方标准：《甘蔗制糖工业水污染物排放标准》（DB45/ 893—2013）

广西壮族自治区地方标准：《工业行业主要产品用水定额》（DB45/T 678—2017）

广西壮族自治区地方标准：《甘蔗制糖行业清洁生产评价指标体系》（DB45/T

1188—2015）

广西壮族自治区地方标准：《清洁生产审核指南　甘蔗制糖业》（DB45/T 1331—2016）

海南省地方标准：《海南省用水定额》（DB46/T 449—2021）

四川省地方标准：《四川省岷江、沱江流域水污染物排放标准》（DB51/ 2311—2016）

四川省地方标准：《四川省固定污染源大气挥发性有机物排放标准》（DB51/ 2377—2017）

贵州省地方标准：《贵州省环境污染物排放标准》（DB52/ 864—2022）

陕西省地方标准：《陕西省黄河流域污水综合排放标准》（DB61/ 224—2018）

陕西省地方标准：《行业用水定额》（DB61/T 943—2020）

甘肃省地方标准：《行业用水定额　第2部分　工业用水定额》（DB62/T 2987.2—2019）

青海省地方标准：《用水定额》（DB63/T 1429—2021）

1.4　团体标准

中国淀粉工业协会团体标准：《马铃薯淀粉工业有机肥水农田利用技术规范》（T/SIACN 01—2018）

中国淀粉工业协会团体标准：《淀粉行业绿色工厂评价要求》（T/SIACN 02—2019）

中国淀粉工业协会团体标准：《饲料原料　马铃薯蛋白粉》（T/SIACN 03—2019）

中国淀粉工业协会团体标准：《马铃薯淀粉汁水蛋白提取操作技术规范》（T/SIACN 04—2019）

中国淀粉工业协会团体标准：《淀粉工业污染防治可行技术》（T/SIACN 06—2023）

中国轻工业联合会团体标准：《绿色设计产品评价规范　甘蔗糖制品》（T/CNLIC 0007—2019）

中国轻工业联合会团体标准：《绿色设计产品评价规范　甜菜糖制品》（T/CNLIC 0008—2019）

中国生物发酵产业协会团体标准：《清洁生产标准　氨基葡萄糖工业（发酵法）》（T/CBFIA 07004—2022）

中国循环经济协会团体标准：《薯类淀粉物理加工废水废渣资源化利用技术规范》（T/CACE 056—2022）

广西碳达峰碳中和研究会团体标准：《甘蔗制糖企业温室气体排放核算指南》（T/GXTDFTZH 003—2023）

广西标准化协会团体标准：《蔗糖绿色生产技术规程》（T/GXAS 053—2020）

附录 **2**
淀粉和制糖企业自行监测 方案模板

以淀粉企业为例，本书设计了淀粉企业自行监测方案模板。制糖企业可参照制定自行监测方案。

淀粉企业自行监测方案包括企业基本情况、企业产污情况、监测内容、执行标准、监测结果公开、监测方案实施等内容。自行监测方案模板如下文所述。

2.1　企业基本情况

企业基本情况如附表 2-1 所列。

附表 2-1　企业基本情况

单位名称		法定代表人	
行业类别		统一社会信用代码	
生产周期		联系人	
联系电话		联系邮箱	
生产经营场所地址			
产品名称	淀粉、淀粉糖、变性淀粉、淀粉制品等		
生产规模	年产××（产品）××（万吨）		
主要生产设备			
生产工艺 （附工艺流程图）			

2.2　企业产污情况

2.2.1　废水

（1）废水治理及排放情况

废水治理及排放情况如附表 2-2 所列。

附表 2-2 废水治理及排放情况

	排污口	废水总排放口	生活污水排放口	雨水排放口
废水治理及排放情况	类别	生产废水	生活污水	雨水
	主要污染物			
	产生量/（t/a）			
	排放量/（t/a）			
	处理设施（工艺）			
	去向			

填写指引：① 排污口可根据排污许可证编写；
② 类别根据排污口对应编写，如若无排放口，也需注明；
③ 主要污染物及产生量、排放量与排污许可证、环评批复等文件保持一致；
④ 处理设施根据实际情况填写，如无处理，可填"无"；
⑤ 去向填写具体排放至哪条河流（或园区污水处理厂、城镇污水处理厂等），如果无外排，根据实际情况填写"循环使用、回用于何处"等

（2）废水处理流程图

对废水处理工艺进行描述，并附废水处理流程图。

（3）全厂废水流向图

对全厂废水流向进行描述，并附全厂废水流向图。

2.2.2 废气

废气治理及排放情况如附表 2-3 所列。

附表 2-3 废气治理及排放情况

	排污口	…废气排放口	…废气排放口	…废气排放口	…废气排放口	…
废气治理及排放情况	类别	…锅炉废气	…工序废气	…工序废气	…工序废气	…
	主要污染物					
	处理设施（工艺）					
	排放方式	经 Xm 排气筒高空排放	有组织排放	…	无组织排放	…

填写指引：① 排污口可根据排污许可证编写；
② 类别根据排污口对应编写，如若无排放口，也需注明；
③ 主要污染物与排污许可证、环评批复等文件保持一致；
④ 处理设施根据实际情况填写，如无处理，可填"无"

2.3 监测内容

2.3.1 监测点位布设

全公司/全厂污染源监测点位、监测因子及监测频次如附表 2-4 所列（附全公司/全厂平面布置及监测点位分布图）。

附表 2-4　全公司/全厂污染源监测点位、监测因子及监测频次（可根据实际情况增加监测因子或选择合适的监测因子进行填报，夜间 22：00～6：00 有生产的需加测夜间噪声，共用厂界可以删除。烟尘、颗粒物等需要等速采样的项目需注明采样孔个数、采样点个数）

污染源类型	排污口编号	排污口类型	排污口位置（经纬度）	监测位置分布	监测因子	样品个数	监测方式	监测频次	备注
有组织废气	采样孔个数：…个，采样点个数：…个	清理筛排气筒	…度…分…秒 …度…分…秒	烟囱高度：…米 监测孔距地面：…米	颗粒物	非连续采样每次采集…个样	…	每半年1次	玉米淀粉生产的玉米清理筛
	采样孔个数：…个，采样点个数：…个	粉碎机排气筒	…度…分…秒 …度…分…秒	烟囱高度：…米 监测孔距地面：…米	颗粒物	非连续采样每次采集…个样	…	每半年1次	喷浆玉米皮粉碎机、薯渣粉碎机
	采样孔个数：…个，采样点个数：…个	燃硫设备排气筒	…度…分…秒 …度…分…秒	烟囱高度：…米 监测孔距地面：…米	二氧化硫	非连续采样每次采集…个样	…	每半年1次	玉米淀粉生产的燃硫设备
	采样孔个数：…个，采样点个数：…个	浸泡装置排气筒	…度…分…秒 …度…分…秒	烟囱高度：…米 监测孔距地面：…米	二氧化硫	非连续采样每次采集…个样	…	每半年1次	玉米淀粉生产的浸泡装置
	采样孔个数：…个，采样点个数：…个	物料破碎或去皮、投料、干燥或烘干反风选、筛分装置车间的排气筒	…度…分…秒 …度…分…秒	烟囱高度：…米 监测孔距地面：…米	颗粒物、二氧化硫	非连续采样每次采集…个样	…	每半年1次	投料、干燥或烘干反风选、筛分装置
	采样孔个数：…个，采样点个数：…个	破碎机、精磨、洗涤装置、废热利用装置或车间的排气筒	…度…分…秒 …度…分…秒	烟囱高度：…米 监测孔距地面：…米	二氧化硫	非连续采样每次采集…个样	…	每半年1次	玉米淀粉生产中胚芽分离的破碎机、纤维分离的精洗装置、纤维洗涤装置、废热利用装置
	采样孔个数：…个，采样点个数：…个	预处理装置、反应装置或车间排气筒	…度…分…秒 …度…分…秒	烟囱高度：…米 监测孔距地面：…米	氯化氢、非甲烷总烃、颗粒物	非连续采样每次采集…个样	…	每半年1次	变性淀粉生产中预处理的调浆罐（或釜）、混合机，反应环节的连续加药混合机、反应罐
无组织废气	…	厂界	—	—	臭气浓度、氨、硫化氢	…	…	每半年1次	有生化污水处理的排污单位

续表

污染源类型	排污口编号	排污口类型	排污口位置（经纬度）	监测位置分布	监测因子	样品个数	监测方式	监测频次	备注
无组织废气	…	厂界	—	—	氨	…	…	每半年1次	有氨制冷系统或液氨储罐的排污单位
废气	…	厂界	—	—	臭气浓度、非甲烷总烃	…	…	每半年1次	所有排污单位
废水	…	废水总排放口	…度…分…秒 …度…分…秒	—	流量、pH值、化学需氧量、氨氮	—	自动监测	…（直接排放） …（直接排放）	重点管理单位
				—	五日生化需氧量、悬浮物、总氰化物、溶解性总固体	—	…	每月1次（直接排放） 每季度1次（间接排放）	
				—	总磷	—	自动监测	…（直接排放） …（间接排放）	
				—	总氮	—	自动监测	每日1次（直接排放） …（间接排放）	
	…	生活污水排放口	…度…分…秒 …度…分…秒	—	流量、pH值、化学需氧量、氨氮	—	自动监测	每日1次（直接排放） …（间接排放）	
				—	五日生化需氧量、悬浮物	—	…	每月1次（直接排放） —（间接排放）	
				—	总磷	—	自动监测	…（直接排放） …（间接排放）	
				—	总氮	—	自动监测	每日1次（直接排放） —（间接排放）	

续表

污染源类型	排污口编号	排污口类型	排污口位置（经纬度）	监测位置分布	监测因子	样品个数	监测方式	监测频次	备注
废水	…	雨水排口	…度…分…秒 …度…分…秒	—	化学需氧量、悬浮物	—	…	每日1次（排放口有流量时开展监测）	重点管理单位
		废水总排放口	…度…分…秒 …度…分…秒	—	流量、pH值、化学需氧量、五日生化需氧量、氨氮、悬浮物、总磷、总氮、总氰化物	—	…	每半年1次（直接排放）	
			…度…分…秒 …度…分…秒	—	溶解性总固体	—	…	每半年1次（间接排放）	简化管理单位
	…	生活污水排放口	…度…分…秒 …度…分…秒	—	流量、pH值、氨氮、五日生化需氧量、悬浮物、总磷、总氮	—	…	每季度1次（直接排放）	
噪声（厂界紧邻交通干线不布点）		厂界…面边界外1m	…度…分…秒 …度…分…秒	—	等效连续A声级	—	…		
		厂界…面边界外1m	…度…分…秒 …度…分…秒	—	等效连续A声级	—	…	每季度昼间1次（如需监测夜间噪声同步监测夜间噪声）	
		厂界…面边界外1m	…度…分…秒 …度…分…秒	—	等效连续A声级	—	…		
		厂界…面边界外1m	…度…分…秒 …度…分…秒	—	等效连续A声级	—	…		

注：1. 监测方式是指"自动监测""手工监测""手工监测与自动监测相结合"；

2. 检测结果超标的，应增加相应指标的检测频次；

3. 排气筒废气检测要同步监测烟气参数。

2.3.2 监测时间及工况记录

记录每次开展自行监测的时间，以及开展自行监测时的生产工况。

2.3.3 监测分析方法、依据和仪器

废水、废气以及噪声将委托有资质的检测机构代为开展监测，部分监测分析方法、仪器如附表 2-5 所列。

附表 2-5 部分监测分析方法、仪器

监测因子		监测分析方法	检出限	监测仪器名称	采样方法
有组织废气	颗粒物	《固定污染源废气 低浓度颗粒物的测定 重量法》（HJ 836—2017）	1.0mg/m³	天平	《固定污染源废气中颗粒物测定与气态污染物采样方法》（GB/T 16157—1996）；《固定污染源废气 低浓度颗粒物的测定 重量法》（HJ 836—2017）
		《固定污染源排气中颗粒物测定与气态污染物采样方法》（GB/T 16157—1996）	20mg/m³	天平	《固定污染源排气中颗粒物测定与气态污染物采样方法》（GB/T 16157—1996）
	二氧化硫	《固定污染源废气 二氧化硫的测定 定电位电解法》（HJ 57—2017）	3mg/m³	定电位法二氧化硫测定仪	《固定污染源排气中颗粒物测定与气态污染物采样方法》（GB/T 16157—1996）；《固定污染源废气 二氧化硫的测定 定电位电解法》（HJ 57—2017）
	氯化氢	《环境空气和废气 氯化氢的测定 离子色谱法》（HJ 549—2016）	2mg/m³	离子色谱仪	《固定污染源排气中颗粒物测定与气态污染物采样方法》（GB/T 16157—1996）；《环境空气和废气 氯化氢的测定 离子色谱法》（HJ 549—2016）
		《固定污染源排气中氯化氢的测定 硫氰酸汞分光光度法》（HJ/T 27—1999）	0.9mg/m³	分光光度计	《固定污染源排气中颗粒物测定与气态污染物采样方法》（GB/T 16157—1996）；《固定污染源排气中氯化氢的测定 硫氰酸汞分光光度法》（HJ/T 27—1999）
	非甲烷总烃	《环境空气 总烃、甲烷和非甲烷总烃的测定 直接进样-气相色谱法》（HJ 604—2017）	0.07mg/m³	气相色谱仪	《大气污染物无组织排放监测技术导则》（HJ/T 55—2000）
无组织废气	臭气浓度	《环境空气和废气 臭气的测定 三点比较式臭袋法》（HJ 1262—2022）	—	真空瓶和采样袋	《恶臭污染环境监测技术规范》（HJ 905—2017）
	氨	《环境空气和废气 氨的测定 纳氏试剂分光光度法》（HJ 533—2009）	0.01mg/m³	分光光度计	《大气污染物无组织排放监测技术导则》（HJ/T 55—2000）；《环境空气和废气 氨的测定 纳氏试剂分光光度法》（HJ 533—2009）
	硫化氢	《空气质量 硫化氢、甲硫醇、甲硫醚和二甲二硫的测定 气相色谱法》（GB/T 14678—1993）	0.2×10⁻³mg/m³	气相色谱仪	《大气污染物无组织排放监测技术导则》（HJ/T 55—2000）；《空气质量 硫化氢、甲硫醇、甲硫醚和二甲二硫的测定 气相色谱法》（GB/T 14678—1993）
	非甲烷总烃	《环境空气 总烃、甲烷和非甲烷总烃的测定 直接进样-气相色谱法》（HJ 604—2017）	0.07mg/m³	气相色谱仪	《大气污染物无组织排放监测技术导则》（HJ/T 55—2000）

监测因子		监测分析方法	检出限	监测仪器名称	采样方法
废水	流量	《超声波明渠污水流量计技术要求及检测方法》（HJ 15—2019）	—	超声波明渠污水流量计	—
	pH 值	《水质 pH 值的测定 玻璃电极法》（GB 6920—1986）	0.01	便携式 pH 计	《污水监测技术规范》（HJ 91.1—2019）；《水质 pH 值的测定 玻璃电极法》（GB 6920—1986）
		《pH 水质自动分析仪技术要求》（HJ/T 96—2003）	—	pH 水质自动分析仪	—
	悬浮物	《水质 悬浮物的测定 重量法》（GB 11901-89）	—	—	《污水监测技术规范》（HJ 91.1—2019）；《水质 悬浮物的测定 重量法》（GB 11901—89）
	化学需氧量	《水质 化学需氧量的测定 重铬酸盐法》（HJ 828—2017）	4mg/L	酸式滴定管	《污水监测技术规范》（HJ 91.1—2019）；《水质 化学需氧量的测定 重铬酸盐法》（HJ 828—2017）
		《水质 化学需氧量的测定 快速消解分光光度法》（HJ/T 399—2007）	15mg/L	分光光度计	《污水监测技术规范》（HJ 91.1—2019）；《水质 化学需氧量的测定 快速消解分光光度法》（HJ/T 399—2007）
		《化学需氧量（COD$_{Cr}$）水质在线自动监测仪技术要求及检测方法》（HJ 377—2019）	—	化学需氧量（COD$_{Cr}$）水质在线自动检测仪	《水污染源在线监测系统（COD$_{Cr}$、NH$_3$-N 等）运行技术规范》（HJ 355—2019）
	五日生化需氧量	《水质 五日生化需氧量（BOD$_5$）的测定 稀释与接种法》（HJ 505—2009）	0.5mg/L	培养箱	《污水监测技术规范》（HJ 91.1—2019）；《水质 五日生化需氧量（BOD$_5$）的测定 稀释与接种法》（HJ 505—2009）
	氨氮	《水质 氨氮的测定 纳氏试剂分光光度法》（HJ 535—2009）	0.025mg/L	分光光度计	《污水监测技术规范》（HJ 91.1—2019）；《水质 氨氮的测定 纳氏试剂分光光度法》（HJ 535—2009）
		《水质 氨氮的测定 水杨酸分光光度法》（HJ 536—2009）	0.25mg/L	分光光度计	《污水监测技术规范》（HJ 91.1—2019）；《水质 氨氮的测定 水杨酸分光光度法》（HJ 536—2009）
	总氰化物	《水质 氰化物的测定 流动注射-分光光度法》（HJ 823—2017）	①异烟酸-巴比妥酸分光光度法 0.001mg/L；②吡啶-巴比妥酸分光光度法 0.002mg/L	流动注射仪	《污水监测技术规范》（HJ 91.1—2019）；《水质 氰化物的测定 流动注射-分光光度法》（HJ 823—2017）
	总磷	《水质 总磷的测定 钼酸铵分光光度法》（GB/T 11893—1989）	0.01mg/L	分光光度计	《污水监测技术规范》（HJ 91.1—2019）；《水质 总磷的测定 钼酸铵分光光度法》（GB/T 11893—1989）
	总氮	《水质 总氮测定 碱性过硫酸钾消解紫外分光光度法》（HJ 636—2012）	0.05mg/L	紫外分光光度计	《污水监测技术规范》（HJ 91.1—2019）；《水质 总氮测定 碱性过硫酸钾消解紫外分光光度法》（HJ 636—2012）
		《水质 总氮的测定 流动注射-盐酸萘乙二胺分光光度法》（HJ 668—2013）	0.03mg/L	流动注射仪	《污水监测技术规范》（HJ 91.1—2019）；《水质 总氮的测定 流动注射-盐酸萘乙二胺分光光度法》（HJ 668—2013）
噪声	等效连续 A 声级	《工业企业厂界环境噪声排放标准》（GB 12348—2008）	25dB（A）	—	《工业企业厂界环境噪声排放标准》（GB 12348—2008）

2.3.4 监测质量保证与质量控制

企业自行监测委托有资质的检测机构代为开展，企业负责对其资质进行确认。

2.4 执行标准

各污染因子排放标准限值如附表 2-6 所列（如地方有排放速率要求，应填写相关要求）。

附表 2-6 各污染因子排放标准限值

污染物类别	监测点位	污染因子	执行标准	标准限值	单位
有组织废气	清理筛排气筒	颗粒物			mg/m³
	粉碎机排气筒	颗粒物			mg/m³
	燃硫设备排气筒	二氧化硫			mg/m³
	浸泡装置排气筒	二氧化硫			mg/m³
	物料破碎或去皮、投料、干燥或烘干及风送、筛分装置或车间排气筒	颗粒物			mg/m³
		二氧化硫			mg/m³
	破碎机、精磨、洗涤装置、废热利用装置的排气筒	二氧化硫			mg/m³
	预处理装置、反应装置或车间排气筒	颗粒物			mg/m³
		氯化氢			mg/m³
		非甲烷总烃			mg/m³
无组织废气	厂界	臭气浓度			无量纲
	厂界	氨			mg/m³
	厂界	硫化氢			mg/m³
	厂界	非甲烷总烃			mg/m³
废水	废水排放口	pH 值			mg/L
		悬浮物			mg/L
		化学需氧量			mg/L
		氨氮			mg/L
		五日生化需氧量			mg/L
		总磷			mg/L
		总氮			mg/L
		总氰化物			mg/L
		溶解性总固体			mg/L
厂界噪声	厂界…面边界外 1m	等效连续 A 声级		昼间	dB(A)
	厂界…面边界外 1m	等效连续 A 声级		夜间	dB(A)
	…	等效连续 A 声级			dB(A)

2.5 监测结果公开

2.5.1 监测结果的公开时限

① 企业基础信息随监测数据一并公开。

② 在线监测污染因子采用在线连续监测和手工监测相结合，公布在线仪表数据时，采用实时公报的方式，监测数据自动上传；在线监测设备故障时启动手工监测，手工监测结果在检测完成后次日公开。

③ 其余手工监测的污染因子在收到检测报告后次日完成公开。

2.5.2 监测结果的公开方式

全国污染源监测信息管理与共享平台（网址……）。

…省排污单位自行监测信息公开平台（网址……）。

2.6 监测方案实施

本监测方案于……年……月……日开始执行。

附录 **3**
排污许可证后监管
检查清单

3.1　玉米淀粉企业排污许可证后监管检查清单

3.1.1　企业基本情况检查

现场执法检查前应了解企业基本情况，并对照企业排污许可证填写企业基本信息表，标明被检查企业的单位名称、注册地址、生产经营场所地址和行业类别，根据企业实际情况填写主要生产工艺，填写生产线数量以及单条生产线的规模。企业基本情况检查表如附表 3-1 所列。

附表 3-1　企业基本情况检查表

单位名称		注册地址		
地理位置		位置与许可证生产经营场所地址是否一致	是□　否□	
是否取得排污许可证	是□　否□	排污许可证编号		
许可证是否在有效期	是□　否□	许可证是否有涂改行为	是□　否□	
行业类别		行业类别与许可证是否一致	是□　否□	
是否有出租、出借、买卖或者其他方式非法转让行为	是□　否□			
主要生产工艺				

3.1.2　有组织废气污染防治合规性检查

（1）废气排放口检查

有组织废气排放口检查表如附表 3-2 所列。

附表 3-2　有组织废气排放口检查表

污染源	采样孔规范设置是否合规	采样监测平台规范设置是否合规	排气口规范设置是否合规	备注
浸泡装置	是□　　否□	是□　　否□	是□　　否□	
洗涤装置	是□　　否□	是□　　否□	是□　　否□	
破碎装置	是□　　否□	是□　　否□	是□　　否□	

（2）废气治理措施检查

有组织废气治理措施检查表如附表 3-3 所列。

附表 3-3　有组织废气治理措施检查表

污染源	污染因子	排污许可证载明治理措施	实际治理措施	是否合规	备注
锅炉	颗粒物			是□　　否□	
	二氧化硫			是□　　否□	
	氮氧化物			是□　　否□	
浸泡、洗涤、破碎装置	颗粒物			是□　　否□	

（3）污染治理措施运行合规性检查

1）颗粒物治理措施检查

颗粒物治理措施检查表如附表 3-4 所列。

附表 3-4　颗粒物治理措施检查表

排放口	治理措施		备注/填写内容	判定方法
主要排放口	电除尘设施是否正常运行	是□　　否□		查看 DCS 曲线（颗粒物浓度、电场电流和电压、氧含量）确定设施运行情况，查找颗粒物异常数据（如长时间无波动、超标数据、极小数据）时间段，结合对应时间段电除尘二次电流电压数值、运行维护台账、生产线负荷以及其他相关设备运行情况，判断电除尘设施历史运行情况
	布袋除尘设施是否正常运行	是□　　否□		查看 DCS 曲线（颗粒物浓度、除尘进出口压差、氧含量）确定设施运行情况，查找颗粒物异常数据（如长时间无波动、超标数据、极小数据）时间段，结合对应时间段进出口压差、运行维护台账、生产线负荷以及其他相关设备运行情况，判断除尘设施历史运行情况
	……	是□　　否□		
一般排放口	初步判断是否达标排放	是□　　否□		
	布袋除尘等设施是否与主机设备同步运行	是□　　否□		

2）二氧化硫治理措施检查

二氧化硫治理措施检查表如附表 3-5 所列。

附表 3-5　二氧化硫治理措施检查表

治理措施		备注/填写内容	判定方法
脱硫设施运行是否正常	是□　否□		查看 DCS 曲线（SO$_2$ 排放浓度、氧含量、脱硫剂使用量），结合二氧化硫历史排放浓度及原料、燃料含硫量台账，对比企业原料和燃料含硫量变化对应时间段二氧化硫排放浓度变化、脱硫剂使用量变化情况

3）氮氧化物治理措施检查

氮氧化物治理措施检查表如附表 3-6 所列。

附表 3-6　氮氧化物治理措施检查表

治理措施		备注/填写内容	判定方法
SCR 脱硝设施运行是否正常	是□　否□		检查脱硝剂购买凭证、脱硝剂使用情况核实脱硝设施是否投用。结合氮氧化物排放浓度及脱硝剂用量等判断脱硝设施是否正常运行。查看 DCS 曲线判断脱硝设施是否与锅炉同步运行

（4）污染物排放浓度与许可排放浓度的一致性检查

有组织废气排放浓度达标情况检查表如附表 3-7 所列。

附表 3-7　有组织废气排放浓度达标情况检查表

污染源	污染因子	自动监测数据是否达标		手工监测数据是否达标		执法监测数据是否达标		备注
锅炉	颗粒物	是□	否□	是□	否□	是□	否□	
	二氧化硫	是□	否□	是□	否□	是□	否□	
	氮氧化物	是□	否□	是□	否□	是□	否□	
浸泡装置	二氧化硫	—		是□	否□	是□	否□	
破碎装置	颗粒物	—		是□	否□	是□	否□	
洗涤装置	颗粒物	—		是□	否□	是□	否□	

（5）污染物实际排放量与许可排放量的一致性检查

有组织废气污染物实际排放量与许可排放量的一致性检查表如附表 3-8 所列。

附表 3-8　有组织废气污染物实际排放量与许可排放量的一致性检查表

污染物	许可排放量/（t/a）	实际排放量/（t/a）	是否满足许可要求	备注
颗粒物			是□　否□	
二氧化硫			是□　否□	
氮氧化物			是□　否□	
……			是□　否□	

3.1.3 无组织废气污染防治合规性检查

无组织废气污染防治合规性检查表如附表 3-9 所列。

附表 3-9   无组织废气污染防治合规性检查表

治理环境要素	排污节点	治理措施			备注
扬尘	物料贮存	原料贮存是否采用覆盖防风抑尘网或洒水抑尘；粮库（仓）、料场是否密封	是☐	否☐	
		煤场周围是否设置防风抑尘网、厂内是否设置防尘棚、是否采取洒水等降尘措施	是☐	否☐	
	物料转运	运输车辆是否采用覆盖防风抑尘网或洒水抑尘	是☐	否☐	
		运输设施是否密封	是☐	否☐	
		原料场出口是否配备车轮清洗（扫）装置	是☐	否☐	
	生产过程	分离、过滤、包装等产尘工序是否密闭	是☐	否☐	
		分离、过滤、包装等产尘工序是否收集废气并送除尘装置处理	是☐	否☐	
臭气	污水处理、污泥堆放	产臭区域是否投放除臭剂	是☐	否☐	
		产臭区域是否加罩或加盖	是☐	否☐	
		是否采用引风机将臭气引至除臭装置处理	是☐	否☐	
氨气	储罐	是否设有防泄漏围堰	是☐	否☐	
		是否设有氨气泄漏检测设施	是☐	否☐	
		氨水装卸是否设有氨气回收或吸收回用装置	是☐	否☐	

3.1.4 废水污染治理设施合规性检查

（1）废水排放口检查

废水排放口检查表如附表 3-10 所列。

附表 3-10   废水排放口检查表

废水类型	排污许可证排放去向	实际排放去向	是否一致		备注
生产废水			是☐	否☐	
生活污水			是☐	否☐	
……			是☐	否☐	

（2）废水治理措施检查

废水治理措施检查表如附表 3-11 所列。

附表 3-11　废水治理措施检查表

技术类型	治理措施		备注
预防技术	是否采用玉米浸泡水组分分离综合利用技术	是☐　否☐	
	是否采用淀粉糖蒸发冷凝水利用技术	是☐　否☐	
治理技术	是否采用预处理+二级处理技术	是☐　否☐	
	是否采用深度处理技术	是☐　否☐	

注：预处理技术包括除油、沉淀、过滤等；二级处理技术包括厌氧（UASB、EGSB、IC 等）、好氧、化学除磷等；深度处理技术包括生物滤池、过滤、混凝沉淀（或澄清）等。

（3）污染物排放浓度与许可排放浓度的一致性检查

企业废水排放口污染物的排放浓度达标是指任一有效日均值均满足许可排放浓度要求。废水达标情况检查表如附表 3-12 所列。

附表 3-12　废水达标情况检查表

废水污染因子	自动监测数据是否达标	手工监测数据是否达标	执法监测数据是否达标	备注
化学需氧量	是☐　否☐	是☐　否☐	是☐　否☐	
氨氮	是☐　否☐	是☐　否☐	是☐　否☐	
悬浮物	是☐　否☐	是☐　否☐	是☐　否☐	
总氮	是☐　否☐	是☐　否☐	是☐　否☐	
总磷	是☐　否☐	是☐　否☐	是☐　否☐	
……	是☐　否☐	是☐　否☐	是☐　否☐	

（4）污染物实际排放量与许可排放量的一致性检查

废水污染物实际排放量与许可排放量的一致性检查表如附表 3-13 所列。

附表 3-13　废水污染物实际排放量与许可排放量的一致性检查表

污染物	许可排放量/（t/a）	实际排放量/（t/a）	是否满足许可要求	备注
化学需氧量			是☐　否☐	
氨氮			是☐　否☐	
……			是☐　否☐	

3.1.5　固体废物处理处置合规性检查

固体废物处理处置的合规性检查表如附表 3-14 所列。

附表 3-14   固体废物处理处置的合规性检查表

固体废物类别	固体废物名称	产生量 /（t/a）	贮存量 /（t/a）	利用量 /（t/a）	处置量 /（t/a）	利用方式	备注
一般工业固体废物	脱硫渣						
	炉渣						
	粉煤灰						
	除尘设备收集的淀粉、蛋白质等粉尘						
	滤泥						
	废反渗透膜、废树脂						
	废活性炭（淀粉糖脱色产生）						
	……						
危险废物	废矿物油						
	……						

3.1.6   环境管理执行情况合规性检查

（1）自行监测执行情况检查

自行监测执行情况检查表如附表 3-15 所列。

附表 3-15   自行监测执行情况检查表

合规性检查		执行情况	是否合规	备注
是否编制自行监测方案			是□ 否□	
自行监测方案是否满足排污许可证要求	监测点位是否齐全		是□ 否□	
	监测指标是否满足规范要求		是□ 否□	
	监测频次是否满足规范要求		是□ 否□	
	采用方法是否满足规范要求		是□ 否□	
是否按照自行监测方案开展自行监测工作			是□ 否□	

（2）环境管理台账执行情况检查

环境管理台账执行情况检查表如附表 3-16 所列。

附表 3-16   环境管理台账执行情况检查表

环境管理台账记录内容	项目	排污许可证要求	执行情况	是否合规
运行台账	记录内容			是□ 否□
	记录频次			是□ 否□
	记录形式			是□ 否□
	保存时间			是□ 否□

（3）执行报告上报执行情况检查

执行报告上报执行情况检查表如附表 3-17 所列。

附表 3-17　执行报告上报执行情况检查表

执行报告内容	排污许可证要求	执行情况	是否合规	备注
上报内容			是□　否□	
上报频次			是□　否□	

（4）信息公开执行情况检查

信息公开执行情况检查表如附表 3-18 所列。

附表 3-18　信息公开执行情况检查表

信息公开内容		是否公开	公开方式	备注
基础信息	包括单位名称、统一社会信用代码、法定代表人、生产经营场所地址、联系方式，以及生产经营和管理服务的主要内容、产品及规模	是□　否□		
排污信息	包括主要污染物及特征污染物的名称、排放方式、排放口数量和分布情况、排放浓度和排放总量、超标情况，以及执行的污染物排放标准、核定的排放总量	是□　否□		
污染防治设施的建设和运行情况		是□　否□		
建设项目环境影响评价及其他环境保护行政许可情况		是□　否□		
突发环境事件应急预案		是□　否□		
自行监测方案		是□　否□		

3.1.7　其他合规性检查

其他合规性检查表如附表 3-19 所列。

附表 3-19　其他合规性检查表

一般工业固体废物及危险废物管理	一般工业固体废物和危险废物是否分开贮存（分构筑物或分区）	是□，且有规范标识
		是□，但无规范标识
		否□
	一般工业固体废物外委是否签订合同协议	是□　否□
	危险废物外委是否签订合同协议	是□　否□
	是否存在在非指定区域堆放固体废物	是□　否□
	危险废物转移联单是否严格落实到位	是□　否□
工业噪声管理	厂界噪声是否达标（昼间）	是□　否□
	厂界噪声是否达标（夜间）	是□　否□
排污许可证载明有关要求是否落实		是□　否□　部分落实□

3.2 马铃薯淀粉企业排污许可证后监管检查清单

3.2.1 企业基本情况

现场执法检查前应了解企业基本情况，并对照企业排污许可证填写企业基本信息表，标明被检查企业的单位名称、注册地址、生产经营场所地址和行业类别，根据企业实际情况填写主要生产工艺，填写生产线数量以及单条生产线的规模。具体企业基本情况检查表如附表 3-20 所列。

附表 3-20　企业基本情况检查表

单位名称		注册地址	
地理位置		位置与许可证生产经营场所地址是否一致	是□　否□
是否取得排污许可证	是□　否□	排污许可证编号	
许可证是否在有效期	是□　否□	许可证是否有涂改行为	是□　否□
行业类别		行业类别与许可证是否一致	是□　否□
是否有出租、出借、买卖或者其他方式非法转让行为	是□　　否□		
主要生产工艺			

3.2.2 有组织废气污染防治合规性检查

（1）废气排放口检查

有组织废气排放口检查表如附表 3-21 所列。

附表 3-21　有组织废气排放口检查表

污染源	采样孔规范设置是否合规	采样监测平台规范设置是否合规	排气口规范设置是否合规	备注
锅炉	是□　否□	是□　否□	是□　否□	
干燥装置	是□　否□	是□　否□	是□　否□	

（2）废气治理措施检查

有组织废气治理措施检查表如附表 3-22 所列。

附表 3-22　有组织废气治理措施检查表

污染源	污染因子	排污许可证载明治理措施	实际治理措施	是否合规	备注
锅炉	颗粒物			是□　否□	
	二氧化硫			是□　否□	
	氮氧化物			是□　否□	
干燥装置	颗粒物			是□　否□	

（3）污染治理措施运行合规性检查

1）颗粒物治理措施检查

颗粒物治理措施检查表如附表 3-23 所列。

附表 3-23　颗粒物治理措施检查表

排放口	治理措施		备注/填写内容	判定方法
主要排放口	电除尘设施是否正常运行	是□　否□		查看 DCS 曲线（颗粒物浓度、电场电流和电压、氧含量）确定设施运行情况，查找颗粒物异常数据（如长时间无波动、超标数据、极小数据）时间段，结合对应时间段电除尘二次电流电压数值、运行维护台账、生产线负荷以及其他相关设备运行情况，判断电除尘设施历史运行情况
	布袋除尘设施是否正常运行	是□　否□		查看 DCS 曲线（颗粒物浓度、除尘进出口压差、氧含量）确定设施运行情况，查找颗粒物异常数据（如长时间无波动、超标数据、极小数据）时间段，结合对应时间段进出口压差、运行维护台账、生产线负荷以及其他相关设备运行情况，判断除尘设施历史运行情况
	……	是□　否□		
一般排放口	初步判断是否达标排放	是□　否□		
	布袋除尘等设施是否与主机设备同步运行	是□　否□		

2）二氧化硫治理措施检查

二氧化硫治理措施检查表如附表 3-24 所列。

附表 3-24　二氧化硫治理措施检查表

治理措施		备注/填写内容	判定方法
脱硫设施运行是否正常	是□　否□		查看 DCS 曲线（SO_2 排放浓度、氧含量、脱硫剂使用量），结合二氧化硫历史排放浓度及原料、燃料含硫量台账，对比企业原料和燃料含硫量变化对应时间段二氧化硫排放浓度变化、脱硫剂使用量变化情况

3）氮氧化物治理措施检查

氮氧化物治理措施检查表如附表 3-25 所列。

附表 3-25　氮氧化物治理措施检查表

治理措施		备注/填写内容	判定方法
SCR 脱硝设施运行是否正常	是□　否□		检查脱硝剂购买凭证、脱硝剂使用情况核实脱硝设施是否投用。结合氮氧化物排放浓度及脱硝剂用量等判断脱硝设施是否正常运行。查看 DCS 曲线判断脱硝设施是否与锅炉同步运行

（4）污染物排放浓度与许可排放浓度的一致性检查

有组织废气排放浓度达标情况检查表如附表 3-26 所列。

附表 3-26 有组织废气排放浓度达标情况检查表

污染源	污染因子	自动监测数据是否达标	手工监测数据是否达标	执法监测数据是否达标	备注
锅炉	颗粒物	是□ 否□	是□ 否□	是□ 否□	
	二氧化硫	是□ 否□	是□ 否□	是□ 否□	
	氮氧化物	是□ 否□	是□ 否□	是□ 否□	
干燥装置	颗粒物	—	是□ 否□	是□ 否□	

（5）污染物实际排放量与许可排放量的一致性检查

污染物实际排放量与许可排放量的一致性检查表如附表 3-27 所列。

附表 3-27 污染物实际排放量与许可排放量的一致性检查表

污染物	许可排放量/（t/a）	实际排放量/（t/a）	是否满足许可要求	备注
颗粒物			是□ 否□	
二氧化硫			是□ 否□	
氮氧化物			是□ 否□	
……			是□ 否□	

3.2.3 无组织废气污染防治合规性检查

无组织废气污染防治合规性检查表如附表 3-28 所列。

附表 3-28 无组织废气污染防治合规性检查表

治理环境要素	排污节点	治理措施			备注
扬尘	物料贮存	是否采用覆盖防风抑尘网或洒水抑尘	是□	否□	
		是否密闭管理	是□	否□	
		产尘工序是否收集废气并送除尘装置处理	是□	否□	
	包装	是否密闭管理	是□	否□	
		是否收集粉尘并回用至生产前端	是□	否□	
		产尘工序是否收集废气并送除尘装置处理	是□	否□	
	产品贮存	是否密闭管理	是□	否□	
		地面是否采取排水、硬化、防渗措施	是□	否□	
		仓库周围是否设置防尘棚；是否采取洒水等降尘措施	是□	否□	

3.2.4 废水污染治理设施合规性检查

（1）废水排放口检查

废水排放口检查表如附表 3-29 所列。

附表 3-29 废水排放口检查表

废水类型	排污许可证排放去向	实际排放去向	是否一致	备注
生产废水			是□　否□	
生活污水			是□　否□	
……			是□　否□	

（2）废水治理措施检查

废水治理措施检查表如附表 3-30 所列。

附表 3-30 废水治理措施检查表

技术类型	治理措施		备注
预防技术	是否采用原料清洗水循环利用技术	是□　否□	
	是否采用精制废水蛋白质提取技术	是□　否□	
治理技术	是否采用预处理+二级处理技术	是□　否□	
	是否采用深度处理技术	是□　否□	

注：预处理技术包括格栅、消泡、气浮、沉砂等；二级处理技术包括厌氧（UASB、EGSB、IC 等）、好氧、化学除磷等；深度处理技术包括 MBR、砂滤、BAF、混凝沉淀、活性炭吸附等。

（3）污染物排放浓度与许可排放浓度的一致性检查

企业废水排放口污染物的排放浓度达标是指任一有效日均值均满足许可排放浓度要求。废水达标情况检查表如附表 3-31 所列。

附表 3-31 废水达标情况检查表

废水污染因子	自动监测数据是否达标	手工监测数据是否达标	执法监测数据是否达标	备注
化学需氧量	是□　否□	是□　否□	是□　否□	
氨氮	是□　否□	是□　否□	是□　否□	
悬浮物	是□　否□	是□　否□	是□　否□	
总氮	是□　否□	是□　否□	是□　否□	
总磷	是□　否□	是□　否□	是□　否□	
……	是□　否□	是□　否□	是□　否□	

（4）污染物实际排放量与许可排放量的一致性检查

污染物实际排放量与许可排放量的一致性检查表如附表 3-32 所列。

附表 3-32　污染物实际排放量与许可排放量的一致性检查表

污染物	许可排放量/（t/a）	实际排放量/（t/a）	是否满足许可要求	备注
化学需氧量			是□　　否□	
氨氮			是□　　否□	
……			是□　　否□	

3.2.5　固体废物处理处置合规性检查

固体废物处理处置的合规性检查表如附表 3-33 所列。

附表 3-33　固体废物处理处置的合规性检查表

固体废物类别	固体废物名称	产生量/（t/a）	贮存量/（t/a）	利用量/（t/a）	处置量/（t/a）	利用方式	备注
一般工业固体废物	脱硫渣						
	炉渣						
	粉煤灰						
	薯皮薯渣						
	除尘设备收集的淀粉、蛋白质等粉尘						
	滤泥						
	废反渗透膜、废树脂						
	废活性炭（淀粉糖脱色产生）						
	……						
危险废物	废矿物油						
	……						

3.2.6　环境管理执行情况合规性检查

（1）自行监测执行情况检查

自行监测执行情况检查表如附表 3-34 所列。

附表 3-34　自行监测执行情况检查表

合规性检查		执行情况	是否合规	备注
是否编制自行监测方案			是□　否□	
自行监测方案是否满足排污许可证要求	监测点位是否齐全		是□　否□	
	监测指标是否满足规范要求		是□　否□	
	监测频次是否满足规范要求		是□　否□	
	采用方法是否满足规范要求		是□　否□	
是否按照自行监测方案开展自行监测工作			是□　否□	

（2）环境管理台账执行情况检查

环境管理台账执行情况检查表如附表 3-35 所列。

附表 3-35　环境管理台账执行情况检查表

环境管理台账记录内容	项目	排污许可证要求	执行情况	是否合规
运行台账	记录内容			是□　否□
	记录频次			是□　否□
	记录形式			是□　否□
	保存时间			是□　否□

（3）执行报告上报执行情况检查

执行报告上报执行情况检查表如附表 3-36 所列。

附表 3-36　执行报告上报执行情况检查表

执行报告内容	排污许可证要求	执行情况	是否合规	备注
上报内容			是□　否□	
上报频次			是□　否□	

（4）信息公开执行情况检查

信息公开执行情况检查表如附表 3-37 所列。

附表 3-37　信息公开执行情况检查表

信息公开内容		是否公开	公开方式	备注
基础信息	包括单位名称、统一社会信用代码、法定代表人、生产经营场所地址、联系方式，以及生产经营和管理服务的主要内容、产品及规模	是□　否□		
排污信息	包括主要污染物及特征污染物的名称、排放方式、排放口数量和分布情况、排放浓度和排放总量、超标情况，以及执行的污染物排放标准、核定的排放总量	是□　否□		
污染防治设施的建设和运行情况		是□　否□		
建设项目环境影响评价及其他环境保护行政许可情况		是□　否□		
突发环境事件应急预案		是□　否□		
自行监测方案		是□　否□		

3.2.7 其他合规性检查

其他合规性检查表如附表 3-38 所列。

附表 3-38 其他合规性检查表

一般工业固体废物及危险废物管理	一般工业固体废物和危险废物是否分开贮存（分构筑物或分区）	是□，且有规范标识
		是□，但无规范标识
		否□
	一般工业固体废物外委是否签订合同协议	是□　否□
	危险废物外委是否签订合同协议	是□　否□
	是否存在在非指定区域堆放固体废物	是□　否□
	危险废物转移联单是否严格落实到位	是□　否□
工业噪声管理	厂界噪声是否达标（昼间）	是□　否□
	厂界噪声是否达标（夜间）	是□　否□
排污许可证载明有关要求是否落实		是□　否□　部分落实□

3.3 甜菜制糖企业排污许可证后监管检查清单

3.3.1 企业基本情况

现场执法检查前应了解企业基本情况，并对照企业排污许可证填写企业基本信息表，标明被检查企业的单位名称、注册地址、生产经营场所地址和行业类别，根据企业实际情况填写主要生产工艺，填写生产线数量以及单条生产线的规模。具体企业基本情况检查表如附表 3-39 所列。

附表 3-39 企业基本情况检查表

单位名称		注册地址	
地理位置		位置与许可证生产经营场所地址是否一致	是□　否□
是否取得排污许可证	是□　否□	排污许可证编号	
许可证是否在有效期	是□　否□	许可证是否有涂改行为	是□　否□
行业类别		行业类别与许可证是否一致	是□　否□
是否有出租、出借、买卖或者其他方式非法转让行为	是□　否□		
主要生产工艺			

3.3.2 有组织废气污染防治合规性检查

（1）废气排放口检查

有组织废气排放口检查表如附表 3-40 所列。

附表 3-40　有组织废气排放口检查表

污染源	采样孔规范设置是否合规	采样监测平台规范设置是否合规	排气口规范设置是否合规	备注
锅炉	是☐　否☐	是☐　否☐	是☐　否☐	
颗粒粕系统	是☐　否☐	是☐　否☐	是☐　否☐	

（2）废气治理措施检查

有组织废气治理措施检查表如附表 3-41 所列。

附表 3-41　有组织废气治理措施检查表

污染源	污染因子	排污许可证载明治理措施	实际治理措施	是否合规	备注
锅炉	颗粒物			是☐　否☐	
	二氧化硫			是☐　否☐	
	氮氧化物			是☐　否☐	
颗粒粕系统	颗粒物			是☐　否☐	
	二氧化硫			是☐　否☐	
	氮氧化物			是☐　否☐	

（3）污染治理措施运行合规性检查

1）颗粒物治理措施检查

颗粒物治理措施检查表如附表 3-42 所列。

附表 3-42　颗粒物治理措施检查表

排放口	治理措施		备注/填写内容	判定方法
主要排放口	电除尘设施是否正常运行	是☐　否☐		查看 DCS 曲线（颗粒物浓度、电场电流和电压、氧含量）确定设施运行情况，查找颗粒物异常数据（如长时间无波动、超标数据、极小数据）时间段，结合对应时间段电除尘二次电流电压数值、运行维护台账、生产线负荷以及其他相关设备运行情况，判断电除尘设施历史运行情况
	布袋除尘设施是否正常运行	是☐　否☐		查看 DCS 曲线（颗粒物浓度、除尘进出口压差、氧含量）确定设施运行情况，查找颗粒物异常数据（如长时间无波动、超标数据、极小数据）时间段，结合对应时间段进出口压差、运行维护台账、生产线负荷以及其他相关设备运行情况，判断除尘设施历史运行情况
	……	是☐　否☐		

排放口	治理措施		备注/填写内容	判定方法
一般排放口	初步判断是否达标排放	是□　否□		
	布袋除尘等设施是否与主机设备同步运行	是□　否□		

2）二氧化硫治理措施检查

二氧化硫治理措施检查表如附表 3-43 所列。

附表 3-43　二氧化硫治理措施检查表

治理措施		备注/填写内容	判定方法
脱硫设施运行是否正常	是□　否□		查看 DCS 曲线（SO_2 排放浓度、氧含量、脱硫剂使用量），结合二氧化硫历史排放浓度及原料、燃料含硫量台账，对比企业原料和燃料含硫量变化对应时间段二氧化硫排放浓度变化、脱硫剂使用量变化情况

3）氮氧化物治理措施检查

氮氧化物治理措施检查表如附表 3-44 所列。

附表 3-44　氮氧化物治理措施检查表

治理措施		备注/填写内容	判定方法
SCR 设施运行是否正常	是□　否□		检查脱硝剂购买凭证、脱硝剂使用情况核实脱硝设施是否投用。结合氮氧化物排放浓度及脱硝剂用量等判断脱硝设施是否正常运行。查看 DCS 曲线判断脱硝设施是否与锅炉同步运行

（4）污染物排放浓度与许可排放浓度的一致性检查

有组织废气排放浓度达标情况检查表如附表 3-45 所列。

附表 3-45　有组织废气排放浓度达标情况检查表

污染源	污染因子	自动监测数据是否达标	手工监测数据是否达标	执法监测数据是否达标	备注
锅炉	颗粒物	是□　否□	是□　否□	是□　否□	
	二氧化硫	是□　否□	是□　否□	是□　否□	
	氮氧化物	是□　否□	是□　否□	是□　否□	
颗粒粕系统	颗粒物	是□　否□	是□　否□	是□　否□	
	二氧化硫	是□　否□	是□　否□	是□　否□	
	氮氧化物	是□　否□	是□　否□	是□　否□	

（5）污染物实际排放量与许可排放量的一致性检查

污染物实际排放量与许可排放量的一致性检查表如附表 3-46 所列。

附表 3-46　污染物实际排放量与许可排放量的一致性检查表

污染物	许可排放量/（t/a）	实际排放量/（t/a）	是否满足许可要求	备注
颗粒物			是□　否□	
二氧化硫			是□　否□	
氮氧化物			是□　否□	
……			是□　否□	

3.3.3　无组织废气污染防治合规性检查

无组织废气污染防治合规性检查表如附表 3-47 所列。

附表 3-47　无组织废气污染防治合规性检查表

治理环境要素	排污节点	治理措施		备注
扬尘	物料贮存	是否采取覆盖防风抑尘网或洒水抑尘、喷洒抑尘剂等抑尘措施	是□　否□	
		煤场周围是否设置防尘网、防尘棚，是否采取洒水等降尘措施	是□　否□	
	物料转运	输送车辆是否采用封闭或覆盖等抑尘措施	是□　否□	
		原料场出口是否配备车轮清洗（扫）装置	是□　否□	
	清净系统	对卸灰、加料设施作业车间是否采用加强密封等抑尘措施	是□　否□	
	结晶分蜜系统	是否回收回溶或经集中收集处理后至排气筒排放	是□　否□	
	包装系统	是否回收回溶或经集中收集处理后至排气筒排放	是□　否□	
	其他	厂区道路是否硬化，并采取清扫、洒水等措施保持清洁	是□　否□	
		未硬化的厂区是否采取绿化等措施	是□　否□	
二氧化硫	硫熏燃硫炉	是否采用自动控制的燃硫设施	是□　否□	
		是否设置二氧化硫吸收装置	是□　否□	
臭气	滤泥发酵	是否及时清运，并防止日晒雨淋、通风等	是□　否□	
	污水处理	产臭区域是否投放除臭剂，是否加罩、加盖，是否采用引风机引至生物脱臭装置（干法生物滤池）处理或设置喷淋塔除臭	是□　否□	
氨气	储罐	是否设有防泄漏围堰	是□　否□	
		是否设有氨气泄漏检测设施	是□　否□	
		氨水装卸是否设有氨气回收或吸收回用装置	是□　否□	

3.3.4　废水污染治理设施合规性检查

（1）废水排放口检查

废水排放口检查表如附表 3-48 所列。

附表 3-48　废水排放口检查表

废水类型	排污许可证排放去向	实际排放去向	是否一致	备注
生产废水			是□　否□	
生活污水			是□　否□	
……			是□　否□	

（2）废水治理措施检查

废水治理措施检查表如附表 3-49 所列。

附表 3-49　废水治理措施检查表

技术类型	治理措施		备注
预防技术	提汁工序压榨机轴承冷却水是否循环回用	是□　否□	
	蒸发煮糖工序冷凝器冷凝水是否循环回用	是□　否□	
	清净工序是否采用无滤布真空吸滤技术	是□　否□	
治理技术	是否采用一级处理+二级处理技术	是□　否□	

注：二级处理技术包括水解酸化+常规活性污泥法、水解酸化+序批式活性污泥法、氧化沟、水解酸化+生物接触氧化法或生物转盘法、升流式厌氧污泥床+常规活性污泥法等。

（3）污染物排放浓度与许可排放浓度的一致性检查

企业废水排放口污染物的排放浓度达标是指任一有效日均值均满足许可排放浓度要求。废水达标情况检查表如附表 3-50 所列。

附表 3-50　废水达标情况检查表

废水污染因子	自动监测数据是否达标	手工监测数据是否达标	执法监测数据是否达标	备注
化学需氧量	是□　否□	是□　否□	是□　否□	
氨氮	是□　否□	是□　否□	是□　否□	
悬浮物	是□　否□	是□　否□	是□　否□	
总氮	是□　否□	是□　否□	是□　否□	
总磷	是□　否□	是□　否□	是□　否□	
……	是□　否□	是□　否□	是□　否□	

（4）污染物实际排放量与许可排放量的一致性检查

污染物实际排放量与许可排放量的一致性检查表如附表 3-51 所列。

附表 3-51　污染物实际排放量与许可排放量的一致性检查表

污染物	许可排放量/（t/a）	实际排放量/（t/a）	是否满足许可要求	备注
化学需氧量			是□　否□	
氨氮			是□　否□	
……			是□　否□	

3.3.5 固体废物处理处置合规性检查

固体废物处理处置的合规性检查表如附表 3-52 所列。

附表 3-52　固体废物处理处置的合规性检查表

固体废物类别	固体废物名称	产生量/（t/a）	贮存量/（t/a）	利用量/（t/a）	处置量/（t/a）	利用方式	备注
一般工业固体废物	脱硫渣						
	炉渣						
	粉煤灰						
	糖蜜						
	滤泥						
	污泥						
	……						
危险废物	废矿物油						
	……						

3.3.6 环境管理执行情况合规性检查

（1）自行监测执行情况检查

自行监测执行情况检查表如附表 3-53 所列。

附表 3-53　自行监测执行情况检查表

合规性检查		执行情况	是否合规	备注
是否编制自行监测方案			是□　否□	
自行监测方案是否满足排污许可证要求	监测点位是否齐全		是□　否□	
	监测指标是否满足规范要求		是□　否□	
	监测频次是否满足规范要求		是□　否□	
	采用方法是否满足规范要求		是□　否□	
是否按照自行监测方案开展自行监测工作			是□　否□	

（2）环境管理台账执行情况检查

环境管理台账执行情况检查表如附表 3-54 所列。

附表 3-54　环境管理台账执行情况检查表

环境管理台账记录内容	项目	排污许可证要求	执行情况	是否合规
运行台账	记录内容			是□　否□
	记录频次			是□　否□
	记录形式			是□　否□
	保存时间			是□　否□

（3）执行报告上报执行情况检查

执行报告上报执行情况检查表如附表 3-55 所列。

附表 3-55　执行报告上报执行情况检查表

执行报告内容	排污许可证要求	执行情况	是否合规	备注
上报内容			是□　　否□	
上报频次			是□　　否□	

（4）信息公开执行情况检查

信息公开执行情况检查表如附表 3-56 所列。

附表 3-56　信息公开执行情况检查表

信息公开内容		是否公开	公开方式	备注
基础信息	包括单位名称、统一社会信用代码、法定代表人、生产经营场所地址、联系方式，以及生产经营和管理服务的主要内容、产品及规模	是□　　否□		
排污信息	包括主要污染物及特征污染物的名称、排放方式、排放口数量和分布情况、排放浓度和排放总量、超标情况，以及执行的污染物排放标准、核定的排放总量	是□　　否□		
污染防治设施的建设和运行情况		是□　　否□		
建设项目环境影响评价及其他环境保护行政许可情况		是□　　否□		
突发环境事件应急预案		是□　　否□		
自行监测方案		是□　　否□		

3.3.7　其他合规性检查

其他合规性检查表如附表 3-57 所列。

附表 3-57　其他合规性检查表

一般工业固体废物及危险废物管理	一般工业固体废物和危险废物是否分开贮存（分构筑物或分区）	是□，且有规范标识
		是□，但无规范标识
		否□
	一般工业固体废物外委是否签订合同协议	是□　　否□
	危险废物外委是否签订合同协议	是□　　否□
	是否存在在非指定区域堆放固体废物	是□　　否□
	危险废物转移联单是否严格落实到位	是□　　否□
工业噪声管理	厂界噪声是否达标（昼间）	是□　　否□
	厂界噪声是否达标（夜间）	是□　　否□
排污许可证载明有关要求是否落实		是□　　否□　　部分落实□

3.4　甘蔗制糖企业排污许可证后监管检查清单

3.4.1　企业基本情况

现场执法检查前应了解企业基本情况，并对照企业排污许可证填写企业基本信息表，标明被检查企业的单位名称、注册地址、生产经营场所地址和行业类别，根据企业实际情况填写主要生产工艺，填写生产线数量以及单条生产线的规模。具体企业基本情况检查表如附表 3-58 所列。

附表 3-58　企业基本情况检查表

单位名称		注册地址	
地理位置		位置与许可证生产经营场所地址是否一致	是□　否□
是否取得排污许可证	是□　否□	排污许可证编号	
许可证是否在有效期	是□　否□	许可证是否有涂改行为	是□　否□
行业类别		行业类别与许可证是否一致	是□　否□
是否有出租、出借、买卖或者其他方式非法转让行为		是□　否□	
主要生产工艺			

3.4.2　有组织废气污染防治合规性检查

（1）废气排放口检查

有组织废气排放口检查表如附表 3-59 所列。

附表 3-59　有组织废气排放口检查表

污染源	采样孔规范设置是否合规	采样监测平台规范设置是否合规	排气口规范设置是否合规	备注
锅炉	是□　否□	是□　否□	是□　否□	
包装系统	是□　否□	是□　否□	是□　否□	

（2）废气治理措施检查

有组织废气治理措施检查表如附表 3-60 所列。

附表 3-60　有组织废气治理措施检查表

污染源	污染因子	排污许可证载明治理措施	实际治理措施	是否合规	备注
锅炉	二氧化硫			是□　否□	
	氮氧化物			是□　否□	
	颗粒物			是□　否□	

（3）污染治理措施运行合规性检查

1）颗粒物治理措施检查

颗粒物治理措施检查表如附表 3-61 所列。

附表 3-61　颗粒物治理措施检查表

排放口	治理措施		备注/填写内容	判定方法
主要排放口	电除尘设施是否正常运行	是□　否□		查看 DCS 曲线（颗粒物浓度、电场电流和电压、氧含量）确定设施运行情况，查找颗粒物异常数据（如长时间无波动、超标数据、极小数据）时间段，结合对应时间段电除尘二次电流电压数值、运行维护台账、生产线负荷以及其他相关设备运行情况，判断电除尘设施历史运行情况
	布袋除尘设施是否正常运行	是□　否□		查看 DCS 曲线（颗粒物浓度、除尘进出口压差、氧含量）确定设施运行情况，查找颗粒物异常数据（如长时间无波动、超标数据、极小数据）时间段，结合对应时间段进出口压差、运行维护台账、生产线负荷以及其他相关设备运行情况，判断除尘设施历史运行情况
	……	是□　否□		
一般排放口	初步判断是否达标排放	是□　否□		
	布袋除尘等设施是否与主机设备同步运行	是□　否□		

2）二氧化硫治理措施检查

二氧化硫治理措施检查表如附表 3-62 所列。

附表 3-62　二氧化硫治理措施检查表

治理措施		备注/填写内容	判定方法
脱硫设施运行是否正常	是□　否□		查看 DCS 曲线（SO_2 排放浓度、氧含量、脱硫剂使用量），结合二氧化硫历史排放浓度及原料、燃料含硫量台账，对比企业原料和燃料含硫量变化对应时间段二氧化硫排放浓度变化、脱硫剂使用量变化情况

3）氮氧化物治理措施检查

氮氧化物治理措施检查表如附表 3-63 所列。

附表 3-63　氮氧化物治理措施检查表

治理措施		备注/填写内容	判定方法
SCR 脱硝设施运行是否正常	是□　否□		检查脱硝剂购买凭证、脱硝剂使用情况核实脱硝设施是否投用。结合氮氧化物排放浓度及脱硝剂用量等判断脱硝设施是否正常运行。查看 DCS 曲线判断脱硝设施是否与锅炉同步运行

（4）污染物排放浓度与许可排放浓度的一致性检查

有组织废气排放浓度达标情况检查表如附表 3-64 所列。

附表 3-64　有组织废气排放浓度达标情况检查表

污染源	污染因子	自动监测数据是否达标	手工监测数据是否达标	执法监测数据是否达标	备注
锅炉	颗粒物	是□　　否□	是□　　否□	是□　　否□	
	二氧化硫	是□　　否□	是□　　否□	是□　　否□	
	氮氧化物	是□　　否□	是□　　否□	是□　　否□	

（5）污染物实际排放量与许可排放量的一致性检查

污染物实际排放量与许可排放量的一致性检查表如附表 3-65 所列。

附表 3-65　污染物实际排放量与许可排放量的一致性检查表

污染物	许可排放量/（t/a）	实际排放量/（t/a）	是否满足许可要求	备注
颗粒物			是□　　否□	
二氧化硫			是□　　否□	
氮氧化物			是□　　否□	
……			是□　　否□	

3.4.3　无组织废气污染防治合规性检查

无组织废气污染防治合规性检查表如附表 3-66 所列。

附表 3-66　无组织废气污染防治合规性检查表

治理环境要素	排污节点	治理措施		备注
扬尘	物料贮存	是否采取覆盖防风抑尘网或洒水抑尘、喷洒抑尘剂等抑尘措施	是□　　否□	
		煤场周围是否设置防尘网、防尘棚，是否采取洒水等降尘措施	是□　　否□	
	物料转运	输送车辆是否采用封闭或覆盖等抑尘措施	是□　　否□	
		原料场出口是否配备车轮清洗（扫）装置	是□　　否□	
	清净系统	对卸灰、加料设施作业车间是否采用加强密封等抑尘措施	是□　　否□	
	结晶分蜜系统	是否回收回溶或经集中收集处理后至排气筒排放	是□　　否□	
	包装系统	是否回收回溶或经集中收集处理后至排气筒排放	是□　　否□	
	其他	厂区道路是否硬化，并采取清扫、洒水等措施保持清洁	是□　　否□	
		未硬化的厂区是否采取绿化等措施	是□　　否□	

治理环境要素	排污节点	治理措施		备注
二氧化硫	硫熏燃硫炉	是否采用自动控制的燃硫设施	是□　否□	
		是否设置二氧化硫吸收装置	是□　否□	
臭气	滤泥发酵	是否及时清运，并防止日晒雨淋、通风等	是□　否□	
	蔗渣堆放仓	堆场周围是否设置防尘棚，是否采取洒水等降尘措施；蔗渣堆场地面是否采取排水、硬化防渗措施	是□　否□	
	污水处理	产臭区域是否投放除臭剂，是否加罩、加盖，是否采用引风机引至生物脱臭装置（干法生物滤池）处理或设置喷淋塔除臭	是□　否□	
氨气	储罐	是否设有防泄漏围堰	是□　否□	
		是否设有氨气泄漏检测设施	是□　否□	
		氨水装卸是否设有氨气回收或吸收回用装置	是□　否□	

3.4.4　废水污染治理设施合规性检查

（1）废水排放口检查

废水排放口检查表如附表 3-67 所列。

附表 3-67　废水排放口检查表

废水类型	排污许可证排放去向	实际排放去向	是否一致	备注
生产废水			是□　否□	
生活污水			是□　否□	

（2）废水治理措施检查

废水治理措施检查表如附表 3-68 所列。

附表 3-68　废水治理措施检查表

技术类型	治理措施		备注
预防技术	提汁工序压榨机轴承冷却水是否循环回用	是□　否□	
	蒸发煮糖工序冷凝器冷凝水是否循环回用	是□　否□	
	清净工序是否采用无滤布真空吸滤技术	是□　否□	
治理技术	是否采用一级处理+二级处理技术	是□　否□	

注：二级处理技术包括水解酸化+常规活性污泥法、水解酸化+序批式活性污泥法、氧化沟、水解酸化+生物接触氧化法或生物转盘法、升流式厌氧污泥床+常规活性污泥法等。

（3）污染物排放浓度与许可排放浓度的一致性检查

企业废水排放口污染物的排放浓度达标是指任一有效日均值均满足许可排放浓度

要求。废水达标情况检查表如附表 3-69 所列。

附表 3-69　废水达标情况检查表

废水污染因子	自动监测数据是否达标		手工监测数据是否达标		执法监测数据是否达标		备注
化学需氧量	是□	否□	是□	否□	是□	否□	
氨氮	是□	否□	是□	否□	是□	否□	
悬浮物	是□	否□	是□	否□	是□	否□	
总氮	是□	否□	是□	否□	是□	否□	
总磷	是□	否□	是□	否□	是□	否□	
……	是□	否□	是□	否□	是□	否□	

（4）污染物实际排放量与许可排放量的一致性检查

污染物实际排放量与许可排放量的一致性检查表如附表 3-70 所列。

附表 3-70　污染物实际排放量与许可排放量的一致性检查表

污染物	许可排放量/（t/a）	实际排放量/（t/a）	是否满足许可要求		备注
化学需氧量			是□	否□	
氨氮			是□	否□	
……			是□	否□	

3.4.5　固体废物处理处置合规性检查

固体废物处理处置的合规性检查表如附表 3-71 所列。

附表 3-71　固体废物处理处置的合规性检查表

固体废物类别	固体废物名称	产生量/（t/a）	贮存量/（t/a）	利用量/（t/a）	处置量/（t/a）	利用方式	备注
一般工业固体废物	脱硫渣						
	炉渣						
	粉煤灰						
	糖蜜						
	滤泥						
	蔗渣						
	蔗叶						
	污泥						
	……						
危险废物	废矿物油						
	……						

3.4.6 环境管理执行情况合规性检查

（1）自行监测执行情况检查

自行监测执行情况检查表如附表 3-72 所列。

附表 3-72 自行监测执行情况检查表

合规性检查		执行情况	是否合规	备注
是否编制自行监测方案			是□ 否□	
自行监测方案是否满足排污许可证要求	监测点位是否齐全		是□ 否□	
	监测指标是否满足规范要求		是□ 否□	
	监测频次是否满足规范要求		是□ 否□	
	采用方法是否满足规范要求		是□ 否□	
是否按照自行监测方案开展自行监测工作			是□ 否□	

（2）环境管理台账执行情况检查

环境管理台账执行情况检查表如附表 3-73 所列。

附表 3-73 环境管理台账执行情况检查表

环境管理台账记录内容	项目	排污许可证要求	执行情况	是否合规
运行台账	记录内容			是□ 否□
	记录频次			是□ 否□
	记录形式			是□ 否□
	保存时间			是□ 否□

（3）执行报告上报执行情况检查

执行报告上报执行情况检查表如附表 3-74 所列。

附表 3-74 执行报告上报执行情况检查表

执行报告内容	排污许可证要求	执行情况	是否合规	备注
上报内容			是□ 否□	
上报频次			是□ 否□	

（4）信息公开执行情况检查

信息公开执行情况检查表如附表 3-75 所列。

附表 3-75　信息公开执行情况检查表

信息公开内容		是否公开	公开方式	备注
基础信息	包括单位名称、统一社会信用代码、法定代表人、生产经营场所地址、联系方式，以及生产经营和管理服务的主要内容、产品及规模	是□　否□		
排污信息	包括主要污染物及特征污染物的名称、排放方式、排放口数量和分布情况、排放浓度和排放总量、超标情况，以及执行的污染物排放标准、核定的排放总量	是□　否□		
污染防治设施的建设和运行情况		是□　否□		
建设项目环境影响评价及其他环境保护行政许可情况		是□　否□		
突发环境事件应急预案		是□　否□		
自行监测方案		是□　否□		

3.4.7　其他合规性检查

其他合规性检查表如附表 3-76 所列。

附表 3-76　其他合规性检查表

一般工业固体废物及危险废物管理	一般工业固体废物和危险废物是否分开贮存（分构筑物或分区）	是□，且有规范标识	
		是□，但无规范标识	
		否□	
	一般工业固体废物外委是否签订合同协议	是□	否□
	危险废物外委是否签订合同协议	是□	否□
	是否存在在非指定区域堆放固体废物	是□	否□
	危险废物转移联单是否严格落实到位	是□	否□
工业噪声管理	厂界噪声是否达标（昼间）	是□	否□
	厂界噪声是否达标（夜间）	是□	否□
排污许可证载明有关要求是否落实		是□　否□　部分落实□	

参考文献

[1] 二国二郎. 淀粉科学手册[M]. 王微青, 高寿青, 任可达, 译. 北京: 轻工业出版社, 1990: 397-439.

[2] 陈钰, 潘晓琴, 钟振声, 等. 马铃薯淀粉加工废水中超滤回收马铃薯蛋白质[J]. 食品研究与开发, 2010, 31 (9): 37-41.

[3] 陈辉, 李虹, 冯雷, 等. 利用马铃薯淀粉生产的废水及废渣发酵制备蛋白饲料[J]. 食品与发酵工业, 2011, 37 (9): 143-145.

[4] 蔡辉益, 于继英, 许小军, 等. 马铃薯饲用资源固体发酵研究进展[J]. 饲料工业, 2018, 39 (5): 1-7.

[5] 《新时期促进绿色发展的财税政策改革》课题组. 环境保护税实施两周年评估和制度完善建议[J]. 财政科学, 2020 (11): 31-44.

[6] 裴兆意. 壳聚糖絮凝剂的制备及其在食品工业上的应用[D]. 武汉: 华中农业大学, 2007.

[7] 顾春雷, 杨刚, 邢卫红, 等. 膜技术处理马铃薯加工废水实验研究[C]. 第一届全国化学工程与生物化工年会论文摘要集 (下). 2004.

[8] 韩黎明, 童丹, 安志刚, 等. 微生物转化马铃薯渣生产 SCP 饲料研究[J]. 畜牧兽医杂志, 2016, 35 (2): 53-57.

[9] 怀宝东, 闫凤超, 李佩然, 等. 马铃薯薯渣固态发酵生产菌体蛋白饲料的工艺研究[J]. 中国饲料, 2020 (21): 113-120.

[10] 郭立新, 巴琦, 秦传玉. 空气污染控制工程[M]. 北京: 北京大学出版社, 2012.

[11] 何玉华, 秦贵信, 姜海龙, 等. 马铃薯淀粉渣在动物生产中的应用研究进展[J]. 中国畜牧杂志, 2016, 52 (16): 73-77.

[12] 郭文斌, 高晶晶, 王洪波, 等. 马铃薯废渣再利用途径及其发展对策[J]. 食品研究与开发, 2017, 38 (16): 205-208.

[13] 巩发永, 李凤林, 彭徐. 马铃薯淀粉加工工艺与检测技术[M]. 成都: 西南交通大学出版社, 2017: 77-94.

[14] 郭培莹, 李云霞, 刘燃. 环境保护税征管现状、实务操作问题及应对策略研究[J]. 中国总会计师, 2020 (12): 113-115.

[15] 黄峻榕, 高洁, 龚频, 等. 马铃薯淀粉废水中蛋白质回收方法的研究进展[J]. 食品科技, 2012, 37 (2): 89-92, 97.

[16] 韩黎明, 童丹, 原霁虹. 马铃薯资源化利用技术[M]. 武汉: 武汉大学出版社, 2015: 272-292, 315-318.

[17] 韩黎明, 童丹, 安志刚. 马铃薯渣的微生物转化利用[J]. 中兽医医药杂质, 2016, 35 (6): 30-37.

[18] 何国菊, 常艳菊, 龙峰. 超微粉碎结合微波辅助提取马铃薯渣中可溶性膳食纤维[J]. 食品工业, 2017, 38 (2): 159-163.

[19] BeMiller J N, Whistler R L. 淀粉化学与技术[M]. 岳国君, 郝小明, 等译. 北京: 化学工业出版社, 2012: 389-409.

[20] 蒋跃先, 贺朝, 成廷水, 等. 几种蛋白原料在断奶仔猪生产中的应用[J]. 饲料博览, 2015 (12): 15-18.

[21] 江成英, 吴耘红, 王拓一. 固态发酵马铃薯渣生产饲料过程中龙葵素含量变化的研究[J]. 粮食与饲料工业, 2010 (12): 54-55, 64.

[22] 蒋宝军, 王飞虎, 李忠和, 等. 微生物絮凝剂的特征及研究现状[J]. 东北农业科学, 2019, 44 (5):

107-110.

[23] 江洪波，徐鑫，高梦祥，等. 马铃薯粗蛋白提取方法综述[J]. 安徽农业科学，2019，47（3）：9-11，15.

[24] 刘达玉，黄丹，李群兰. 酶碱法提取薯渣膳食纤维及其改性研究[J]. 食品研究与开发，2005，26（5）：63-66.

[25] 刘素稳. 马铃薯蛋白质营养价值评价及功能性质的研究[D]. 天津：天津科技大学，2007.

[26] 吕建国，安兴才. 膜技术回收马铃薯淀粉废水中蛋白质的中试研究[J]. 中国食物与营养，2008（4）：37-40.

[27] 李萌萌，蒋继志，王会仙. 几种提取马铃薯块茎蛋白质方法的比较研究[J]. 安徽农学通报，2009，15（23）：37-38.

[28] 刘凌，崔明学，吴娜，等. 马铃薯淀粉工业废水的环境影响与资源化利用[J]. 食品与发酵工业，2011，37（8）：131-135.

[29] 刘景良. 大气污染控制工程 [M]. 2版. 北京：中国轻工业出版社，2012.

[30] 李文茜，刘鑫，么恩悦，等. 马铃薯渣的开发利用与研究进展[J]. 饲料工业，2019，40（1）：17-22.

[31] 刘垚彤，孙伟，李苏红，等. 马铃薯糖蛋白patatin的研究进展[J]. 食品科学，2019，40（11）：331-337.

[32] 马春红，马雄平，延志莲. 陕北马铃薯渣中膳食纤维的提取[J]. 延安大学学报（自然科学版），2010，29（2）：84-86.

[33] 牛嘉. 薯渣资源化过程中汁水沉降法及废液COD去除技术研究[D]. 哈尔滨：哈尔滨工业大学，2010.

[34] 潘涛，田刚. 废水处理工程技术手册[M]. 北京：化学工业出版社，2010.

[35] 潘牧，彭慧元，雷尊国，等. 马铃薯蛋白的研究进展[J]. 贵州农业科学，2012，40（10）：22-26.

[36] 秦贵信. 植物性蛋白源饲料品质改善[J]. 饲料与畜牧，2019（6）：54-57.

[37] 任俊艳. 超滤浓缩小麦淀粉谷朊粉生产废水研究[D]. 郑州：郑州大学化工学院，2006：40-46.

[38] 阮征，米书梅，印遇龙. 我国大宗非粮型饲料蛋白资源现状及高效利用[J]. 饲料工业，2015，36（5）：51-55.

[39] 石军英. 马铃薯废渣废液的综合利用[D]. 北京：北京化工大学，2009.

[40] 宋雅芸，罗仓学，邵明亮. 马铃薯渣发酵生产活性蛋白饲料的研究[J]. 食品工业科技，2016（24）：186-192.

[41] 宋海龙，魏鸿雁，姚彩虹，等. 马铃薯渣中膳食纤维提取工艺的优化[J]. 中国食物与营养，2020，26（7）：22-25.

[42] 唐世明，曹军迈，陈彦云，等. 马铃薯块茎蛋白质提取方法的筛选[J]. 江苏农业科学，2016，44（9）：326-329.

[43] 陶莎，张峭. 2018年上半年国内饲料市场形势分析与后市展望[J]. 农业展望，2018（7）：16-20.

[44] 王志民，蔡光泽，陈开陆，等. 不同尿素添加量对马铃薯薯渣厌氧发酵产物品质的影响研究[J]. 西昌学院学报（自然科学版），2009，23（4）：1-3.

[45] 王有乐，张宝茸，范志明，等. 复合型微生物絮凝剂处理马铃薯淀粉废水的研究[J]. 水处理技术，2009，35（5）：79-82.

[46] 万福义. 结晶葡萄糖母液在果葡糖浆生产中的应用和工艺控制[D]. 济南：齐鲁工业大学，2014.

[47] 汪苹，廖永红，臧立华，等. 食品发酵工业废弃物资源综合利用[M]. 北京：化学工业出版社，2018：466-478.

[48] 王瑞，许婷婷，张逸飞. 絮凝剂在水处理中的应用与研究进展[J]. 节能与环保，2020（4）：91-92.

[49] 吴娜，刘凌，周明，等. 膜技术回收马铃薯蛋白的基本性能[J]. 食品与发酵工业，2015，41（8）：101-104.

[50] 王文霞，张显斌，张慧君，等. 不同提取方法对马铃薯果胶多糖组成特性的影响[J]. 食品与发酵工业，2017，43（12）：150-156.

[51] 王君. 发酵马铃薯渣的制备及其在动物生产中的应用[J]. 饲料研究，2019（8）：123-126.

[52] 魏玉梅，哈斯其美格，刘华. 响应面优化双酶法提取马铃薯渣膳食纤维工艺[J]. 食品与发酵科技，2020，56（2）：33-39.

[53] 余平，石彦忠. 淀粉与淀粉制品工艺学[M]. 北京：中国轻工业出版社，2015.

[54] 杨金姝. 马铃薯渣中果胶的超声波-微波协同酸法提取工艺及乳化特性研究[D]. 北京：中国农业科学院，2018.

[55] 尹杰，刘红南，李铁军，等. 我国蛋白质饲料资源短缺现状与解决方案[J]. 中国科学院院刊，2019：89-93.

[56] 邹建. 淀粉生产及深加工研究[M]. 北京：中国农业大学出版社，2020.

[57] 杨月娇，马智玲，白英. 提取方法对马铃薯渣果胶结构特征及特性的影响[J]. 食品与发酵工业，2020（7）：146-152.

[58] 张泽俊，苏春元，刘期成. 马铃薯淀粉厂工艺废水的综合处理及利用研究[J]. 食品科学，2004，25（增刊）：134-137.

[59] 曾凡逵，许丹，刘刚. 马铃薯营养综述[J]. 中国马铃薯，2015，29（4）：233-243.

[60] 张泽生，刘素稳，郭宝芹，等. 马铃薯蛋白质的营养评价[J]. 食品科技，2007（11）：219-221.

[61] 张莉，张建军，郭永福，等. 马铃薯粗蛋白的提取工艺优化及体外抗氧化活性分析[J]. 食品工业科技，2021，42（4）：149-154.

[62] 张文会. 马铃薯分离蛋白溶液流变特性及热稳定性研究[D]. 长春：吉林农业大学，2011.

[63] 祝英，王治业，孙智敏，等. 多菌发酵马铃薯渣生产蛋白质饲料的研究[J]. 中国饲料，2009（9）：40-43.

[64] 张煜欣，刘慧燕，方海田，等. 马铃薯淀粉加工的副产物及资源化利用现状[J]. 中国果菜，2020，40（1）：46-52.

[65] 张根生，葛英亮，聂志强，等. 马铃薯渣不溶性膳食纤维超微粉碎改性工艺优化[J]. 食品与机械，2015，31（6）：186-189.

[66] 张燕，简荣超，谭乾开，等. 响应面法优化微波辅助提取马铃薯渣中果胶工艺[J]. 食品工业，2019，40（6）：30-34.

[67] 罗仓学，宋雅芸，邵明亮. 马铃薯渣发酵产活性蛋白饲料培养基优化[J]. 陕西科技大学学报，2017，35（3）：127-131.

[68] 蓝艳华. 甘蔗渣生产燃料乙醇研究现状与对策[J]. 甘蔗糖业，2007（6）：34-39.

[69] 陆雪英，邬小兵，徐惠娟，等. 发酵蔗渣糖化液产乙醇菌株的选育[J]. 厦门大学学报（自然科学版），2008（S2）：192-195.

[70] 路贵龙，王朔，连玉珍，等. 甘蔗制糖副产物的开发与利用[J]. 中国糖料，2020，42（2）：75-79.

[71] 郑勇，王金丽，李明，等. 热带农业废弃物资源利用现状与分析-甘蔗废弃物综合利用[J]. 广东农业科学，2011（1）：15-18，26.

[72] 江明生，邹隆树. 氨化与微贮处理甘蔗叶饲喂山羊试验[J]. 中国草食动物，2001，3（3）：26-27.

[73] 陈志平，宋旭，熊志利. 淀粉糖生产废水高浓度臭气治理工程实例[J]. 中国给水排水，2021，37（8）：

149-152.

[74] 何华柱，黄财，何雅林，等. 喷射式燃硫炉在制糖行业应用的可行性分析[J]. 甘蔗糖业，2008（5）：39-44.

[75] Carvalho W T D, Oliveira T F D, Silva F A D, et al. Drying kinetics of potato pulp waste[J]. Food Science & Technology, 2014, 34(1): 116-122.

[76] Gonzalez J M, Lindamood J B, Desai N. Recovery of protein from potato plant waste effluents by complexation with carboxymethylcellulose[J]. Food Hydrocolloids, 1991, 4(5): 355-363.

[77] Harmen J Z, Anyoine J B K, Marcel E B, et al. Native protein recovery from potato fruit juice by ultrafiltration[J]. Desalination, 2002, 144: 331-334.

[78] Hurkman W J, Tanaka C K. Solubilization of plant membrane proteins for analysis by two-dimensional gel electrophoresis[J]. Plamt Physiology, 1986, 81(3): 802-806.

[79] Kennedy A R. Chemopreventive agents: Protease inhibitors[J]. Pharmacology and therapeutic, 1998, 78(3): 167-209.

[80] Mayer F, Hillebrandt J O. Potato pulp: Microbiological characterization, physical modification, and application of this agricultural waste product[J]. Applied Microbiology and Biotechnology, 1997, 48: 435-440.

[81] Refstie S, Tiekstra Harold A J. Potato protein concentrate with low content of solanidine glycoalkaloids in diets for Atlantic salmon (*Salmo salar*)[J]. Aquaculture, 2003, 216(1-4): 283-298.

[82] Vikelouda M, Kiosseoglou V. The use of carboxymethylcellulose to recover potato proteins and control their functional properties[J]. Food Hydrocolloids, 2004, 18: 21-27.

[83] Cao W, Chen S, Liu R, et al. Comparison of the effects of five pretreatment methods on enhancing the enzymatic digestibility and ethanol production from sweet sorghum bagasse[J]. Bioresource Technology, 2012, 111: 215-221.

[84] de Souza C J A, Costa D A, Rodrigues M Q R B, et al. The influence of presaccharification, fermentation temperature and yeast strain on ethanol production from sugarcane bagasse[J]. Bioresource Technology, 2012, 109:63-69.

[85] Santos J R A, Lucena M S, Gusmao N B, et al. Optimization of ethanol production by *Saccharomyces cerevisiae* UFPEDA 1238 in simultaneous saccharification and fermentation of delignified sugarcane bagasse[J]. Industrial Crops and Products,2012, 36(1): 584-588.